資料科學
SQL工作術

A Beginner's Guide for Building Datasets for Analysis

以 **MySQL** 為例與情境式 **ChatGPT** 輔助學習

為什麼要寫這本書

當我思考該為這本書取什麼書名時，我用了兩個問題來縮小候選名單：「本書的目標族群是誰？」以及「什麼題材是我熟悉到可以出書，而且讀者也會想看？」

回答第一題很容易：我的 Twitter 帳號（編註：Twitter 於 2023 年 8 月改名為 X）已經有數萬名想學習資料科學的追隨者，我在裡面經常分享成為資料科學家需要的資源與建議，這可以幫助我縮小書名的選擇範圍。

接下來就只需要思考能傳遞什麼知識給想要成為資料科學家的人了。我在設計與查詢關聯式資料庫的專業已有十八年：最先是資料庫與網頁開發，再來是做資料分析，近幾年則成為資料科學家。SQL 作為我職涯中重要的工具已經六年。無論是使用 MS Access、MS SQL Server、MySQL、Oracle 與 RedShift 資料庫，或在資料集市（data mart）中將資料摘要總結為報表，或使用 Tableau 資料視覺化工具，亦或是為機器學習專案準備資料集，SQL 一直都是相當重要的工具。

因為我長年用 SQL 產生資料集進行後續分析，這些已經變成資料科學家的工作日常了，然而我很驚訝許多資料科學從業人員其實並不懂 SQL 或很少編寫 SQL。我曾在 Twitter 做過非正式的投票調查，有 979 位已經是資料科學從業人員的朋友，其中 19% 想學習或更加了解 SQL（其中有 74% 表示已經在工作中用到 SQL）。此外，在 713 個回應中，有 55% 有志從事資料科學的人表示想學習 SQL。由此看來，我的目標族群確實對這個主題很感興趣。

Toward Data Science 的 Jeff Hale 曾分析線上職缺招募，發現 SQL 是資料科學必備的前三名技能（https://towardsdatascience.com/the-most-in-demand-skills-for-data-scientists-4a4a8db896db）（編註：分別是 Python、R、SQL）。在 Indeed BeSeen 的文章中，Joy Garza 也將 SQL 列為資料科學家的必備能力中，需求

度前五名的技能之一（https://web.archive.org/web/20200624031802/https://www.beseen.com/blog/talent/data-scientist-skills/）（ 編註: 分別是 機器學習、Python、R、SQL、Hadoop）。當我確知計劃從事資料科學工作的人有很高的比例想學習 SQL，以及業界對 SQL 人才的需求之後，如何開發資料就成為本書的知識重點。

誰適合這本書？

市面上已有許多 SQL 的書籍教導撰寫查詢語法以及進階 SQL 函數，畢竟 SQL 已經存在四十多年了，且自 1980 年就逐漸標準化。但當人們問我，要學習 SQL 語法用在機器學習時，是否有任何推薦的書籍，我卻無法給出一個篤定的答案，所以我決定以一個資料科學家的角度來撰寫這本書。

所以本書不僅會教你撰寫 SQL 查詢，更要教你如何為了需求的目的彙總資料，並將其轉化成分析用途的資料集，進而生成報表或儀表板，以及餵給機器學習模型。本書會從 SQL 基礎開始，但會假設你對關聯式資料庫有一些基本的了解，以及在報表、分析還有機器學習上使用資料集的基本概念。本書會填補這中間的空缺，幫助你找到需要的資料開始進行分析。我關注的重點是教導你，如何使用 SQL 查詢從資料庫提取所需資料並組織起來。

如果你能用 SQL 提取、計算與彙總資料，自行完成所需的資料集，就不用依賴公司內其他人幫你做這項工作，對自己與他人都是好事。比起其它程式語言，SQL 可以更有效率地處理資料。

讀者從這本書能得到什麼

我的目標是在你讀完本書並練習書中的查詢之後，有能力思考建立分析資料集的整個過程，並寫出能得到預期輸出的 SQL 程式。即使將來需要用到本書沒介紹過的 SQL 語法與函數，你仍然可以藉由此處學會的基本知識，知道如何尋求答案並能妥善利用資源。

與作者聯繫

你可以在 Twitter 的 Data Science Renee 找到我,帳號是 @becomingdatasci,我很樂意與讀者在社群平台互動,我也會在能力所及範圍提供建議。

關於作者

Renée M. P. Teate 是教學平台 HelioCampus 的資料科學主管,帶領團隊為大專院校打造機器學習模型。她從 2004 年就開始與資料為伍,專長在關聯式資料庫設計、資料驅動的網站開發、資料分析以及資料科學等。她擁有詹姆士麥迪遜大學整合科學技術學位,以及維吉尼亞大學系統工程學位,結合職場的豐富經驗,她自詡是一位「資料通才」。

她時常在科技與高等教育會議及聚會上演講,同時也在業界許多刊物分享其在資料科學上的成果以及職涯建議。她同時也成立『Becoming Data Scientist』的 Podcast,並活躍於近 7 萬名追蹤者的 Twitter 帳號 @BecomingDataSci。她經常建議有志於資料科學的人一定要學習 SQL,因為這是最有價值且最能延用的技能。

英文版技術編輯

Vicki Boykis 是一名機器學習工程師,專注在打造推薦系統。她在多種產業擁有超過十年的資料庫經驗,其中包含社交媒體、電信、醫療護理等,熟悉 Postgres、MS SQL Server、Oracle 以及 MySQL。曾開設線上課程(MOOCs)教授物件導向程式設計、Python、MySQL 等,她擁有賓州州立大學的經濟學榮譽學士以及費城天普大學的 MBA。

致謝

回首 2019 年秋天開始撰寫這本書時，不只對寫作與出版程序一知半解，且因為疫情與政治動盪局勢，很多事是自己無法掌控的。所以在這個歷經 Covid-19 的時代，我想對冒著生命危險的醫療防疫人員表達感激之情，若沒有你們拯救生命的無私奉獻，我們可能會失去更多。我也要感謝那些為不公不義持續奮戰的鬥士們，你們帶給我深深的啟發與希望。

作為一名菜鳥作家，要將知識與經驗傳達的媒介由網路轉移到紙上，是一次重要的學習經驗。我要感謝 Wiley 出版社團隊給予這個機會，你們用心良苦特別是企畫編輯 Kelly Talbot，與我一起修訂內容走完所有程序。

技術編輯 Vicki Boykis 的資料分析著作非常引人入勝，也有獨到且深刻的見解，所以在我得知她將擔任技術編輯時我非常高興，她細心的回饋真的給予我很大的幫助。

我同時也要感謝家人與師長，一直支持著我對電腦與科技的興趣，也培養了我對閱讀的喜愛。還有同學與前輩們引導我完成學業，並給予我職涯建議。特別由衷地感謝老公 Tony Teate 與兒子 Anthony 給予我永遠的信任、無價的回饋，並在完成本書的旅途中與我前行。

我也要對兩個社群致上敬意。可能有點出乎意料的是在 Instagram 上的園藝蔬果帳號，真的幫助我克服許多在撰寫這本書時碰上的難題，特別是本書每個案例的虛構資料庫『農夫市集』靈感就是源自於此。最後，也要感謝本地與線上資料科學社群，以及正在閱讀本書的讀者，都帶給我莫大的價值。感謝在我資料分析職涯中的貴人們，以及願意讓我參與你們人生的人們。

— Renée M. P. Teate

各章一覽

本書補充資源

補充資源中的範例資料庫腳本檔 "farmers_market.sql"，請依照第 1.8 節的說明匯入 MySQL 資料庫。各章示範 SQL 程式碼都放在 "各章 SQL 程式碼 .txt" 以節省讀者輸入的時間。下載處請連到下面網址（請留意字母大小寫），並依指示回答通關問題，通過後即可下載檔案：

https://www.flag.com.tw/bk/st/F3234

您也可以到原文書商 Wiley 的官方網站取得範例資料庫：

https://www.wiley.com/go/sqlfordatascientists

詳細目錄

第 1 章 資料來源與資料庫

第 2 章 查詢資料的 SELECT 基本語法

第 3 章 為查詢設定篩選條件的 WHERE

第 4 章 依條件作分支處理的 CASE

第 5 章 連結兩個或多個表格資料的 JOIN

第 6 章 摘要總結與聚合函數

第 9 章　探索資料的結構與特性

第 10 章 打造可重複分析用的自訂資料集

第 11 章 進階查詢語法結構

第 12 章 建立機器學習需要的資料集

第 13 章 開發分析資料集的案例

第 14 章　資料儲存與修改

附錄　練習題解答

資料來源與資料庫

資料科學家、資料分析師每天面對許多不同來源的資料，無論是資料庫、試算表或來自應用程式介面（APIs），都必須善加利用這些資料，打造報表、儀表板或訓練機器學習模型的資料集。了解資料來源、搜集並儲存，以及更新資料的頻率，能讓你更有效地分析資料。就我的經驗來說，許多預測用的機器學習模型之所以會出問題，通常都與資料來源或者是提取資料的查詢有關。因此在資料分析開始前，都會先對資料庫的結構進行探索，以瞭解面對的是什麼樣的資料。

1.1 資料來源

資料可以用不同形式進行儲存。非結構化（unstructured）的資料像是文件或是影像資料，有專門的資料庫系統可以處理，本書則專注在結構化（structured）的資料上，也就是資料會以表格（tables）形式儲存，像是試算表、或是包含限定長度字串或是數值的資料庫表格。

有很多應用程式可以將資料轉換成結構化的形式。像是一般人很熟悉且常用來建立與存放資料的 Microsoft Excel，裡面也包括一些分析工具，像是樞紐分析表，以及將資料畫成圖表的資料視覺化工具。雖然新版 Excel 納入了 Power BI 增益集（包括 Power Query、Power Pivot）幫助我們連結不同資料來源，以及建立表格關聯的資料模型等功能，但要做到真正關聯式資料庫的功能，並且建立規則、規範表格之間的連結關係，或許 Microsoft Access 會比 Excel 更適合。

我是用 Access 第一次設計出關聯式資料庫，也因此學到基礎的 SQL（Structural Query Language，結構化查詢語言）概念，跟我後來使用關聯式資料庫管理系統（Relational Database Management Systems, RDBMSs），像是 MySQL、MS SQL Server、Oracle 等的概念都是一樣的。雖然這些資料庫彼此之間的查詢語法有些微的差異，但你在本書中學會的所有概念，都可以用在這些資料庫系統中。

> **編註：** SQL 的正確唸法是三個字母分開唸『S-Q-L』，不過也有許多人會連起來唸成『Sequel』。

SQL 類型的 RDBMS 起始於 1970 年代，一直是資料存儲和管理的主要工具。這些系統的設計基於資料庫的核心設計概念，已證明是有效且耐用，因此這些系統至今仍被廣泛使用，SQL 也因此非常普遍。對於資料科學家來說，學習和掌握 SQL 非常重要，因為它是與這些資料庫系統互動的主要方式。無論是進行資料清理、資料轉換，還是進行複雜的資料分析和建模，SQL 都是一個強大的工具。

身為一位經常需要與資料為伍的工作者，應該多少都看過或用到以下這些著名的關聯式資料庫系統，如：

- Oracle

- MySQL

- MS SQL Server

- PostgreSQL

- Amazon Redshift

- IBM DB2

- MS Access

- SQLite

- Snowflake

除了關聯式資料庫系統以外,也可能需要處理其它不同類型的資料,像是以逗號或空格分隔的文字檔案(CSV)、從 API 取得的 JSON 檔(JavaScript Object Notation)、在 NoSQL 資料庫系統使用的可延伸標記語言(XML)、運用特殊查詢語言的圖資料庫(Graph database)以及鍵值資料庫(key-value stores)等等。就通用性來說,關聯式資料庫仍然是業界的主流且歷久不衰。

> 編註: 除了關聯式資料庫之外也有許多非關聯式的資料庫,其資料並非以表格形式存放,在大數據時代甚為風行,由於資料來源不見得便於以表格形式呈現,因此有各種類型的資料庫系統出現,比較知名的有 MongoDB(文件資料庫)、Neo4J(圖資料庫)、Redis(鍵值資料庫)等等各擅勝場,一般統稱為 NoSQL 資料庫。

1.2 用整合開發工具或程式皆可連上資料庫

在開始資料分析專案時,首先需要連接伺服器上的資料庫,可以透過 SQL 整合開發環境(例如 MySQL Workbench 或 Oracle SQL Developer)或用程式語言(如 Python 或 R)的套件實現。一旦建立與資料庫連接,就可以用 SQL 提取需要的資料,並將其儲存到後續便於處理的二維表格形式的結構中,例如資料框(dataframe)。

本書使用普及率最高的開源資料庫系統 MySQL 為例，因此直接採用隨附的 MySQL Workbench Community Edition 整合開發環境做示範。所有主流資料庫系統都支援 ODBC（開放資料庫連接性），它使用驅動程式來標準化軟體應用程式和資料庫之間的介面，當然你也可以使用其它 IDE 工具連接 MySQL 資料庫。授予你存取公司資料庫權限的管理者，會幫助你透過 IDE 安全地連接到資料庫。

編註：　MySQL 目前在 Oracle 公司旗下，提供 MySQL Community Edition 開源 GPL版本免費給大眾使用，如果需要更進階的資料庫功能與管理工具，可選擇付費的 MySQL Enterprise Edition。MySQL 官網是 www.mysql.com。

你也可以直接從像 Python 或 R 程式碼中連接到資料庫，只需要在程式碼中嵌入 SQL 查詢並將輸出以資料框或其它資料結構的形式傳回。資料庫系統的官方文件會提供如何從其它軟體和程式碼中連接到它的資訊。例如，搜尋 "MySQL connector" 可以找出供不同程式語言使用的驅動程式。

1.3　關聯式資料庫

關聯式資料庫是一種將資料組織成表格的管理系統，能有效地儲存、查詢和分析資料，是我們理解和利用資訊很重要的工具。

資料庫中的表格

在資料庫中，我們會將資料儲存到一個或多個表格中。每個表格都代表一種特定的**實體**（entity），裡面包含該實體的相關資訊。例如，一個『書籍』表格用來儲存書籍的 ISBN、書名、作者等資訊，書籍就是所謂的實體，而書籍表格就是用來儲存書籍實體資訊的資料結構。

表格中每個欄位視為實體的一個**屬性**（或稱為**欄位名稱**，在資料科學則稱為**特徵**）。例如，書籍表格的每個欄位（ISBN、書名、作者）都代表書籍的一個屬性，這些屬性的值就儲存在表格中每本書（也就是每一列資料）對應的欄位中。

如圖 1.1 所示，書籍表格中的每一列都存放一本書的各屬性資料，此例有三個屬性：

圖 1.1

表格之間的關聯

資料庫是由許多相關的表格組成，這些表格包含了我們需要的資料。資料庫結構（database schema）定義和組織這些表格以及它們之間的關係，透過了解資料庫結構，可以更有效地查詢和操作表格的資料。

在此舉例說明表格之間的關係。假設資料庫中有兩個表格，一個是『病患』表格，另一個是『預約』表格。病患表格中的每一列代表一位曾經預約看診的病患資料，裡面有三個欄位分別記錄該病患的『姓名』、『生日』與『電話號碼』。而預約表格則包含每一筆預約記錄，同樣包含病患的『姓名』，還有『預約時間』、『預約原因』以及看診的『醫師姓名』等四個欄位。見圖 1.2。

病患表格

姓名	生日	電話號碼
Diane Hyson	3/4/1970	(540) 555-1212
Lenon Stevens	11/10/1952	(703) 555-1234

預約表格

姓名	預約時間	預約原因	醫師姓名
Diane Hyson	2/28/2023 2:30pm	年度檢查	Dr. Urene
Lenon Stevens	3/2/2023 10:00am	診療	Dr. Hammad
Lenon Stevens	3/9/2023 10:00am	回診	Dr. Hammad

圖 1.2

> **NOTE** 此處假設每個病患的姓名都不同，但現實中要考慮到同名同姓的人，需以病例號碼或健保卡號碼做為唯一識別病患之用。

如果醫院要提醒下週已預約的病患，可透過預約表格中的『預約時間』欄位查得下週有哪些病患要看診，然後取得病患表格的『電話號碼』欄位值，因此病患表格跟預約表格之間一定要建立關聯性才行，事實上這兩個表格之間的關聯明顯就是『姓名』欄位。

表格之間的實體關係

每位病患的資料在病患表格中只會記錄一次，然而每位病患可預約看診一或多次，因此在預約表格中就可能出現一位病患有多筆預約記錄，我們稱這種關係為『**一對多關聯性**』。表格之間的關係稱為**實體關係**（E-R, entity-relationship），可用**實體關係圖**（ERD, E-R diagram）來呈現，如圖 1.3：

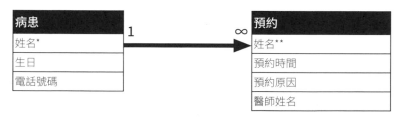

圖 1.3

由圖 1.3 可看出病患與預約這兩個表格之間可以透過姓名欄位建立關聯性。表格之間的連接線：尾端是 1、箭頭端是 ∞，表示每 1 位病患可以有很多筆預約記錄，也就是『**一對多關聯性**』。事實上，關聯式資料庫中的每個表格都是利用關聯性建立彼此之間的關係。

NOTE　在 ERD 中，連接兩個表格的線上出現的 ∞、N 或『烏鴉腳印（crow's foot）』符號，代表兩個表格為『一對多』關係中『多』的那一方，從圖 1.3 中可看到該連接線的意思代表每一筆病患記錄可以對應到多筆預約記錄。

主鍵與外鍵

一個表格中的**主鍵**（primary key，或稱為主索引鍵）是由一或數個欄位所組成，代表每一筆記錄的唯一性，而且不能是 NULL（缺漏值），例如大學生表格中的學生證號碼（或者是由資料庫自行產生的遞增整數序號），因為每個學生證號碼都不會重覆，可以識別唯一的一位學生，就可以當作主鍵。每個表格中僅能有一個主鍵，用『*』表示。

如果一個 A 表格的主鍵同時也是另一個 B 表格中的一個欄位（即該表格的屬性之一），即可建立兩個表格的關聯性，B 表格此欄位就稱為**外來鍵**（foreign key，或稱為外部索引鍵），用『**』表示。

NOTE　上面說到的 NULL 代表的是空值（empty）而不是空白值（blank）。例如：單一空白鍵 " " 是一個內含空白的字串，並不是沒有值，而 NULL 則是沒有值，這兩者在 SQL 中完全不同。

主鍵的唯一性

如同先前所說,用病患姓名作為主鍵並不是一個很好的選擇,因為可能會有同名同姓的,這個主鍵就不能代表病患的唯一性。在業界中常見的做法是自動在每一列增加一個屬性(欄位),為每位病患編一個唯一的識別碼,再以此欄位做為主鍵。

於是我們就可以在病患表格以及預約表格中各增加一欄病患 ID 做為主鍵,如此一來,這兩個表格就能透過病患 ID 欄位關聯起來,也因此預約表格中就不需要有病患姓名的欄位了。

圖 1.4 的設計中,病患 ID 在病患表格中作為主鍵,而在預約表格中則是外來鍵。同時也要為預約表格中每一筆預約記錄增加一個預約 ID 欄位,做為此預約表格的主鍵:

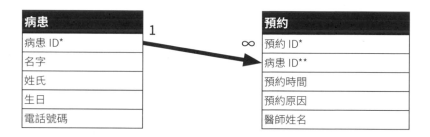

病患表格

病患 ID	名字	姓氏	生日	電話號碼
1	Diane	Hyson	3/4/1970	(540) 555-1212
2	Lenon	Stevens	11/10/1952	(703) 555-1234

預約表格

預約 ID	病患 ID	預約時間	預約原因	醫師姓名
100	1	2/28/2023 2:30pm	年度檢查	Dr. Urene
101	2	3/2/2023 10:00am	初診	Dr. Hammad
102	2	3/9/2023 10:00am	回診	Dr. Hammad

圖 1.4

多對多關聯性

另一種表格之間的關係叫做『**多對多關聯性**』。你可能已經猜到了，這是一種兩個實體之間的連接，每一個實體的記錄都可以連接到另一個實體的多筆記錄。用書籍資料為例，如果我們現在有個作者表格，用來記錄每一位作者的資料，那麼書籍表格與作者表格之間就會產生多對多的關係，因為每一位作者可以寫好幾本書，而每本書也可能由多位作者合著。這種多對多的關係會造成混亂，因此要在這兩個表格中間增加一個中介表格（associative、junction table，或稱為關聯表格），用來記錄作者 ID 與書籍 ID（即 ISBN）的配對關係，如此即可將多對多關係拆成兩個一對多關係，見圖 1.5：

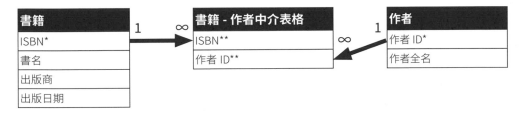

圖 1.5

從圖 1.5 的實體關係圖可以看到：ISBN 在書籍表格中是主鍵，作者 ID 在作者表格中是主鍵，兩者在書籍 - 作者中介表格中皆為外來鍵。中介表格的每一筆記錄中的 ISBN 與作者 ID 欄位配對都會是唯一值，所以這兩個欄位的組合就可做為書籍 - 作者中介表格中的主鍵。

建立這樣的表格關係，就不會有在書籍表格中的作者全名欄位放入多位作者姓名的情況，因為中介表格只包含連結相關表格的外來鍵，藉此減少在資料庫中儲存重覆的資料，並釐清表格之間在現實生活中是如何彼此相關聯的。

資料庫正規化(database normalization)可以減少資料庫中資料冗餘的問題,例如圖 1.5 的例子中,每一位作者不論寫了幾本書,在作者表格中都只有一筆資料即可。

在醫師診所的範例中,我們不用在預約表格中重複存放病患的電話號碼,因為電話號碼已經儲存在病患表格裡了,只需要透過病患 ID 將兩個表格連結(JOIN),就可以找到需要的電話號碼。連結兩個表格的方法在第 5 章會詳細介紹。

本書不會介紹資料庫正規化的細節，若你有興趣了解，可以研讀關聯式資料庫設計理論的書籍。

編註: **ChatGPT 來幫忙**

在統計學與資料科學中有資料正規化，有的人可能會與資料庫正規化弄混，我們請 ChatGPT 來回答：

SU   資料庫正規化 與 資料正規化 一樣嗎？

    資料庫正規化（Database Normalization）和資料正規化（Data Normalization）是兩個不同的概念，雖然它們的名稱相似，但在實際應用中有著不同的意義和目的。

1. **資料庫正規化**（Database Normalization）：這是一種資料庫設計技術，目的是減少資料庫中的資料冗餘，並提高資料的完整性。通常涉及將大型表格分解為多個較小的表格並建立關聯，以避免資料重複和更新異常。資料庫正規化有多種級別，稱為正規形，包括第一正規形（1NF）、第二正規形（2NF）、第三正規形（3NF）等。

2. **資料正規化**（Data Normalization）：在資料科學和機器學習中，資料正規化是一種預處理技術，用於將數值資料縮放到一個標準範圍（例如：0 ~1 或 -1~1 之間），以便在演算法中更有效地處理。這可以幫助機器學習演算法更快地收斂，並提高模型的性能。常見的資料正規化方法包括 Min-Max Scaling、Z-score 標準化等。

雖然這兩種正規化都是為了改進資料的處理和使用，但它們在應用和方法上有所不同。

1.4 維度資料倉儲

資料倉儲（Data Warehouses） 通常包含來自各種來源的資料，可以依據不同的設計標準來建構，例如可以設計成正規化的關聯式資料庫。它們能從其它資料庫中提取原始資料，也可以包含彙總或轉換的摘要總結（summary）表格。資料倉儲可以包含過去到現在的歷史資料日誌，與隨著資料來源實時更新的表格，也可以保存過去某一時刻的快照（snapshot）資料。

資料倉儲通常是採用**維度建模**（dimensional modeling）的設計方法，其理論核心是將資料分成『事實（facts）』和『維度（dimensions）』兩種類型。在使用這種設計的資料倉儲中，最常見的是『星型結構（star schema）』：一個或多個『事實表（fact tables）』會放在中心，而多個『維度表（dimension tables）』則圍繞著事實表，形成像星星一樣的結構。

我對事實與維度的理解是，事實表中的一筆記錄包含了實體的『元資料（metadata）』，以及你想要追蹤和後續彙總的任何度量值（通常是數值）。維度是該實體的屬性，你可以依據屬性將事實記錄分組、切分與切塊（slice and dice，是指將資料分解成更小且易於分析的區塊，便於從不同角度或方式觀察與理解資料），而維度表將包含該屬性的進一步資訊。

> **編註：** 元資料是用來描述其它資料的資料，例如一本書的元資料有 ISBN、書名、作者等用來描述這本書的訊息。在資料庫設計中，元資料可以是描述與定義資料庫結構和規則的資料，例如表格名稱、欄位名稱、資料型別等。

例如，一個在零售店採購的交易記錄是個事實，其中包含了購買的時間戳記、商店編號、訂單編號、顧客編號和交易金額。商店是這個購買事實的一個維度，而相應的商店維度表則包含了商店本身的資訊，例如商店名稱、地址。然後，查詢事實表和維度表可以獲取依照商店區分的購買資訊。

如果將醫師看診的資料庫轉換成星型結構，我們會有一個預約事實表記錄每次的約診情況，包括是哪位病患、何時預約、看診原因、哪位醫師和預定看診的時間。我們還可以有日期維度和時間維度，存放每次預約日期和時間（如年份或星期幾）等各種屬性。

這樣的設計可以幫助我們計算在某一特定時間區段內有多少個預約，或是藉由不同維度的資料對事實資訊進行分組，來決定預約的高峰期訂在何時。圖 1.6 是維度資料倉儲設計的範例，你應該可以看出為什麼叫做星型結構了：

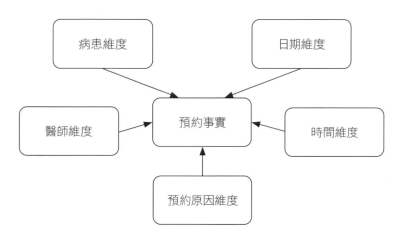

圖 1.6

在這個資料倉儲中也會有預約的歷史記錄，顯示預約的每次更動。這樣一來，我們不僅可以得知預約的實際時間，還可以知道預約時間更新過多少次、或者是否曾被分配給另外一位醫師等等之類的。這樣的歷史記錄可以提供更詳細的預約資訊，以便後續的分析和報表生成。

要注意的是！跟正規化的關聯式資料庫相比，維度模型儲存了更多的資訊。預約記錄在預約日誌中可能會出現多次，在日期維度表中可能每個日曆日都有一筆記錄（包含沒有預約記錄的日期，以及未來的日期）。如果你需要設計一個資料庫或資料倉儲，就需要比前面講的更深入瞭解這些概念與細節。

1.5 對資料來源提出疑問

在開始撰寫 SQL 查詢之前，了解資料來源的類型、結構設計和資料庫中各表格之間的關係後，還需要對準備查詢的表格搜集相關資訊。

如果你有幸能接觸到了解資料庫設計、資料搜集與更新方式、以及熟悉各種類型的資料應該以何種頻率更新的**領域專家**（SMEs），那麼在探索資料以及查詢開發的過程中，應該跟他們保持聯繫。這些專家包括資料庫管理員（DBAs）、ETL 工程師（從來源系統提取、轉換和載入資料到資料倉儲的人員）或是最初實際產生與輸入資料的人員。當你發現一些看似無法理解的資料時，直接向他們尋求詳細解釋通常是最好的方法，他們可以為你指點迷津，或是告訴你在哪些文件中可以找到答案。

以下是當你初次瞭解資料來源時，可能會問領域專家的問題範例：

Q1 這裡有一些我在分析中需要回答的問題，我應該先從這個資料庫的哪些表格中尋找相關資料？而且，有沒有一個實體關係圖記錄它們之間的關係，提供給我參考呢？

這些問題對於具有很多表格的大型資料倉儲特別有幫助，從一開始就被指向正確的方向，可以節省大量尋找所需資料的時間。

Q2 這個表格中，哪幾個欄位是主鍵？或者這個事實表的詳細程度如何？

了解每個表格的資料詳細程度可以幫助你篩選、分組、摘要總結表格中的資料，以及與其他表格連結而言都很重要。

Q3 這些資料是從來源系統中匯入的嗎？還是在存入表格之前就已經透過某種轉換或合併？

當你在追查與預期有出入的資料時，知道這一點就很有幫助。如果資料庫裡的是原始資料，就該向輸入資料的人了解狀況，如果是經過轉換或合併的資料，那就應該向改變原始資料的 ETL 工程師了解相關資訊。

Q4 這是個靜態表格，還是會定時更新？更新的頻率如何？當新資料加進來時，舊資料是否會過期並保留？或者舊資料會被直接覆蓋？

如果你要查詢的資料包含實時更新的資料，當你準備用它做計算或做為機器學習模型的輸入之用前，最好將該表格製作一份副本來用，這麼一來你才會知道計算的結果或模型的變化，是受到程式碼的影響，而不是受資料實時更新所引起。

如果某表格會在每天晚上更新，你就需要知道更新的確切時間，如此才方便安排與資料更新相關的計畫，以產生更新的資料集。如果舊記錄以日誌形式保留在表格中，當你需要最新的資料時，就可以用日期篩掉舊記錄。同樣地，當你需要了解過去的趨勢時，也可以將那些舊記錄篩選出來。

Q5 這些資料是隨著事件發生自動搜集的？還是由人工輸入的？這些人在輸入資料時，是否有核對表格的欄位標籤？

人工輸入有比較高的機率產生錯誤，可以與資料輸入人員接觸，瞭解資料產生的流程。你可以問問看為什麼會選擇這些值、什麼原因會觸發資料更新、或是資料在批量處理時自動化流程的細節是什麼。

確認這些值在欄位中是如何分布的，對資料分析有益無害。各欄位值的可能範圍為何？如果欄位中包含分類值（categorical value），每個分類各有幾列資料？若資料中包含連續或是離散的數值，這些資料是什麼統計分布？我認為在探索資料階段（EDA，第 9 章會詳細介紹）時做資料視覺化有很大的幫助，直方圖特別適合用在此處。

另外，你可能也需要按照時間週期探索資料（例如按照會計年度），以了解分布隨時間的變化。如果發現確實有變化，你可以透過與領域專家交談發現一些事情，例如在某些情況下舊記錄停止更新、商業流程改變、或是某些舊資料的數值被歸零。了解輸入資料的格式同樣也有助於與領域專家討論，因為他們或許不知道底層資料的欄位名稱，但可以從前端介面看到的標籤來描述資料。

了解資料庫的類型對於撰寫有效率的查詢很重要，這通常在一開始就需要知道，因為你可能需要這些資訊來連接與查詢資料庫。某些資料庫系統像 Amazon Redshift 是屬於『欄式（columnar）』資料庫系統，其儲存資料的順序與 MySQL、MS SQL Server 等『列式（row-based）』資料庫系統不同，但基本的 SQL 查詢語法是相同的，當然也會有各自的擴充功能，需要查看各資料庫的官方文件。

編註： 請注意！中國大陸與日本是將 column 譯為『列』、row 譯為『行』，而台灣與香港則是將 column 譯為『欄』、row 譯為『列』。ChatGPT 在回答問題時預設是採用中國大陸的譯法，小編在編輯時已經將 ChatGPT 回答改為台灣的習慣用語，讀者自己在詢問 ChatGPT 時請留意。

1.6 認識農夫市集資料庫

本書用來做為操作範例的 MySQL 關聯式資料庫叫做『農夫市集（Farmers Market）』，裡面記錄了各供應商、產品、顧客與交易記錄，也包含各市集營業的資料包括日期、時間、星期幾，以及天氣。而且還有供應商的資料包括攤位編號、產品種類與價格等等。我們假設顧客每次購買時可以掃會員卡，如此一來就可以取得每次交易的細節（知道顧客是誰、買了什麼、交易時間、消費額等）。

農夫市集資料庫被設計成適用於展示各種查詢方法（雖然資料量不多且並非真實資料），分析者可以藉此回答與市集相關的問題，例如：

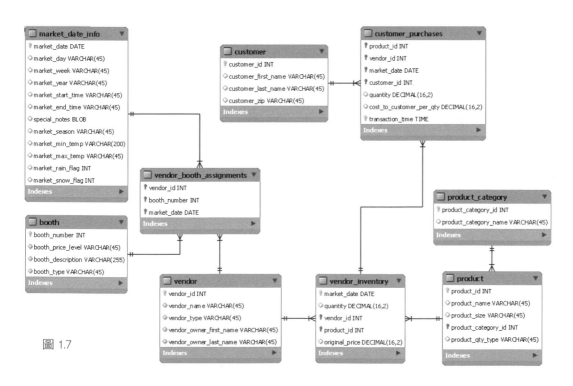

- 一整年間每月有多少人在市集購買產品？

- 下雨或下雪對消費額有多少影響？

- 在地生產的當季蔬果，其上市期間是什麼時候？

- 市集每季的總銷售額增長狀況？

我們也會基於這個資料庫準備資料集，將查詢輸出轉換成可以作為統計模型和機器學習演算法的輸入格式。這可以幫助我們回答類似以下的問題：

- 預測下一季會有多少顧客消費？

- 根據某消費者的購買記錄，預測他是否會在 30 天內再回市集購買？

圖 1.7 為農夫市集的實體關係圖（ERD）。本書後續練習撰寫 SQL 語法從資料庫中提取資料的過程中，會仔細鑽研圖中不同表格關係的細節，藉以了解資料科學家與資料分析師在實務上需要用到的查詢語法以及關注的事情。

圖 1.7

1.7　資料科學的術語

到目前為止，我們已經從資料庫開發者的角度，暸解列（或稱記錄）與欄（或稱屬性）的定義。若是專門為訓練機器學習模型而產生的資料集，資料科學家可能會用不同的術語來描述資料集中的列與欄。

在這種情境下，每一列的值組合可以作為訓練模型的輸入，這一列通常被稱為『訓練實例（instance』（或稱實例、資料點）。每列的每個欄位就是一個『特徵（feature）』（或稱輸入變數）。一個機器學習算法可能會對重要特徵進行排名，讓你知道哪些特徵對模型做出預測的影響最大。模型試圖預測的輸出特徵則稱為『目標變數』。在這本書尾聲，你就會學到如何將表格中的『列與欄』轉換成資料集的『訓練實例與特徵』，以便於輸入模型。

1.8　編註: 將農夫市集資料庫匯入 MySQL

要使用本書的農夫市集資料庫，可以請資料庫管理者為你安裝在公司的資料庫伺服器上供你練習，或者安裝在自己的電腦上隨心所欲地使用。要使用 MySQL 資料庫系統匯入農夫市集資料庫，讀者需要做三件事：

1. 安裝 MySQL：請讀者連到 MySQL 官網下載下載 MySQL Installer：https://dev.mysql.com/downloads/installer/，然後執行該安裝檔，依照指示即可將 MySQL 資料庫系統安裝起來，預設是連同 MySQL Workbench（此為圖形介面工具）一併安裝，本書所有 SQL 語法都會在此工具中操作。安裝過程中請特別注意將管理者的帳號密碼寫下來，以免以後忘記。

2. 下載農夫市集資料庫腳本檔 farmers_market.sql，存放在讀者自行指定的資料夾內。請讀者參考『本書補充資源』的說明。

3. 開啟 MySQL Workbench 8.0 CE，在最上方功能表執行『Server/Data Import』命令，在『Import from Disk』頁次點選『Import from Self-Contained File』，並到 farmers_market.sql 所在位置選取，最後按視窗右下角的『Start Import』鈕，就會自動執行此腳本檔，然後在視窗左側窗格就會看到 farmers_market 資料庫了。

練習

1. 在圖 1.5 中建好書籍與作者表格，如果某作者改名字的話，會有什麼改變？需要新增或更新什麼記錄？對未來進行查詢時會造成什麼影響？

2. 從日常生活中找出可以利用資料庫進行追蹤的案例。資料庫中有哪些實體可能會有一對多的關聯性？抑或是多對多關聯性？

MEMO

02

查詢資料的 SELECT 基本語法

SQL（結構化查詢語言）是用來從資料庫中提取所需資料，並將資料以指定格式回傳的查詢語言，瞭解 SQL 語法是存取資料庫必學的技術。由本章開始，內容複雜度會逐漸提高，SQL 語法也會出現不同的變化，其基本概念都是相同的。

2.1 SELECT 敘述句

SELECT 敘述句（statement，或稱語句、指令、命令、陳述式）在搜尋資料時一定會用到，其可以幫助你從資料庫中查詢（query）資料。與其他SQL 子句（clause）結合使用時，可以查看資料庫表格中的指定欄位、結合不同表格資料、篩選結果或進行計算等等功能。

資料科學家或資料分析師需要用到 SQL 語法最主要的時機，就是從資料庫中查詢所需的資料，因此 SELECT 敘述句的各種用法就是本書的重點。至於其它管理資料庫所需的 SQL 敘述，是資料庫管理者必備技能，並非本書著墨之處。

NOTE 在 SQL 語法中的關鍵字一般會使用大寫，例如 SELECT 或 FROM 等，而且在 IDE 中也會將關鍵字用顏色標示，如此可方便程式編寫者清楚看出哪些是關鍵字。在 MySQL Workbench 中只要輸入的是關鍵字，不論大小寫都用藍色標示，我基於習慣都會用大寫。

2.2 查詢的語法結構

以下是 SELECT 敘述句的基本語法，其中 FROM、ORDER BY 在本章會介紹，其它則留待後續章節再舉例說明。

```
SELECT [ 回傳欄位 ]
FROM [ 資料庫結構.表格 ]
WHERE [ 條件篩選 ]
GROUP BY [ 欄位分組 ]
HAVING [ 分組之後進行的條件篩選 ]
ORDER BY [ 排序的欄位 ]
```

這個 SELECT 語法結構中主要包括上述幾個關鍵字，都是整個敘述句中的子句。其中 SELECT 和 FROM 會一起出現，這是因為最基本的查詢都必須告訴資料庫系統要『從（FROM）』哪個資料庫的某表格中提取資料。

編註: FROM 子句中的 "資料庫結構"，是用來描述這個關聯式資料庫中的欄位格式與表格關聯等規範，在使用時就是指定資料庫的名稱。

2.3 選擇要輸出的欄位，並可限制回傳的資料筆數

最簡單的 SELECT 敘述句就像下面這樣：

```
SELECT * FROM [ 資料庫結構．表格 ]
```

SELECT 的 [回傳欄位] 是用來指定表格中的哪些欄位資料需要回傳，指定的欄位數可以是一個或多個，兩兩間用逗號分隔，如果像上面是用『*』（星號），就表示要回傳該表格中所有的欄位資料。

我們以 farmers_market（農夫市集）資料庫中的 product（產品）表格為例。下面的 SELECT 敘述表示從 farmers_market.product 中查詢所有欄位的資料：

```
SELECT * FROM farmers_market.product
```

SQL 語法很有彈性，要分成不同行也可以：

```
SELECT *
FROM farmers_market.product
```

我們可以在 MySQL Workbench 功能表（見圖 2.1）按最左邊的『+SQL』鈕新增一個可用來輸入 SQL 的工作頁：

1 按此處 ——➤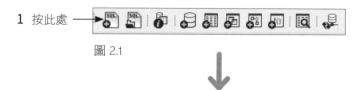

圖 2.1

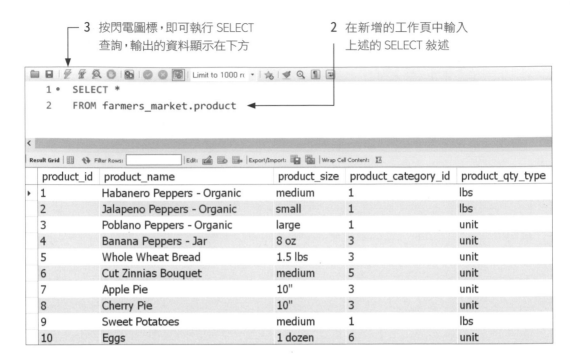

圖 2.2

如果我們想要限制顯示出來的列數，可以另外加上一個 LIMIT 子句，例如 LIMIT 5，表示讓 SELECT 僅回傳前 5 列資料就停止。先前第 2.2 節介紹 SELECT 基本語法時，我並沒有寫到 LIMIT 子句，是因為在某些資料庫系統（例如 MS SQL Server 或 Oracle）中所用的 SQL 語法可能有些差異之故。

編註： **ChatGPT 來幫忙**

我們想知道 LIMIT 子句能在哪些資料庫系統使用，來問問 ChatGPT：

SU   MySQL 中的 **LIMIT** 子句有哪些關聯式資料庫有相同用法的子句？

LIMIT 子句在 MySQL 中常被用來限制查詢返回的記錄數。還有其他一些關聯式資料庫也支援類似的功能，但可能使用不同的語法。以下是具有類似功能的關聯式資料庫：PostgreSQL、SQLite、MariaDB。

我用 LIMIT 子句的時機通常是在撰寫 SQL 查詢要從龐大資料庫中提取資料時，完整查詢與輸出通常耗費時間，若我只是測試查詢程式的功能，就不需要將全部資料都列出來，因此可以利用 LIMIT 子句在產生特定列數之後就停止以節省時間。

於是將上面的例子加上 LIMIT 5 子句，其執行結果會回傳 product 表格所有欄位前5 列的資料，如圖 2.3：

```
SELECT *
FROM farmers_market.product
LIMIT 5
```

> 只出現 5 列
> 資料就停止

product_id	product_name	product_size	product_category_id	product_qty_type
1	Habanero Peppers - Organic	medium	1	lbs
2	Jalapeno Peppers - Organic	small	1	lbs
3	Poblano Peppers - Organic	large	1	unit
4	Banana Peppers - Jar	8 oz	3	unit
5	Whole Wheat Bread	1.5 lbs	3	unit

圖 2.3

> NOTE 你可能已經發現到在前面兩個範例中，我都把 FROM 子句放在第二行，而 SELECT 則單獨成一行，其執行結果與全部寫成一行是一樣的。換行以及跳欄 (tab) 鍵都會被視為空白，並不影響 SQL 程式執行，所以在考慮易讀性的前提下，分成幾行寫都沒問題。

若想要回傳特定的欄位，可以在 SELECT 後面輸入欄位名稱，若超過一個欄位則以逗號分隔。以下的查詢就會列出 farmers_market.product 表格中 product_id（產品編號）與 product_name（產品名稱）這兩個欄位的所有資料，如圖 2.4 所示：

```
SELECT product_id, product_name
FROM farmers_market.product
LIMIT 5
```

product_id	product_name
1	Habanero Peppers - Organic
2	Jalapeno Peppers - Organic
3	Poblano Peppers - Organic
4	Banana Peppers - Jar
5	Whole Wheat Bread

圖 2.4

欄位名稱用星號與一一列出的區別

假使你想要回傳表格中的所有欄位,前面說過用星號(*)即可,但在實務上我並不建議使用星號,而應該將需要的所有欄位名稱一一列出,特別是當這些查詢指令會被用作資料處理流程中的一個階段時,意即查詢指令會在固定時間運行,而輸出結果會被直接用作下一個階段的輸入資料。

我們必須考慮到,如果有一天某個底層的表格被修改了,比如說新增欄位或是欄位順序調整,使用星號就會導致與之前的輸出格式不同,這就會破壞自動化處理的流程,若直接指定欄位名稱與順序,就不至於受到影響。

以下查詢列出 5 列的農夫市集供應商的攤位分配結果,資料來自 vendor_booth_assignments(攤位分配)表格,並查詢包括 market_date(市集日期)、vendor_id(供應商編號)、booth_number(攤位號碼)等資料,如圖 2.5:

```
SELECT market_date, vendor_id, booth_number
FROM farmers_market.vendor_booth_assignments
LIMIT 5
```

market_date	vendor_id	booth_number
2019-04-03	1	2
2019-04-03	3	1
2019-04-03	4	7
2019-04-03	7	11
2019-04-03	8	6

圖 2.5

如果我們能讓輸出結果依照某個欄位值的大小或是日期先後順序做排序,應該會更符合我們的需要,接下來我們就要學習如何對查詢的結果做排序。

2.4 將輸出依欄位做排序的 ORDER BY 子句

ORDER BY 子句可以用來將輸出的列資料做排序，可以指定要做排序的欄位，若不只一個欄位要排序，則兩兩之間用逗號分隔。排序的方法可以設定升冪（ASC）或是降冪（DESC）。ASC 將字串或數字依『由小而大、由低至高』做排序；相對地，DESC 則是依『由大而小、由高至低』做排序。在 MySQL 中，NULL 值在升冪排序的設定中，預設會排在前面。

NOTE 　如果 ORDER BY 子句中沒有指定升冪或降冪，預設是升冪，所以將資料以升冪排序時可以不加 ASC。

排序是依照 ORDER BY 指定的欄位進行排序，與該欄位在輸出中排在哪個位置無關。例如下面的例子，輸出的欄位依序是 product_id、product_name，但讓 product_name 依英文字母做升冪排序（即預設），其結果如圖 2.6：

```
SELECT product_id, product_name
FROM farmers_market.product
ORDER BY product_name
LIMIT 5
```

	product_id	product_name
▸	7	Apple Pie
	13	Baby Salad Lettuce Mix
	12	Baby Salad Lettuce Mix - Bag
	4	Banana Peppers - Jar
	17	Carrots

圖 2.6

以下例子則是 ORDER BY 讓 product_id 依降冪（DESC）由高至低進行排列，如圖 2.7：

```
SELECT product_id, product_name
FROM farmers_market.product
ORDER BY product_id DESC
LIMIT 5
```

product_id	product_name
23	Maple Syrup - Jar
22	Roma Tomatoes
21	Organic Cherry Tomatoes
20	Homemade Beeswax Candles
19	Farmer's Market Resuable Shop...

圖 2.7

此處要特別注意！上面兩個例子回傳的資料並不相同，這是因為 ORDER BY 在 LIMIT 之前先執行，所以是先經過排序再取前 5 列。此處我們看到除了可以限制資料回傳的列數來減少等待的時間以外，也可以搭配 ORDER BY 將結果進行排序，並回傳指定的列數。

ORDER BY 子句除了可以排序一個欄位，也可以排序複數個欄位，也就是說可以優先以某一個欄位排序，再在第一個排序的前提下排序下一個欄位，只要在 ORDER BY 子句中以逗點分隔不同欄位的順序即可。例如下面的例子是優先對第 1 個 market_date 欄位進行排序（升冪），再依第 2 個 vendor_id 欄位排序（升冪），見圖 2.8：

```
SELECT market_date, vendor_id, booth_number
FROM farmers_market.vendor_booth_assignments
ORDER BY market_date, vendor_id
```

第 1 欄依 market_date 排序　　　　再依每個 market_date
　　　　　　　　　　　　　　　　中的 vendor_id 做排序

market_date	vendor_id	booth_number
2019-04-03	1	2
2019-04-03	3	1
2019-04-03	4	7
2019-04-03	7	11
2019-04-03	8	6
2019-04-03	9	8
2019-04-06	1	2
2019-04-06	3	1
2019-04-06	4	7
2019-04-06	7	11
2019-04-06	8	6
2019-04-06	9	8

圖 2.8

2.5　單列欄位資料運算

SELECT 不僅可以查詢資料，還可以對查詢的資料作運算（後續還會介紹更多內容）。例如我們想將 customer_purchases（顧客購物）表格中的 quantity（數量）欄位與 cost_to_customer_per_qty（賣給顧客的單價）欄位相乘，如此就可以得到銷售額，並出現在查詢的輸出中，應該怎麼做呢？

我們先來看看表格中這幾個相關欄位的值：

```
SELECT
    market_date,
    customer_id,
    vendor_id,
    quantity,
    cost_to_customer_per_qty
FROM farmers_market.customer_purchases
ORDER BY market_date
LIMIT 10
```

market_date	customer_id	vendor_id	quantity	cost_to_customer_per_qty
2019-04-03	6	7	4.00	4.00
2019-04-03	9	8	1.00	6.50
2019-04-03	16	7	2.00	4.00
2019-04-03	7	7	5.00	4.00
2019-04-03	6	8	1.00	6.50
2019-04-03	3	7	1.00	4.00
2019-04-03	12	7	3.00	4.00
2019-04-03	4	7	1.00	4.00
2019-04-03	9	8	1.00	6.50
2019-04-03	5	7	3.00	4.00

圖 2.9

接著，我們要將 quantity 與 cost_to_customer_per_qty 的欄位值相乘（下面查詢的星號代表乘號），並增加一個輸出欄位放結果。如圖 2.10 右邊增加的欄位：

```
SELECT
    market_date,
    customer_id,
    vendor_id,
    quantity,
    cost_to_customer_per_qty,
    quantity * cost_to_customer_per_qty
FROM farmers_market.customer_purchases
ORDER BY market_date
LIMIT 10
```

此處增加了一個欄位

market_date	customer_id	vendor_id	quantity	cost_to_customer_per_qty	quantity * cost_to_customer_per_qty
2019-04-03	6	7	4.00	4.00	16.0000
2019-04-03	9	8	1.00	6.50	6.5000
2019-04-03	16	7	2.00	4.00	8.0000
2019-04-03	7	7	5.00	4.00	20.0000
2019-04-03	6	8	1.00	6.50	6.5000
2019-04-03	3	7	1.00	4.00	4.0000
2019-04-03	12	7	3.00	4.00	12.0000
2019-04-03	4	7	1.00	4.00	4.0000
2019-04-03	9	8	1.00	6.50	6.5000
2019-04-03	5	7	3.00	4.00	12.0000

圖 2.10

此新增的欄位名稱就是欄位的運算式，若想將此欄位另取一個好理解的名稱，可以在計算式後面加上 AS 指令，賦予這個衍生出來的欄位一個別名（alias）。如果別名中包含空白字元，則需將空白字元加上單引號。我個人並不建議在別名中加入空白字元，以免後面要用到此欄位時忘記單引號。

我們將此相乘計算結果的欄位取欄位別名為 price。此處注意！因為在運算式中就會取用 quantity 與 cost_to_customer_per_qty 這兩個欄位的值，因此在 SELECT 選取的欄位中可以省略這兩個欄位，只顯示相乘結果，見圖 2.11：

```
SELECT
      market_date,
      customer_id,
      vendor_id,
      quantity * cost_to_customer_per_qty AS price
FROM farmers_market.customer_purchases
ORDER BY market_date
LIMIT 10
```

欄位名稱改了

market_date	customer_id	vendor_id	price
2019-04-03	6	7	16.0000
2019-04-03	9	8	6.5000
2019-04-03	16	7	8.0000
2019-04-03	7	7	20.0000
2019-04-03	6	8	6.5000
2019-04-03	3	7	4.0000
2019-04-03	12	7	12.0000
2019-04-03	4	7	4.0000
2019-04-03	9	8	6.5000
2019-04-03	5	7	12.0000

圖 2.11

在 MySQL 的語法中，AS 其實也可以省略不加，只要在運算式後面加上欄位別名即可，亦即下面查詢指令的輸出結果會與圖 2.11 相同：

```
SELECT
    market_date,
    customer_id,
    vendor_id,
    quantity * cost_to_customer_per_qty price
FROM farmers_market.customer_purchases
ORDER BY market_date
LIMIT 10
```

不過為了更加明確起見,我在後續指定欄位別名時都會加上 AS。

既然已經能在查詢中做一筆資料的欄位計算,那麼你或許猜到應該也能計算每位顧客在同一天、跟同一位供應商購買的金額加總吧。確實可以,不過本章還沒學到如何加總資料,目前就只能限制在單列欄位的計算。到了第 6 章就會學到如何進行累加運算,也就是做複數個列資料的計算。

2.6 數值四捨五入的函數

SQL 中除了關鍵字以外,也有各種函數可用,只要指定傳入給函數的資料(參數),就能針對那些資料進行處理並回傳數值。我們可以將函數寫進查詢語法中,藉此在查詢的輸出前先進行處理。

SQL 函數的語法如下:

```
FUNCTION_NAME([parameter 1],[parameter 2], . . . .[parameter n])
```

函數名稱後面的小括號中會填入要傳入函數的參數,兩兩參數之間以逗點相隔。這些輸入參數可以是欄位名稱或是數值,讓函數進行下一步處理。想知道某個函數需要填入多少個參數以及各參數是什麼,可以參考資料庫的說明文件,MySQL 的支援文件都放在 https://dev.mysql.com/doc。

為了示範在 SELECT 敘述中如何使用函數，我們用 ROUND 函數為例來說明，此函數可以對數值作四捨五入的運算。上一個例子查詢結果的 price 欄位值到小數點後四位，假如我們只需要顯示金額到小數點後兩位，這時我們就可以利用 ROUND 函數以四捨五入的方式取到小數點後兩位。

ROUND 函數的第一個參數代表的是欲四捨五入的數值，接著是分隔用的逗號，再來是第二個參數代表小數點後的進位，例如 ROUND([欄位名稱], 2) 會四捨五入到小數點後第二位。

> 編註: 舊版 MySQL 中的 ROUND 函數是採用四捨六入五成雙的方式做四捨五入，現今的版本中都是採用標準的四捨五入。

編註: **ChatGPT 來幫忙**

是不是覺得看說明文件有點麻煩或看英文文件很吃力呢？善用 ChatGPT 可以省下一些時間，例如我們想知道 ROUND 函數的用法以及輸入的參數，就可以這樣問：

> SU **MYSQL 的 ROUND()** 函數語法為

 MYSQL 的 ROUND 函數用於對數字進行四捨五入操作，其語法如下：

ROUND(X, D) 其中 X 是要進行四捨五入的數字，D 是要保留的小數位數。如果省略 D，則默認為 0，即將 X 四捨五入到最近的整數。如果 D 為負數，則將 X 四捨五入到最近的 10、100、1000 等位數。

例如：

> | SELECT ROUND(3.14159265359, 2);

結果是 3.14，保留 2 位小數。

> 接續

| SELECT ROUND(3.14159);

結果是 3，沒有保留小數位，即將 3.14159 四捨五入到最近的整數。

| SELECT ROUND(1234.5678, -2);

結果是 1200，將 1234.5678 四捨五入到最近的百位數。

我們接下來可以修改前面寫好的查詢指令，將計算的欄位放入 ROUND 函數，並將衍生的欄位取別名為 price，四捨五入到兩位小數的輸出如圖 2.12：

```
SELECT
    market_date,
    customer_id,
    vendor_id,
    ROUND(quantity * cost_to_customer_per_qty, 2) AS price
FROM farmers_market.customer_purchases
ORDER BY market_date
LIMIT 10
```

market_date	customer_id	vendor_id	price
2019-04-03	6	7	16.00
2019-04-03	9	8	6.50
2019-04-03	16	7	8.00
2019-04-03	7	7	20.00
2019-04-03	6	8	6.50
2019-04-03	3	7	4.00
2019-04-03	12	7	12.00
2019-04-03	4	7	4.00
2019-04-03	9	8	6.50
2019-04-03	5	7	12.00

圖 2.12

TIP　ROUND 函數的第二個參數還可以接受負數，用來四捨五入小數點左側的數字。例如執行 SELECT ROUND(1245, -1)會將 1245 的個位數做四捨五入傳回 1250 的數值。

2.7 連接字串的函數

除了針對數值進行運算，SQL 同樣也可對字串運算。在農夫市集資料庫中的 customer 表格，分別有兩個欄位代表顧客的姓氏與名字，我們將其查詢出來，如圖 2.13：

```
SELECT *
FROM farmers_market.customer
LIMIT 5
```

customer_id	customer_first_name	customer_last_name	customer_zip
1	Jane	Connor	22801
2	Manuel	Diaz	22821
3	Bob	Wilson	22821
4	Deanna	Washington	22801
5	Abigail	Harris	22801

圖 2.13

如果我們需要將原本分成兩個欄位的顧客名字（customer_first_name）與姓氏（customer_last_name）合併成一欄 customer_name，也就是 "名字"+"姓氏"。那就可以透過 CONCAT 函數將字串串接。只要將要串接的字串內容依序放入 CONCAT 函數做為參數即可。記得！空白字元必須使用引號括住。在圖 2.14 可以看到串接後的輸出，而且我們用 AS 為串接結果衍生的欄位取別名為 customer_name：

```
SELECT
    customer_id,
    CONCAT(customer_first_name, " ", customer_last_name)
        AS customer_name
FROM farmers_market.customer
LIMIT 5
```

customer_id	customer_name
1	Jane Connor
2	Manuel Diaz
3	Bob Wilson
4	Deanna Washington
5	Abigail Harris

圖 2.14

串接字串並做排序

如果我們希望串接的字串先依姓氏排序，再依名字排序，可以利用 ORDER BY 子句依序分別對 customer_last_name 與 customer_first_name 兩個欄位作排序，如此一來，customer_name 欄位就會跟著前兩個欄位的排序而更動順序，見圖 2.15：

```
SELECT
    customer_id,
    CONCAT(customer_first_name, " ", customer_last_name)
        AS customer_name
FROM farmers_market.customer
ORDER BY customer_last_name, customer_first_name
LIMIT 5
```

customer_id	customer_name
7	Jessica Armenta
6	Betty Bullard
1	Jane Connor
17	Carlos Diaz
2	Manuel Diaz

圖 2.15

NOTE　要注意！我們並不是對衍生資料的別名 customer_ name 進行排序，而是對現有的 customer_last_name、customer_first_name 欄位進行排序，因為不能對這個衍生欄位直接排序，會出錯。

函數中還可以放入函數

在 SQL 函數裡還可以包含另一個函數，其執行順序會先執行裡面的函數，再執行外面的函數。例如我們想將 customer_name 欄位的字串全部改為大寫字母，就可以在 CONCAT 函數裡面再加上 UPPER 函數，如此一來，會由內而外先執行裡面的 CONCAT 函數做字串串接，再將已串接的字串用 UPPER 函數改成大寫。結果如圖 2.16：

```
SELECT
    customer_id,
    UPPER(CONCAT(customer_last_name, ", ", customer_first_name))
        AS  customer_name
FROM farmers_market.customer
ORDER BY customer_last_name, customer_first_name
LIMIT 5
```

customer_id	customer_name
7	ARMENTA, JESSICA
6	BULLARD, BETTY
1	CONNOR, JANE
17	DIAZ, CARLOS
2	DIAZ, MANUEL

圖 2.16

编註： **ChatGPT 來幫忙**

如果想看看有哪些函數中還有函數的用法，也可以請 ChatGPT 給幾個例子：

> SU　在 SQL 函數裡還可以包含另一個函數, 請給兩個例子

> ⑤　是的，SQL 函數可以包含其他函數，以下是兩個常見的例子：

接續

1. 使用函數嵌套計算

```sql
SELECT ROUND(AVG(SUM(price)), 2) AS avg_price
FROM sales
GROUP BY product_id;
```

這個查詢中嵌套使用了 SUM 函數計算每個產品的總銷售額，然後再使用 AVG 函數計算平均銷售額，最後使用 ROUND 函數四捨五入保留 2 位小數。

2. 使用函數嵌套作為參數：

```sql
SELECT CONCAT(UPPER(LEFT(first_name, 1)),
LOWER(SUBSTRING(first_name, 2))) AS formatted_name
FROM customers;
```

這個查詢中嵌套使用了 LEFT、SUBSTRING、UPPER 和 LOWER 函數，用來格式化客戶名字。首先使用 LEFT 函數返回名字的第一個字元，然後使用 UPPER 函數將它轉換為大寫，接著使用 SUBSTRING 函數返回名字的第 2 個字元到最後一個字元，最後使用 LOWER 函數將其轉換為小寫。然後使用 CONCAT 函數將這兩個部分合併為一個格式化的名字。

2.8 評估查詢指令的輸出

當開發一段 SQL SELECT 敘述時，要如何知道輸出的欄位與列資料符合預期呢？如同先前所說，其中一個方法是在每次進行修正時，都利用 LIMIT 輸出一部分的列資料，這可以幫助你快速檢視前幾列的資料，來判斷回傳的資料是否符合預期，或者也可以針對欄位名稱確認那些輸出資料是否是期待中的樣貌。

你也想要確認在沒加 LIMIT 限制列數時實際上會回傳多少列資料，當然也有可能發生某些非期望的資料會讓函數無法正常運作的情況。

因此，我會運用 SQL 編輯器來更進一步重新檢視查詢的輸出結果。這個方法沒有辦法對輸出提供完整的品質保證（也就是在實作前就該完成的步驟），但可以幫助我確認輸出結果是否符合預期，以利於進行下一步處理。

要注意的是：SQL 編輯器有預設的輸出列數限制（例如 MySQL Workbench 預設最多輸出 1000 列）以避免萬一資料量太大的情況，所以若想要知道總共有多少列資料，就需要確認將設定改為 "Don't Limit" 不設輸出限制，才會回傳整個資料集。在 Workbench 視窗中有兩處可以設定輸出列數，圖 2.17 是從功能表執行『Query / Limit Rows』命令設定，圖 2.18 則是在編輯區的下拉選單設定：

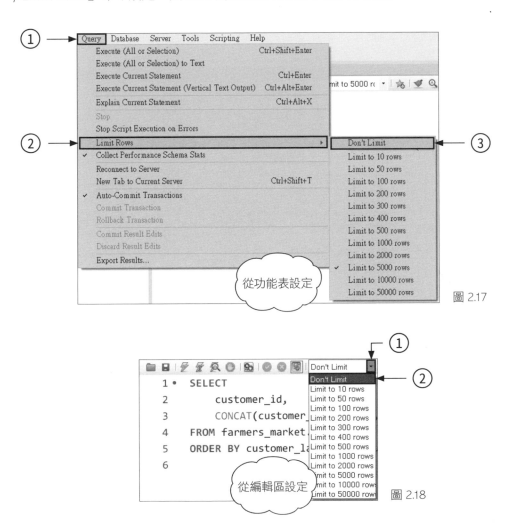

圖 2.17

圖 2.18

接著，我用下面的查詢產生輸出，來進行檢查的幾個步驟：

```
SELECT
    market_date,
    customer_id,
    vendor_id,
    ROUND(quantity * cost_to_customer_per_qty, 2) AS price
FROM farmers_market.customer_purchases
```

1. 我第一個會檢查的是回傳列數，確認是否符合預期。請看 Workbench 輸出區
   （Output）的訊息欄，在圖 2.19 中可看到在第 25 次執行（也就是這一次）回
   傳了 4221 列的資料。

Output					
🗇 Action Output ▾					
#	Time	Action		Message	Duration / Fetch
⚫ 22	14:49:34	SELECT	customer_id, CONCAT(customer_first_name, " ", cust...	5 row(s) returned	0.000 sec / 0.000 sec
⚫ 23	14:56:09	SELECT	customer_id, UPPER(CONCAT(customer_last_na...	5 row(s) returned	0.000 sec / 0.000 sec
⚫ 24	15:33:56	SELECT * FROM farmers_market.product		23 row(s) returned	0.000 sec / 0.000 sec
⚫ 25	15:45:12	SELECT	market_date, customer_id, vendor_id, ROUND(qua...	4221 row(s) returned	0.000 sec / 0.015 sec

圖 2.19

2. 接著，我會注意輸出資料的區域（在 Workbench 中是「Result Grid」）。要先
   看欄位名稱以及別名是否正確或需要修改。

market_date	customer_id	vendor_id	price
2019-07-03	14	7	6.92
2019-07-03	14	7	15.24
2019-07-03	15	7	10.69
2019-07-03	16	7	14.12
2019-07-03	22	7	4.61
2019-07-06	4	7	1.89
2019-07-06	12	7	25.16
2019-07-06	14	7	21.25
2019-07-06	23	7	10.42
2019-07-06	23	7	17.89

圖 2.20

3. 接著我會捲動輸出的資料並檢查幾筆，確認是否有錯誤的或是超出預期的輸出。如果有加入 ORDER BY 指令（我在此例沒有用到），同樣也會確認資料是否按照設定進行排序。

4. 接著，我可以利用編輯器來手動排序所有欄位，先升冪再降冪，或是先降冪再升冪。舉例來說，圖 2.21、2.22 顯示出查詢指令的結果，並在 Result Grid 中分別用滑鼠按 market_date 以及 vendor_id 這兩個欄位名稱進行排序，這可以讓我分別檢查欄位中的最小值與最大值，因為常常會有「邊角案例」（edge case）出現在最大值或最小值，例如預期外的 NULL、以數字或是空白字元開頭的字串、或是計算錯誤等等狀況。我可以探索是否有任何奇怪的輸出，或是有沒有任何不正常的數值存在資料中，因為一系列重複的數值會排列在一起，在捲動資料時更容易發現到。

按 market_date
欄位可調整升冪
或降冪排列 →

market_date	customer_id	vendor_id	price
2019-04-03	3	7	4.00
2019-04-03	4	7	4.00
2019-04-03	5	7	12.00
2019-04-03	6	7	16.00
2019-04-03	7	7	20.00
2019-04-03	12	7	12.00
2019-04-03	16	7	8.00
2019-04-03	6	8	6.50
2019-04-03	9	8	6.50
2019-04-03	9	8	6.50

圖 2.21

按 vendor_id 欄位可調
整升冪或降冪排列

market_date	customer_id	vendor_id	price
2019-06-01	1	4	3.60
2019-06-01	12	4	2.00
2019-06-01	12	4	1.00
2019-06-01	17	4	2.00
2019-06-05	2	4	2.50
2019-06-05	2	4	1.00
2019-06-05	11	4	2.00
2019-06-05	15	4	0.50
2019-06-05	16	4	2.50
2019-06-05	16	4	2.50

圖 2.22

上面提供了簡單的檢查步驟，不用寫出多麼複雜的查詢，也能大致確認輸出的結果是否在預期中。

2.9 SELECT 語法小結

我們在本章學到了 SELECT 敘述的基本語法，以及從表格中查詢指定欄位資料並排序輸出，也學到了如何運用 SQL 進行簡易計算。

要注意！後續每個章節的查詢語句，不管其 SQL 語法或函數計算有多麼複雜，都離不開最基本的語法：

```
SELECT [ 回傳欄位 ]
FROM [ 資料庫結構.表格 ]
ORDER BY [ 排序的欄位 ]
```

讀完本章，相信以你現在的能力，即使不用實際執行 SELECT 敘述，也能清楚解釋以下兩個查詢的作用為何了。試試先不看下一頁的輸出，在內心描述一遍。

第一個查詢（輸出在圖 2.23）：

```
SELECT * FROM farmers_market.vendor
```

第二個查詢（輸出在圖 2.24）：

```
SELECT
    vendor_name,
    vendor_id,
    vendor_type
FROM farmers_market.vendor
ORDER BY vendor_name
```

vendor_id	vendor_name	vendor_type	vendor_owner_first_name	vendor_owner_last_name
1	Chris's Sustainable Eggs ...	Eggs & Meats	Chris	Sylvan
2	Hernández Salsa & Vegg...	Fresh Variety: Veggies &...	Maria	Hernández
3	Mountain View Vegetables	Fresh Variety: Veggies &...	Joseph	Yoder
4	Fields of Corn	Fresh Focused	Samuel	Smith
5	Seashell Clay Shop	Arts & Jewelry	Karen	Soula
6	Mother's Garlic & Greens	Fresh Variety: Veggies &...	Vera	Gordon
7	Marco's Peppers	Fresh Focused	Marco	Bokashi
8	Annie's Pies	Prepared Foods	Annie	Aquinas
9	Mediterranean Bakery	Prepared Foods	Kani	Hardi

圖 2.23

vendor_name	vendor_id	vendor_type
Annie's Pies	8	Prepared Foods
Chris's Sustainable Eggs ...	1	Eggs & Meats
Fields of Corn	4	Fresh Focused
Hernández Salsa & Vegg...	2	Fresh Variety: Veggies &...
Marco's Peppers	7	Fresh Focused
Mediterranean Bakery	9	Prepared Foods
Mother's Garlic & Greens	6	Fresh Variety: Veggies &...
Mountain View Vegetables	3	Fresh Variety: Veggies &...
Seashell Clay Shop	5	Arts & Jewelry

圖 2.24

練習

以下 3 個練習會用到 farmers_market 資料庫中的 customer 表格：

1.　請撰寫一個查詢，回傳 customer 表格中所有欄位的資料。

2.　請撰寫一個查詢，只回傳 customer 表格中所有欄位的前 10 列資料，先用 customer_last_name 排序，再用 customer_first_name 排序。

3.　請撰寫一個查詢，列出 customer 表格中的 customer_id 與 customer_first_ name 欄位，並依照後者排序。

只要問題寫得明確, ChatGPT 就會依照你的需求自動產生 SQL 語句以及說明。按下 Copy code 就可以將產生的程式碼複製下來,再貼進 Workbench 中執行。當然,能否產生正確的程式碼與你的問題高度相關,無法保證每次產生的都完全正確,但至少算是個蠻好用的助手。下面我們就試試請 ChatGPT 回答第 2 個練習題:

SU 請撰寫一個 MySQL 的查詢, 只回傳 **farmers_market** 資料庫 **customer** 表格中所有欄位的前 **10** 列資料, 先用 customer_last_name 欄位排序, 再用 **customer_first_name** 欄位排序

以下是 MySQL 的查詢語句,可以實現按照 customer_last_name 和 customer_first_name 兩個欄位進行排序,只返回前 10 行數據的功能:

```
SELECT *
FROM farmers_market.customer
ORDER BY customer_last_name, customer_first_name
LIMIT 10
```

這個查詢會先按照 customer_last_name 進行排序,如果兩個客戶的 customer_last_name 相同,則按照 customer_first_name 進行排序。最後,只返回前 10 行數據。

03

—

為查詢設定
篩選條件的 WHERE

現在你對 SQL 語法有了基本觀念，也學到如何從資料庫中單一表格回傳想要的欄位，現在我們要學習對查詢的資料加上篩選條件，只挑出符合條件的資料，那就要用到查詢語法中的 WHERE 子句。

WHERE 是 SELECT 敘述中的一個子句，可以為查詢設定條件來篩選表格中哪些資料應該放在輸出結果中，不符合的則排除掉。

如果你有寫過其它程式語言的經驗，一定會知道 IF 條件判斷，也就是透過布林邏輯（AND 或是 OR）來決定接下來程式流程怎麼進行。SQL 同樣也能運用布林邏輯，利用 WHERE 子句判斷資料是否符合條件。

資料科學家通常只需要查詢所需的資料，因此在查詢中幾乎都會用到 WHERE 子句，比如說縮減輸出欄位的種類範圍，或是根據不同日期區間過濾資料，再用產生的資料集去訓練機器學習的模型。

3.1 篩選出符合條件的資料

在查詢敘述中，WHERE 子句會寫在 FROM 子句的後面，以及 GROUP BY、ORDER BY 或是 LIMIT 子句的前面，如下所示：

```
SELECT ［回傳欄位］
FROM ［資料庫結構．表格］
WHERE ［篩選條件］
ORDER BY ［欲排列的欄位］
```

舉例來說，從 product 表格中查詢 product_id（產品編號）、product_name（產品名稱）與 product_category_id（產品分類編號）這三個欄位，但只有產品分類編號欄位值為 1（product_categpry_id = 1）的資料才輸出，我們就可以將篩選條件寫入 WHERE 子句中，輸出如圖 3.1：

```
SELECT product_id, product_name, product_category_id
FROM farmers_market.product
WHERE product_category_id = 1
LIMIT 5
```

只輸出產品分類編號為 1 的列資料

product_id	product_name	product_category_id
1	Habanero Peppers - Organic	1
2	Jalapeno Peppers - Organic	1
3	Poblano Peppers - Organic	1
9	Sweet Potatoes	1
12	Baby Salad Lettuce Mix - Bag	1

圖 3.1

我們在第 2 章曾經用 SELECT 回傳 farmers_market 資料庫中顧客購買的金額清單（參考圖 2.12），裡面包括每位顧客的購買資料，假如現在只想查詢某位特定顧客的購買資料，就可以用 WHERE 子句限定只有符合該顧客 customer_id 條件的資列才輸出，其它的資料都過濾掉。此例我們也利用 ORDER BY 子句將輸出結果用 market_date、vendor_id、product_id 作排序，見圖 3.2：

```
SELECT
    market_date,
    customer_id,
    vendor_id,
    product_id,
    quantity,
    quantity * cost_to_customer_per_qty AS price
FROM farmers_market.customer_purchases
WHERE customer_id = 4
ORDER BY market_date, vendor_id, product_id
LIMIT 5
```

market_date	customer_id	vendor_id	product_id	quantity	price
2019-04-03	4	7	4	1.00	4.0000
2019-04-06	4	8	5	1.00	6.5000
2019-04-10	4	7	4	3.00	12.0000
2019-04-10	4	7	4	5.00	20.0000
2019-04-10	4	8	7	2.00	36.0000

圖 3.2

> **NOTE** 請自己練習加上 ROUND 函數，將 price 別名欄位值取到兩位小數。

上面這段程式碼要表達的是：在 WHERE 子句中的條件算式（可以有多重條件，此例只有一個：customer_id = 4）會將查詢的資料一一篩選，符合條件者為 TRUE（其值為 1），反之則為 FALSE（其值為 0）。再將所有條件皆為 TRUE 的資料回傳。請注意！此例中的 customer_id 欄位的值是整數，因此可以直接將條件式設為 customer_id = 4，如果其欄位值是字串，條件式就要改為 customer_id = '4'。

上面的例子是直接輸出篩選的結果，並沒有告訴我們到底如何進行的，因此我們用表格來說明。表 3.1 前面 6 欄是我們在 SELECT 中選擇的，而第 7 欄則是判斷 customer_id=4 條件是 TRUE 或 FALSE 的結果。這 8 列資料中符合條件的只有第 2 列，因此其第 7 欄的值放 TRUE，其它 7 列皆放 FALSE：

market date	customer id	vendor id	product id	quantity	price	customer id = 4
2019-04-03	3	7	4	1.00	4.00	FALSE
2019-04-03	**4**	7	4	1.00	4.00	**TRUE**
2019-04-03	5	7	4	3.00	12.00	FALSE
2019-04-03	6	6	4	4.00	16.00	FALSE
2019-04-03	7	7	4	5.00	20.00	FALSE
2019-04-03	12	7	4	3.00	12.00	FALSE
2019-04-03	16	7	4	2.00	8.00	FALSE
2019-04-03	6	8	5	1.00	6.50	FALSE

表 3.1

當所有資料都經過條件式判斷後，就會將第 7 欄為 TRUE 的所有列資料回傳，以這 8 列資料來說，只有第 2 列會回傳，其它 7 列會被排除。

編註： **ChatGPT 來幫忙**

我們可以請 ChatGPT 幫我們生成具有類似第 7 欄的 SQL 查詢：

> SU 　我要用下面的 MySQL 查詢產生一個 customer_id=4 的布林值欄位，其值為 TRUE 時填入 'TRUE', 其值為 FALSE 時填入 'FALSE': SELECT market_date, customer_id, vendor_id, product_id, quantity, quantity * cost_to_customer_per_qty AS price
> FROM farmers_market.customer_purchases
> WHERE customer_id = 4
> ORDER BY market_date, vendor_id, product_id

接續

以下是加入布林值欄位的 MySQL 查詢：

```sql
SELECT
    market_date,
    customer_id,
    vendor_id,
    product_id,
    quantity,
    quantity * cost_to_customer_per_qty AS price,
    CASE
        WHEN customer_id = 4 THEN 'TRUE'
        ELSE 'FALSE'
    END AS is_customer_id_4
FROM farmers_market.customer_purchases
WHERE customer_id = 4
ORDER BY market_date, vendor_id, product_id;
```

將此程式碼複製到 Workbench 中執行，即出現表 3.1 的第 7 欄。因為查詢中的 WHERE 子句指定 customer_id = 4，因此所有篩選出來的列資料都是 TRUE 很正常，請在編輯區將 WHERE 子句刪除，再執行一遍，就會出現 FALSE 的列資料了。

這次的程式碼中用到了 CASE 子句，用於對條件式作分支處理，留待第 4 章介紹。請注意！ChatGPT 生成的程式碼不一定每次都相同，畢竟相同功能的程式寫法本來就不止一種。

3.2 利用多重條件篩選

我們可以利用布林算符（例如 AND、OR、AND NOT）將多重條件結合運用，就可以在 WHERE 子句中設定超過一種篩選條件了。

當兩個條件式中間用 OR 算符連接，表示只要其中任何一個條件為 TRUE 就符合要求。而兩條件式用 AND 算符連接，則需兩個條件皆為 TRUE 才符合。而 NOT 算符則是將接在 NOT 後面的條件結果反相，即 NOT TRUE 等於 FALSE，或 NOT FALSE 等於 TRUE。最後只有 WHERE 子句中設的條件為 TRUE 的資料才會傳回。表 3.2 是兩個條件式與這三個算符的運算結果：

條件 1 結果	算符	條件 2 結果	資料回傳？
TRUE	OR	FALSE	TRUE
TRUE	OR	TRUE	TRUE
FALSE	OR	FALSE	FALSE
TRUE	AND	FALSE	FALSE
TRUE	AND	TRUE	TRUE
TRUE	AND NOT	FALSE	TRUE
FALSE	AND NOT	TRUE	FALSE
FALSE	AND NOT	FALSE	FALSE
FALSE	OR NOT	FALSE	TRUE

表 3.2

編註： ChatGPT 來幫忙

當 WHERE 子句中的條件一多，就有好幾個算符出現，腦筋可能一時轉不過來是怎麼算的，此時也可以讓 ChatGPT 來解說：

SU　　**布林運算 FALSE AND NOT TRUE 是怎麼判斷的?**

 在布林運算中，FALSE 和 TRUE 是兩個基本的布林值，而 AND 和 NOT 是兩個基本的布林算符。我們一步一步來解析這個運算式：

NOT TRUE: NOT 算符將 TRUE 反轉為 FALSE。

FALSE AND NOT TRUE：在這個情況下，可以替換為 FALSE AND FALSE（因為 NOT TRUE 等於 FALSE）。

FALSE AND FALSE: AND 算符要求兩個運算元都是 TRUE 時，結果才是 TRUE。因為在這個例子中兩者都是 FALSE，所以結果是 FALSE。

因此，FALSE AND NOT TRUE 的結果是 FALSE。

OR 算符的例子

如果 WHERE 子句中用 OR 算符結合兩個條件，例如 WHERE customer_id = 4 OR customer_id = 6，那麼程式會一一確認每一列資料是否符合條件 1 與條件 2，只要條件 1 或條件 2 任一個結果為 TRUE），該列資料就會回傳。例如表 3.3 只有 3 列資料會回傳（為了易讀性，某些欄位已移除）：

market date	customer id	vendor id	price	customer id = 4	OR	customer id = 6	回傳資料？
2019-04-03	3	7	4.00	FALSE	OR	FALSE	FALSE
2019-04-03	**4**	7	4.00	**TRUE**	OR	FALSE	**TRUE**
2019-04-03	5	7	12.00	FALSE	OR	FALSE	FALSE
2019-04-03	**6**	6	16.00	FALSE	OR	**TRUE**	**TRUE**
2019-04-03	7	7	20.00	FALSE	OR	FALSE	FALSE
2019-04-03	12	7	12.00	FALSE	OR	FALSE	FALSE
2019-04-03	16	7	8.00	FALSE	OR	FALSE	FALSE
2019-04-03	**6**	8	6.50	FALSE	OR	**TRUE**	**TRUE**

表 3.3

事實上，如果是一長串用 OR 算符連接起來的數個條件，只要其中任一條件被判斷為 TRUE，該列資料就會被回傳，只有在所有條件都被判斷為 FALSE 時才不會回傳。以下就是在 WHERE 中加上兩個條件式的例子：

```
SELECT
    market_date,
    customer_id,
    vendor_id,
    product_id,
    quantity,
    quantity * cost_to_customer_per_qty AS price
FROM farmers_market.customer_purchases
WHERE customer_id = 4 OR customer_id = 6
ORDER BY market_date, customer_id, vendor_id, product_id
```

market_date	customer_id	vendor_id	product_id	quantity	price
2019-04-03	4	7	4	1.00	4.0000
2019-04-03	6	7	4	4.00	16.0000
2019-04-03	6	8	5	1.00	6.5000
2019-04-06	4	8	5	1.00	6.5000
2019-04-10	4	7	4	5.00	20.0000
2019-04-10	4	7	4	3.00	12.0000
2019-04-10	4	8	7	2.00	36.0000
2019-04-13	4	7	4	2.00	8.0000
2019-04-17	4	7	4	4.00	14.0000

圖 3.3

編註: ChatGPT 來幫忙

對於多重條件的判斷，難道需要每一個條件都判斷完之後，才能決定整個多重條件是 TRUE 還是 FALSE 嗎？其實不用，請 ChatGPT 來回答：

> **SU** SQL WHERE 子句中的 3 個條件都用 OR 算符相連，一定要 3 個條件都判斷完，才能決定整個條件是不是 TRUE 嗎？

在實務上，當 SQL 資料庫執行 WHERE 子句中包含多個用 OR 連接的條件時，數據庫引擎可能會使用「短路求值」(short-circuit evaluation) 的優化技術。

短路求值是指當一個邏輯運算的結果可以在評估所有條件之前確定時，後續的條件不再被檢查。在使用 OR 連接的情況下，如果一個條件是 TRUE，那麼不需要檢查其它的條件，因為 OR 算符只要求至少一個條件為 TRUE，整個表達式就是 TRUE。

例如，在以下查詢中：

```
SELECT * FROM employees
WHERE age > 30 OR name = 'John' OR is_manager = TRUE;
```

如果一個員工的年齡大於 30，那麼就不會去檢查該員工的名字是否是 "John" 或者是否是 manager，因為只要年齡條件為 TRUE，整個 WHERE 子句就已經是 TRUE。

接續

然而，這種優化行為可能因資料庫系統而異。有些資料庫系統在進行查詢優化時，可能會基於統計訊息和索引來選擇檢查條件的順序。因此，這種行為在實際應用中可能不是固定的。

AND 算符的例子

如果 WHERE 子句的條件為 customer_id = 4 AND customer_id = 6，其意思是『回傳顧客編號同時為 4 與 6 的列資料』，這樣會發生什麼事？我們接著用表 3.4 來了解：

market date	customer id	vendor id	price	customer id = 4	AND	customer id = 6	回傳資料？
2019-04-03	3	7	4.00	FALSE	AND	FALSE	FALSE
2019-04-03	4	7	4.00	TRUE	AND	FALSE	FALSE
2019-04-03	5	7	12.00	FALSE	AND	FALSE	FALSE
2019-04-03	6	6	16.00	FALSE	AND	TRUE	FALSE
2019-04-03	7	7	20.00	FALSE	AND	FALSE	FALSE
2019-04-03	12	7	12.00	FALSE	AND	FALSE	FALSE
2019-04-03	16	7	8.00	FALSE	AND	FALSE	FALSE
2019-04-03	6	8	6.50	FALSE	AND	TRUE	FALSE

表 3.4

由於每一列只會有單一的 customer_id 值，所以不可能會有某一位顧客的編號同時是 4 又是 6，因此不會回傳任何列資料。

有些人可能會以一般自然語言的邏輯來解釋 AND 算符，像是解讀為「把顧客編號是 4『和』6 的資料給我」，但這樣理解是錯誤的，如果需要顧客編號是 4 和 6 的資料，在邏輯運算中要用 OR 算符才對。當使用 AND 算符時，所有其左右連接的條件式都必須被判斷為 TRUE，該列資料才會被回傳。

舉例來說，你可以利用 AND 算符回傳符合指定範圍內的列資料。如果要求『回傳所有顧客編號大於 3 和小於等於 6 的資料』，條件式就會寫成 WHERE customer_id > 3 AND customer_id <= 6，如表 3.5 所示：

market date	customer id	vendor id	price	customer id > 3	AND	customer id <= 6	回傳資料？
2019-04-03	3	7	4.00	FALSE	AND	TRUE	FALSE
2019-04-03	4	7	4.00	TRUE	AND	TRUE	TRUE
2019-04-03	5	7	12.00	TRUE	AND	TRUE	TRUE
2019-04-03	6	6	16.00	TRUE	AND	TRUE	TRUE
2019-04-03	7	7	20.00	FALSE	AND	FALSE	FALSE
2019-04-03	12	7	12.00	FALSE	AND	FALSE	FALSE
2019-04-03	16	7	8.00	FALSE	AND	FALSE	FALSE
2019-04-03	6	8	6.50	TRUE	AND	TRUE	TRUE

表 3.5

因為使用 AND 連接條件式，必須兩邊的條件式皆為 TRUE 才為 TRUE，只要有一個為 FALSE 就是 FALSE，因此從表 3.5 可以看出只有兩者皆為 TRUE 的列資料才會回傳。

我們在 SQL 中試試看，輸出如圖 3.4 所示：

```
SELECT
    market_date,
    customer_id,
    vendor_id,
    product_id,
    quantity,
    quantity * cost_to_customer_per_qty AS price
FROM farmers_market.customer_purchases
WHERE customer_id > 3 AND customer_id <= 6
ORDER BY market_date, customer_id, vendor_id, product_id
```

只回傳 customer_id 為 4~6 的資料

market_date	customer_id	vendor_id	product_id	quantity	price
2019-04-03	4	7	4	1.00	4.0000
2019-04-03	5	7	4	3.00	12.0000
2019-04-03	5	8	8	1.00	18.0000
2019-04-03	6	7	4	4.00	16.0000
2019-04-03	6	8	5	1.00	6.5000
2019-04-06	4	8	5	1.00	6.5000
2019-04-06	5	7	4	1.00	4.0000
2019-04-10	4	7	4	5.00	20.0000
2019-04-10	4	7	4	3.00	12.0000

圖 3.4

條件式中有多個算符

當超過兩個條件式時，可以用小括號將個別條件式用小括號括起來以便於閱讀，也可避免運算錯亂。條件式與算符的運算順序一般是由左而右，但小括號內的條件式會優先處理。

我們回到 product 表格，讓 WHERE 的篩選條件中同時出現 3 個條件式，並用到 AND、OR 算符以及小括號，來比較小括號的位置不同會有什麼樣的判斷結果。首先，來看看下面這第一個查詢與圖 3.5 的輸出。請注意！這個例子的 3 個條件式中，後 2 個用小括號括起來，因此條件式 product_id = 10，要等到 (product_id > 3 AND product_id < 8) 的判斷結果出來後再與之做 OR 運算：

```
SELECT
    product_id,
    product_name
FROM farmers_market.product
WHERE
    product_id = 10
    OR (product_id > 3
    AND product_id < 8)
```

product_id	product_name
4	Banana Peppers - Jar
5	Whole Wheat Bread
6	Cut Zinnias Bouquet
7	Apple Pie
10	Eggs

圖 3.5

改變小括號的位置，再來看看下面這第二個查詢與圖 3.6 的輸出。請注意！(product_id = 10 OR product_id > 3) 判斷結果出來後，再與 product_id < 8 做 AND 運算：

```
SELECT
    product_id,
    product_name
FROM farmers_market.product
WHERE
    (product_id = 10
    OR product_id > 3)
    AND product_id < 8
```

product_id	product_name
▶ 4	Banana Peppers - Jar
5	Whole Wheat Bread
6	Cut Zinnias Bouquet
7	Apple Pie

圖 3.6

我們舉欄位 product_id 等於 10 的列資料為例，在第一個查詢的條件判斷結果如下，
其列資料會回傳：

TRUE **OR** (TRUE **AND** FALSE) = TRUE **OR** (FALSE) = TRUE

而在第二個查詢的條件判斷結果如下，其列資料不會回傳：

(TRUE **OR** TRUE) **AND** FALSE = (TRUE) **AND** FALSE = FALSE

3.3 多個欄位條件式篩選

前面幾節的例子都只對單一欄位進行多重條件的篩選。其實 WHERE 也可以對多個
欄位進行多重條件篩選。

比如說，我們想要知道顧客 customer_id = 4 在供應商 vendor_id = 7 的購買記錄，
可以在 WHERE 子句中用以下的條件來達到目的，輸出見圖 3.7：

```
SELECT
    market_date,
    customer_id,
    vendor_id,
    quantity * cost_to_customer_per_qty AS price
FROM farmers_market.customer_purchases
WHERE
    customer_id = 4 AND vendor_id = 7
```

market_date	customer_id	vendor_id	price
2019-07-06	4	7	1.8873
2019-07-10	4	7	14.8887
2019-07-17	4	7	21.1797
2019-08-03	4	7	0.5592

圖 3.7

我們現在來試試看利用 WHERE 以及 OR 算符將不同欄位的資料做比較。下面這個例子會將 customer 表格中，名字為 "Carlos" 或姓氏為 "Diaz" 的列資料回傳，結果如圖 3.8 所示：

```
SELECT
    customer_id,
    customer_first_name,
    customer_last_name
FROM farmers_market.customer
WHERE
    customer_first_name = 'Carlos'
    OR customer_last_name = 'Diaz'
```

customer_id	customer_first_name	customer_last_name
2	Manuel	Diaz
17	Carlos	Diaz

圖 3.8

如果想要找出 vendor_id = 9 的供應商在 2019 年 8 月 9 日或以前（小於等於）被分配到哪個攤位，這兩個條件就要用 AND 算符來連接，條件式可以像下面這樣寫，圖 3.9 為輸出結果：

```
SELECT *
FROM farmers_market.vendor_booth_assignments
WHERE
    vendor_id = 9
    AND market_date <= '2019-08-09'
ORDER BY market_date
```

vendor_id	booth_number	market_date
9	8	2019-04-03
9	8	2019-04-06
9	8	2019-04-10
9	8	2019-04-13

圖 3.9

3.4 數種用於篩選的關鍵字

本章目前為止提供的篩選方法，利用大於『>』、小於『<』或是等於『=』的指定條件，篩選回傳欄位中的數值、字串、以及日期資料。除此之外，還有其它篩選資料的方法，包括確認某欄位值是否為 NULL（缺漏值）、使用萬用字元（wildcard）藉由部分字串來比較其它字串、確認欄位值是否與某特定資料互相匹配，以及找出介於某兩值之間的資料等。

用 BETWEEN AND 篩選指定範圍

前一個例子中，我們用某日期是否「小於或等於」指定日期做查詢，同樣也可以用 BETWEEN AND 關鍵字指定篩選的範圍（例如前後日期）。

下面這一段查詢是找出 vendor_id＝7 在 2019 年 4 月 3 日到 2019 年 4 月 16 日（這兩天也算在範圍內）的攤位分配記錄。結果如圖 3.10 所示：

```
SELECT *
FROM farmers_market.vendor_booth_assignments
WHERE
    vendor_id = 7
    AND market_date BETWEEN '2019-04-03' AND '2019-04-16'
ORDER BY market_date
```

vendor_id	booth_number	market_date
7	11	2019-04-03
7	11	2019-04-06
7	11	2019-04-10
7	11	2019-04-13

圖 3.10

用 IN 篩選既定的對象

在圖 3.8 的查詢中，我們是用 customer_last_name＝'Diaz' 去篩選顧客姓氏為 Diaz 的字串，如果想要篩選的顧客姓氏有好幾個，例如 3 個姓氏，那是不是要寫 3 行條件式，並用 OR 連接起來呢？這樣顯然太麻煩，此時我們就可以用到關鍵字 IN，將所有要篩選的對象一一列舉寫進 IN 的小括號中（兩兩間用逗號分隔），表示只要欄位值出現在 IN 列表裡面的就會被篩選出來。

例如下面兩個例子的功能相同，都是去篩選出姓氏為 'Diaz'、'Edwards' 與 'Wilson' 的資料，差別在於程式的簡潔性。輸出如圖 3.11：

```
SELECT
    customer_id,
    customer_first_name,
    customer_last_name
FROM farmers_market.customer
```

```
WHERE
    customer_last_name = 'Diaz'
    OR customer_last_name = 'Edwards'
    OR customer_last_name = 'Wilson'
ORDER BY customer_last_name, customer_first_name

SELECT
    customer_id,
    customer_first_name,
    customer_last_name
FROM farmers_market.customer
WHERE
    customer_last_name IN ('Diaz' , 'Edwards', 'Wilson')
ORDER BY customer_last_name, customer_first_name
```

customer_id	customer_first_name	customer_last_name
17	Carlos	Diaz
2	Manuel	Diaz
10	Russell	Edwards
3	Bob	Wilson

圖 3.11

IN 列表還有另一種用法。如果想在 customer 表格裡找某個特定的人,但是不確定名字的拼法是什麼時,IN 就可以發揮一些作用。舉例來說,如果你被要求查詢某位顧客的顧客編號,但可能因為口音或是輸入錯誤等原因,無法拼出正確名字,此時可以考慮將幾種可能的名字全都放進 IN 列表中,藉此找出需要的資料:

```
SELECT
    customer_id,
    customer_first_name,
    customer_last_name
FROM farmers_market.customer
WHERE
    customer_first_name IN ('Jessie', 'Jess', 'Jessica', 'Jessy' )
```

	customer_id	customer_first_name	customer_last_name
▸	7	Jessica	Armenta

圖 3.12

用 LIKE 篩選部分相符的資料

假如在 customer 表格中有位顧客的暱稱是 Jerry，但我們不確定在資料中是記錄成 Jerry、Jeremy 還是 Jeremiah，只能確定前三個字母一定是 Jer。在 SQL 中，與其用 IN 關鍵字將所有可能的拼法一一列出，不如使用 LIKE 關鍵字以及代表未知字母的萬用字元來找出所有部分相符的結果。

本例要用到的萬用字元是『%』（百分符號），其可代表不限個數的字元，例如 Jer% 表示在 Jer 字串後面可以有 1 個或多個字元，如果放在前面，例如 %Jer 表示在 Jer 字串前面可以有不限個數的字元。我們就用 LIKE 來做下面的例子，結果找出了兩個開頭字元是 Jer 的顧客，如圖 3.13：

```sql
SELECT
    customer_id,
    customer_first_name,
    customer_last_name
FROM farmers_market.customer
WHERE
    customer_first_name LIKE 'Jer%'
```

	customer_id	customer_first_name	customer_last_name
▸	13	Jeremy	Gruber
	18	Jeri	Mitchell

圖 3.13

SQL 的常用萬用字元還有『_』（底線符號），其代表一個未知字元，例如 Jer_ 代表 Jer 字串後還有一個未知字元。假如要找的字串本身就包含萬用字元『%』或『_』在裡面時，例如記錄的名字是 Michell_Lindon，但我們只記得 Michell_L 什麼什麼的，此時就可以用轉義符號『\』，讓『_』轉義為一般字元，而不是萬用字元。例如 Michell_L% 中的『_』被轉義為一般字元，而『%』未被轉義，仍代表萬用字元，

SU **MySQL 有幾種萬用字元, 也請給我範例**

 MySQL 中有四種常用的萬用字元，以下是各種萬用字元的範例：

1. 百分號符號（%）：代表零個或多個任意字符。例如：

SELECT * FROM mytable WHERE name LIKE 'J%';

上面的 SQL 語句會查詢所有以字母 "J" 開頭的名字。

2. 底線符號（_）：代表一個任意字符。例如：

SELECT * FROM mytable WHERE name LIKE 'J_';

上面的 SQL 語句會查詢所有名字以字母 "J" 開頭且長度為 2 的名字。

3. 方括號（[]）：用於指定匹配的字符集合。例如：

SELECT * FROM mytable WHERE name REGEXP '[abc]';

上面的 SQL 語句會查詢名字中包含字母 "a"、"b" 或 "c" 的所有記錄。

接續

4. 插入符號（^）：用於指定非匹配的字符集合。例如：

SELECT * FROM mytable WHERE name REGEXP '[^abc]';

上面的 SQL 語句會查詢名字中不包含字母 "a"、"b" 或 "c" 的所有記錄。

這些萬用字元在 SQL 語句的 WHERE 子句中使用，用於模糊匹配資料。

用 IS NULL 篩選缺漏值

如果表格中有缺漏值（NULL）要怎麼找出來？在 product 表格中，由於當初 product_size 欄位的資料並非強制要求，因此許多產品的尺寸未被記錄其中。如果想要找出所有缺少尺寸記錄的產品另做處理，就可以用 IS NULL 條件將某欄位有缺漏值的列資料篩選出來，如圖 3.14：

```
SELECT *
FROM farmers_market.product
WHERE product_size IS NULL
```

product_id	product_name	product_size	product_category_id	product_qty_type
▶ 14	Red Potatoes	NULL	1	NULL

圖 3.14

| NOTE | IS 與 NULL 之間有一個空格，如果連在一起就不是關鍵字了。 |

在資料庫術語中，『空白』和『NULL』並不相同。如果要求找出所有沒有 product_size 的產品，你可能還要檢查是否有空字串（兩個單引號之間沒有內容），或者是否有在該欄位輸入了空格或任意個空格的列。TRIM 函數可以從字串值的開頭或結尾刪除多餘的空格，因此讓 TRIM 函數和空白字串做比較，就可以找到任何一列有空白或只包含空格的資料。在下面查詢的結果中（圖 3.15），可以看出 "Red Potatoes - Small" 這一列的 product_size 欄位值就是空格而被抓出來：

```
SELECT *
FROM farmers_market.product
WHERE
    product_size IS NULL
    OR TRIM(product_size) = ''
```

product_id	product_name	product_size	product_category_id	product_qty_type
14	Red Potatoes	NULL	1	NULL
15	Red Potatoes - Small	☐	1	NULL

圖 3.15 　　　　　　　　　　　└── 這裡有空格，而非 NULL

> **編註：** 如果某欄位值經過 TRIM 函數處理，將空格刪除之後就只剩下空字串，表示該欄位值原本就是空白（一個空格或多個空格）。

篩選 NULL 時要特別注意

在前面講到用 IS NULL 來找缺漏值時，你可能會疑惑為什麼不用『= NULL』來判斷？這是因為 NULL 並不是一個**值**，它代表**值的缺漏**，所以無法透過『=』算符做**值**的比較。如果你的查詢寫成 WHERE product_size = NULL，即使產品尺寸確實有缺漏值，也不會有任何列資料被回傳，因為沒有任何內容等於 NULL，就算真的是 NULL 也不會等於 NULL。

> **編註：** 『product_size = NULL』條件式的結果是未知或不存在，因而會是 FALSE（表示並非 NULL），也因此容易把包含 NULL 的列資料給漏掉了。

我們在做資料比較（包含任何資料型別）時，都有可能忘記資料中存在缺漏值。來看看下面這個查詢的例子以及輸出結果，如圖 3.16：

```
SELECT
    market_year,
    market_week,
    market_max_temp
FROM farmers_market.market_date_info
WHERE
    (market_year = 2019 OR market_year = 2020)
    AND market_week = 11
    AND (market_max_temp > 50
        OR market_max_temp <= 50)
```

market_year	market_week	market_max_temp
2019	11	60
2019	11	45

圖 3.16

我們直覺會認為 market_max_temp 已經包括大於 50 以及小於等於 50 的值，看起來應該就只有這 2 筆記錄了。不過請記得！因為 NULL 無法與數值資料直接進行比較，所以若程式中出現欄位值比較時，都要留意可能含有 NULL 的資料未被回傳。下面的例子就可以連同包含 NULL 的列資料一併回傳，見圖 3.17：

```
SELECT
    market_year,
    market_week,
    market_max_temp
FROM farmers_market.market_date_info
WHERE
    (market_year = 2019 OR market_year = 2020)
    AND market_week = 11
    AND (market_max_temp > 50
        OR market_max_temp <= 50
        OR market_max_temp IS NULL)
```

market_year	market_week	market_max_temp
▸ 2019	11	60
2019	11	45
2020	11	NULL
2020	11	NULL

圖 3.17

以上例來說，既要包括大於 50，又要小於等於 50，還要包括 NULL，其結果就與
完全不對 market_max_temp 設定條件，直接拿掉最後 3 行的條件式也會得到相同
的輸出。

> **NOTE** NOTE 除了用 IS NULL 回傳欄位是 NULL 的資料，也可以用 IS NOT
> NULL 回傳非 NULL 的資料。

3.5 透過子查詢（subquery）做篩選

先前使用 IN 關鍵字時，我們會將所有可能的值寫入列表，而這些值是靜態（固定）
的。但如果你想要將另外一個查詢回傳的結果再進行查詢時，換句話說，就是要將
先前的靜態列表改成動態列表。在 SQL 語法中可以用子查詢（也就是包在查詢中
的查詢）。

假如說我們要分析農夫市集在下雨天時的銷量。在 market_date_info 表格中有個
欄位為 market_rain_flag，若值為 0 代表市集營業時沒下雨，1 則表示營業時有下
雨。

我們可以從 market_date_info 表格中，用 WHERE 子句設定篩選條件，找出 2019
年 7 月 1 日到 2019 年 12 月 31 日間有下雨（market_rain_flag = 1）的市集日期
（market_date）有哪些，結果如圖 3.18：

```
SELECT market_date
FROM farmers_market.market_date_info
WHERE market_date >= '2019-07-01'
  AND market_date <= '2019-12-31'
    AND market_rain_flag = 1
```

market_date
▸ 2019-07-31
2019-09-21
2019-10-19
2019-12-04
2019-12-11

這些天有下雨

圖 3.18

 編註: **ChatGPT 來幫忙**

在 WHERE 子句中要設定兩個日期之間的條件式，可以如上例用比較算符去指定日期格式，並用 AND 連接。此外用 3.4 節介紹過的 BETWEEN AND 也很方便，我們請 ChatGPT 寫個範例。

> SU　在 **SQL** 的 **WHERE** 子句中寫出介於兩個日期間的條件, 給我兩個例子

以下是兩個在 SQL 的 WHERE 子句中寫出條件介於兩個日期間的例子：

1. 查詢 2023 年 1 月 1 日至 2023 年 2 月 28 日之間的訂單：

```
SELECT * FROM orders
WHERE order_date BETWEEN '2023-01-01' AND '2023-02-28';
```

2. 查詢 2022 年 1 月 1 日至今天之間的客戶註冊記錄：

```
SELECT * FROM customers
WHERE registration_date BETWEEN '2022-01-01' AND CURDATE();
```

上面的 SQL 語句會查詢在 2022 年 1 月 1 日至今天之間註冊的所有客戶記錄。其中，CURDATE 函數可以獲取當前日期。

查詢中的子查詢

前一個例子查出 '2019-07-01' 到 '2019-12-31' 這段期間有哪幾天是下雨天，我們接下來想知道這些下雨天的每筆交易額是多少，該怎麼做？我們拆開來看：

(1) 先在 market_date_info 表格查出這段期間有哪些天下雨，並將這些下雨天的日期用 IN 動態產生日期列表。這在圖 3.18 的例子已經做了。

(2) 然後要將下雨天的列表，在 customer_purchases 表格中找到對應的日期，然後計算該些日期的 quantity * cost_to_customer_per_qty 以得到 price 交易額。

這裡面包括兩個查詢：上面的 (1) 先做完，然後將回傳值交給 (2)。(1) 位於整個查詢的內層，稱為子查詢（subquery），(2) 位於子查詢的外層，稱為外部查詢或主查詢（outer query）。子查詢可以回傳單一值、一個列表或甚至一個表格。

下面例子的子查詢會回傳圖 3.18 中出現的日期（下雨天），外部查詢則依據 WHERE 指定的條件（也就是 market_date 必須是子查詢回傳的那幾天）找出那幾個下雨天的欄位資料。圖 3.19 即下雨天的交易額（price）：

```
SELECT
    market_date,
    customer_id,
    vendor_id,
    quantity * cost_to_customer_per_qty AS price
FROM farmers_market.customer_purchases
WHERE
    market_date IN
        (
            SELECT market_date
            FROM farmers_market.market_date_info
            WHERE market_date >= '2019-07-01'
            AND market_date <= '2019-12-31'
            AND market_rain_flag = 1
        )
```

market_date	customer_id	vendor_id	price
2019-07-31	1	4	3.6000
2019-07-31	9	4	3.0000
2019-07-31	11	4	3.0000
2019-07-31	21	4	1.5000
2019-07-31	21	4	3.0000
2019-07-31	22	4	2.0000
2019-09-21	1	4	1.0000
2019-09-21	2	4	1.5000
2019-09-21	2	4	0.5000
2019-09-21	3	4	4.5000
2019-09-21	22	4	2.0000

圖 3.19

在上面的例子中，我們在一個查詢中同時用到兩個表格（market_date_info 與 customer_purchases）的資料做查詢（前者在子查詢，後者在主查詢），這也可以利用 JOIN 子句做到，留待第 5 章介紹。

練習

1. 請參考表 3.1 的格式。寫一個查詢，回傳所有 customer_id 為 4 和 9 的購買記錄。

2. 請參考表 3.1 的格式。寫兩個查詢，一個使用 AND 算符和兩個條件，另一個使用 BETWEEN，回傳所有從 vendor_id 在 8 到 10（包括 8 和 10）之間購買的顧客記錄。

3. 請用兩種不同寫法改寫本章最後的查詢範例，使其回傳未下雨日期的購買記錄。

MEMO

04

—

依條件
作分支處理的 CASE

從第 2 章的 SELECT 和第 3 章的 WHERE 中，我們學會從資料庫表格中提取需要的欄位，並在 WHERE 子句加上條件式過濾資料，將結果為 TRUE 的列資料回傳以建立資料集。

但，如果我們希望資料集中新增一個或數個欄位的值，是基於條件產生的，例如在圖 3.2 的範例中，我們想新增一個二元欄位，標記每筆交易額是否超過 $50；再如，機器學習模型的資料集不接受類別字串作為輸入特徵（features），我們就必須將類別字串依條件產生新的數值欄位，這些該怎麼做呢？此時就是 CASE 子句發揮的時候了。

NOTE　簡單來說，CASE 就是依據不同條件的結果做對應的處理，這在許多程式語言中常見。

上面提到的那些因條件而產生的欄位，稱為衍生欄位（derived column）。對資料科學來說，資料集中每一個欄位都是一個特徵（feature），將原始資料逐步整理成機器學習模型可用資料集的過程就稱為特徵工程（feature engineering）。

> **編註：** 我們在第 3 章用 SELECT … AS 產生的新欄位稱為別名欄位，本章用 CASE … AS 產生的新欄位會稱為衍生欄位，兩者在概念上不同。別名欄位是用表格中原本存在的欄位（或經過計算）產生的新欄位，而衍生欄位是經過轉換（或合併或計算）創造出來的新欄位。

4.1 將每個分支個別處裡

日常生活中經常需要做條件判斷：『如果 [某個條件] 成立，那麼 [採取這個行動]；否則，[採取另一個行動]』。舉例：『如果天氣預報今天會下雨，我就會帶傘出門。否則，我會把傘留在家裡』。這個例子裡包括兩種分支情況：下雨、不下雨，兩者都需要有對應的處理方式。在 SQL 語法中就可以用 CASE 子句，並將每個分支條件與處理方式以 WHEN…THEN 子句表示：

```
CASE
    WHEN  [ 條件 1 ]
        THEN  [ 指定值或做計算 ]      ◀── 條件 1 TRUE 則做此處理
    WHEN  [ 條件 2 ]
        THEN  [ 指定值或做計算 ]      ◀── 條件 2 TRUE 則做此處理
    ELSE  [ 指定值或做計算 ]          ◀── 條件 1,2 皆 FALSE 則做此處理
END
```

這代表我們希望程式在滿足不同條件時，會做對應的處理。請記得！每個 CASE 子句都要用 END 結尾，表示這個 CASE 結束。若將前面帶不帶雨傘出門的例子套入這個語句中，可以寫成下面這樣：

```
CASE
    WHEN weather_forecast = 'rain'
        THEN 'take umbrella'              ◄─── 下雨為 TRUE 則帶傘
    ELSE 'leave umbrella at home'         ◄─── 下雨為 FALSE，把傘留在家裡
END
```

判斷是否符合指定的幾個 WHEN 條件，是依由上而下的順序，一旦某一個 WHEN 條件的結果是 TRUE，就執行其下的 THEN 子句，排在其後的其他 WHEN 條件就會被忽略，直接跳到 END 結束。

現在來看看下面這個雖然不合理，但很容易理解條件安排不當的情況：

```
SELECT CASE
        WHEN 1=1 THEN 'Yes'
        WHEN 2=2 THEN 'No'
        END AS test              ◄─── 為衍生欄位取名為 test
```

我們看到第 1 個 WHEN 的條件式『1=1』永遠為 TRUE，因此不論執行幾次都只會輸出 'Yes'，即使第 2 個 WHEN 的條件式『2=2』同樣也是 TRUE，但因為第 1 個 WHEN 的條件已經是 TRUE，那就輪不到下一個 WHEN 執行了。因此 CASE 中的每一個條件與順序都要好好設計，不應該存在某些條件永遠都執行不到的情況。

當前面所有 WHEN 的條件都是 FALSE 時，才會執行 ELSE 的部分（例外情況）。若沒有寫 ELSE，且前面所有 WHEN 的條件都是 FASLE，則其結果會是 NULL。記得！在 CASE 條件中產生的衍生欄位一定要取名字，才容易解讀結果。

編註: 如果沒有為衍生欄位取名，也就是將上面例子的 "AS test" 刪掉，執行後會將該 CASE 區塊所有程式碼塞進該欄位的名稱中。

用 CASE 將供應商分成兩種類別

假如我們想從 farmers_market（農夫市集）資料庫中區分哪些供應商有賣生鮮農產品，哪些供應商沒有，該怎麼做呢？圖 4.1 是所有供應商類別（vendor_type）的清單：

圖 4.1

共有 5 種類別

編註: ChatGPT 來幫忙

每一種 vendor_type 都可能有好幾個供應商，如果依照以前 SELECT vendor_type 的查詢方式，一定會出現重覆的資料，如果我們只要查出不同的 vendor_type 就好，那麼可以這樣問 ChatGPT：

> SU　從 farmers_market 資料庫 vendor 表格中, 用 sql 查詢出有哪些 vendor_type, 而且不要重覆

> 在您可以使用以下 SQL 查詢語句來從 farmers_market 資料庫的 vendor 表格中查詢不重複的 vendor_type：
>
> ```
> SELECT DISTINCT vendor_type
> FROM farmers_market.vendor
> ```
>
> 在 SELECT 後面加上 DISTINCT 關鍵字，就可以篩選出不重覆的資料。

我們要將 vendor_type 欄位中包含 "Fresh" 字樣的供應商標記為 "Fresh Produce"（生鮮農產品供應商），否則標記為 "Other"。我們可以運用 CASE 語法以及在第 3 章介紹的 LIKE 算符來創建一個新欄位，並將欄位用 AS 為衍生欄位命名為 vendor_type_condensed，如此一來，我們就可以將供應商區分成兩類："Fresh Produce" 以及 "Other"。在圖 4.2 的最後兩欄即可看出：

```
SELECT
    vendor_id,
    vendor_name,
    vendor_type,
    CASE
        WHEN LOWER(vendor_type) LIKE '%fresh%'
          THEN 'Fresh Produce'
        ELSE 'Other'
    END AS vendor_type_condensed
FROM farmers_market.vendor
```

vendor_id	vendor_name	vendor_type	vendor_type_condensed
1	Chris's Sustainable Eggs ...	Eggs & Meats	Other
2	Hernández Salsa & Vegg...	Fresh Variety: Veggies & More	Fresh Produce
3	Mountain View Vegetables	Fresh Variety: Veggies & More	Fresh Produce
4	Fields of Corn	Fresh Focused	Fresh Produce
5	Seashell Clay Shop	Arts & Jewelry	Other
6	Mother's Garlic & Greens	Fresh Variety: Veggies & More	Fresh Produce
7	Marco's Peppers	Fresh Focused	Fresh Produce
8	Annie's Pies	Prepared Foods	Other
9	Mediterranean Bakery	Prepared Foods	Other

圖 4.2

上面是用 LOWER 函數先將 vendor_type 欄位中的字串全部轉成小寫字母，避免遺漏像是 "Fresh"、"FRESH" 大小寫不一的字串。當然，如果要將字串全部轉成大寫字母也可以，只要將該行程式改用 UPPER(vendor_type) LIKE '%FRESH%' 即可。

如果以後要在資料庫加入新的 vendor_type，只要其字串中包括 "fresh" 字樣，就可以自動歸類為 "Fresh Produce" 的供應商。

固定類別下，也可以用 IN 列舉

若 vendor_type 類別已經固定，且以後也不會增加新的類別，那麼我們也可以用 IN 關鍵字將現有類別一一列舉，並分別標記為兩類。不過，做為一位資料科學家或分析師，在查詢資料庫建立資料集時都必須預想到：『如果有新的資料加入資料庫（也就是當底層資料出現變化），增加的欄位會發生甚麼變化。』 編註: 作者的意思是不應該假設欄位的值是固定的，而應該考慮彈性。

編註: **ChatGPT 來幫忙**

作者在上面說如果在 vendor_type 不會再增加的情況下，也可以用 IN 來寫，那麼我們來問問 ChatGPT 怎麼寫：

 這個查詢的例子, 我不想用 LIKE, 而是將 'Fresh Focused', 'Fresh Variety: Veggies & More' 這兩個 vendor_type 改用 IN, 請寫出來 SELECT

```
    vendor_id,
    vendor_name,
    vendor_type,
    CASE
      WHEN LOWER(vendor_type) LIKE '%fresh%'
        THEN 'Fresh Produce'
      ELSE 'Other'
    END AS vendor_type_condensed
FROM farmers_market.vendor
```

以下是將 'Fresh Focused', 'Fresh Variety: Veggies & More' 改用 IN 的 SQL 查詢：

接續

```
SELECT vendor_id, vendor_name, vendor_type,
    CASE
        WHEN vendor_type IN ('Fresh Focused', 'Fresh Variety:
                             Veggies & More')
        THEN 'Fresh Produce'
        ELSE 'Other'
    END AS vendor_type_condensed
FROM farmers_market.vendor;
```

在上述 SQL 查詢中，我們將 LOWER(vendor_type) LIKE '%fresh%' 這一行改成了 vendor_type IN ('Fresh Focused', 'Fresh Variety: Veggies & More')，使用了 IN 關鍵字來明確列出想要標記為 "Fresh Produce" 的供應商類型。如果 vendor_type 欄位值為 'Fresh Focused' 或 'Fresh Variety: Veggies & More' 之一，則該欄位會標記為 "Fresh Produce"，否則該欄位會標記為 "Other"。

4.2 以 CASE 產生二元欄位（Binary Flags）

在餵給機器學習的資料集中，常常會見到欄位值只有 0、1 的二元資料，通常代表該欄位是『TRUE、FALSE』或『存在、不存在』，利用 CASE 就很適合產生這種衍生欄位。

例如，我們可以查出農夫市集各營業日期是在星期三或星期六營業，輸出如圖 4.3：

```
SELECT
    market_date,
    market_day
FROM farmers_market.market_date_info
LIMIT 5
```

market_date	market_day
▸ 2019-03-02	Saturday
2019-03-09	Saturday
2019-03-13	Wednesday
2019-03-16	Saturday
2019-03-20	Wednesday

圖 4.3

但這樣的字串資料無法直接餵給機器學習模型,因為其演算法只能接受數值資料作為輸入,無法識別 market_day 欄位的 "Wednesday" 或是 "Saturday" 代表什麼意思,因此得想辦法將字串資料轉變成演算法能懂的數字。

我們接下來打算將市集日期區分為平日(Wednesday)與假日(Saturday),這剛好只有兩種結果,我們用 AS 產生一個 weekend_flag 二元欄位,其值只有 0、1,若 market_date 是 "Saturday"(假日)就標記為 1,否則標記為 0。如圖 4.4:

```
SELECT
    market_date,
    CASE
        WHEN market_day = 'Saturday' OR market_day = 'Sunday'
            THEN 1 ELSE 0
    END AS weekend_flag
FROM farmers_market.market_date_info
LIMIT 5
```

market_date	market_day	weekend_flag
▸ 2019-03-02	Saturday	1
2019-03-09	Saturday	1
2019-03-13	Wednesday	0
2019-03-16	Saturday	1
2019-03-20	Wednesday	0

圖 4.4

你可能有注意到,即使現在農夫市集只在 Wedneday、Saturday 營業,但我在上面的程式中還是加上 OR 條件將 Sunday 也納入,欄位名稱也用 weekend_flag 而不用 saturday_flag,這樣設計是為了彈性而特意為之。

正如前面提過,我們必須預想:『如果有新的資料加入資料庫(也就是當底層資料出現變化),增加的欄位會發生甚麼變化。』我們可以想像,將來利用此資料庫可能會分析什麼樣的問題,比如說『農夫市集在假日還是在平日時的營業額較高?』因此未來有可能增加 Sunday 日期,或是由 Saturday 改到 Sunday,這樣上面的查詢不需更改就適用。除了多出來的 OR 條件會增加微小計算,但以農夫市集所能搜集到的資料規模而言,運算量不會有多少影響,這麼做就可以為未來可能增加的市集日期準備。

編註: **ChatGPT 來幫忙**

不知讀者有沒有注意到,前幾章範例中當 SELECT 後面跟著一個或多個欄位時,兩兩欄位之間要加上逗號,但最後一個欄位後面不用加逗號,為何在本章範例 SELECT 的最後一個欄位 market_date 後也要加上逗號呢?例如前一個查詢的『SELECT market_date,』。這個答案不難,但我們還是來問問 ChatGPT:

> SU　**為什麼 SELECT 接著 CASE 的欄位後面要加逗號?**

> 在使用 SELECT 語句時,需要在每個選擇的欄位之間用逗號分隔。在使用 CASE 語句時,分支傳回的值是一個衍生欄位的值,必須與前面選擇的欄位用逗號分隔。若有多個 CASE 語句,每個都會回傳一個衍生欄位,則兩兩間也要用逗號分隔。位於最後一個選擇的欄位,就不需要加逗號了。

4.3 將連續數值用 CASE 分出區間

用 CASE 將資料範圍一分為二

如果想查出顧客的所有交易，並將交易額超過 $50 的資料標記出來，我們用 AS 指定一個 price_over_50 衍生欄位，裡面將超過 $50 的資料標記為 1，其它則標記為 0，也就是用 CASE 以 50 為界區分兩個數值，下面查詢的結果在圖 4.5：

```
SELECT
    market_date,
    customer_id,
    vendor_id,
    ROUND(quantity*cost_to_customer_per_qty,2) AS price,
    CASE
        WHEN quantity * cost_to_customer_per_qty > 50
            THEN 1 ELSE 0
    END AS price_over_50
FROM farmers_market.customer_purchases
```

market_date	customer_id	vendor_id	price	price_over_50
2019-09-11	4	8	36.00	0
2019-09-11	10	8	18.00	0
2019-09-11	25	8	36.00	0
2019-09-14	11	8	54.00	1
2019-09-14	18	8	18.00	0
2019-09-14	21	8	36.00	0
2019-09-14	25	8	90.00	1
2019-09-18	1	8	36.00	0
2019-09-18	3	8	18.00	0
2019-09-18	25	8	72.00	1
2019-09-21	3	8	18.00	0

可清楚呈現交易額是否超過 50

圖 4.5

上例中的 quantity*cost_to_customer_per_qty 總共寫了兩遍,既然第一次已經用 AS 新增了一個別名欄位 price,那麼第二次出現時能不能直接寫 WHEN price > 50 呢?答案是不行,我們讓 ChatGPT 來解釋:

 為什麼在 **sql** 查詢中產生的別名欄位,不能直接在該查詢中立即使用?

在 SQL 中,當您使用 SELECT 語句查詢數據時,可以使用 AS 關鍵字給選擇的欄位指定別名,以便更容易識別和引用。然而,這些別名欄位在該查詢中不能立即使用,因為 SQL 語法的處理順序規定 SELECT 語句是在 FROM、WHERE 和 GROUP BY 等子句之後執行的。

換句話說,當您使用別名欄位時,SQL 語法尚未生成或計算這些欄位,因此在 WHERE 子句或其他需要這些欄位的子句中就不可能使用到該別名。為了在同一查詢中使用別名欄位,您需要將該查詢作為子查詢使用,然後將子查詢中的別名欄位作為輸入列使用。例如:

```
SELECT *
FROM (
    SELECT column1 AS alias1, column2 AS alias2
    FROM table1
) subquery
WHERE subquery.alias1 > subquery.alias2
```

在這個例子中,我們將原始查詢作為一個子查詢,並將其結果列使用別名欄位重新命名為 alias1、alias2。然後,我們在外部的 WHERE 子句就能使用這些別名欄位做比較。 編註: 第 7 章會介紹子查詢。

用 CASE 將資料分出多個區間

CASE 除了可將資料一刀切兩半（金額超過與未超過 $50），也可以分成多個區間，此例就是要將每筆交易額分成 $5.00 以下、$5.00–$9.99、$10.00–$19.99、$20.00 以上等 4 個級距。我們在 CASE 子句中加上 4 個 WHEN 條件，並在相對應的 THEN 之後指定一個字串或數值（下面第一個例子是指定字串，第二個例子是指定數值），放在 price_bin 衍生欄位中，如圖 4.6：

```
SELECT
    market_date,
    customer_id,
    vendor_id,
    ROUND(quantity * cost_to_customer_per_qty, 2) AS price,
        CASE
            WHEN quantity * cost_to_customer_per_qty < 5.00
                THEN 'Under $5'
            WHEN quantity * cost_to_customer_per_qty < 10.00
                THEN '$5-$9.99'
            WHEN quantity * cost_to_customer_per_qty < 20.00
                THEN '$10-$19.99'
            WHEN quantity * cost_to_customer_per_qty >= 20.00
                THEN '$20 and Up'
        END AS price_bin
FROM farmers_market.customer_purchases
LIMIT 10
```

market_date	customer_id	vendor_id	price	price_bin
2019-07-03	14	7	6.92	$5-$9.99
2019-07-03	14	7	15.24	$10-$19.99
2019-07-03	15	7	10.69	$10-$19.99
2019-07-03	16	7	14.12	$10-$19.99
2019-07-03	22	7	4.61	Under $5
2019-07-06	4	7	1.89	Under $5
2019-07-06	12	7	25.16	$20 and Up
2019-07-06	14	7	21.25	$20 and Up
2019-07-06	23	7	10.42	$10-$19.99
2019-07-06	23	7	17.89	$10-$19.99

將此衍生欄位的值指定為字串

圖 4.6

如果我們希望將分組的結果指定為該數值區間的最小數值，將衍生欄位命名為 price_bin_lower_end，查詢結果如圖 4.7：

```
SELECT
    market_date,
    customer_id,
    vendor_id,
    ROUND(quantity*cost_to_customer_per_qty, 2) AS price,
    CASE
        WHEN quantity*cost_to_customer_per_qty < 5.00
            THEN 0
        WHEN quantity*cost_to_customer_per_qty < 10.00
            THEN 5
        WHEN quantity*cost_to_customer_per_qty < 20.00
            THEN 10
        WHEN quantity*cost_to_customer_per_qty >= 20.00
            THEN 20
    END AS price_bin_lower_end
FROM farmers_market.customer_purchases
LIMIT 10
```

將此衍生欄位的值指定為數值

↓

market_date	customer_id	vendor_id	price	price_bin_lower_end
2019-07-03	14	7	6.92	5
2019-07-03	14	7	15.24	10
2019-07-03	15	7	10.69	10
2019-07-03	16	7	14.12	10
2019-07-03	22	7	4.61	0
2019-07-06	4	7	1.89	0
2019-07-06	12	7	25.16	20
2019-07-06	14	7	21.25	20
2019-07-06	23	7	10.42	10
2019-07-06	23	7	17.89	10

圖 4.7

以上兩個查詢分別在新增的衍生欄位中放入字串與數值，通常在報表中需要將這兩個欄位並排才容易解釋，那該怎麼做？其實很簡單，就是將第二個查詢的 CASE … END 整個區塊複製到第一個查詢的 CASE …END 後面就好了，也就是說在一個查詢中有兩個 CASE … END。這樣的好處是，我們可以快速用 price_bin_lower_end 的數值資料來排序，並用 price_bin 字串資料做說明。

要注意的是！前面兩個例子的 CASE 子句中都沒有放 ELSE 處理例外情況，所以若欄位值是空白或因任何原因無法計算時，就會回傳 NULL，這種情況也需要考慮。再者，若價格因原本輸入錯誤或退款，導致在某一列的 price 欄位中出現負數，你覺得會發生什麼事呢？第一個 WHEN 的條件是 < 5，所以負數也會被分到這一個區間來，而我們卻指定其值為 0，這樣就不妥了。所以，在撰寫 CASE 語句時，必須考慮是否會有任何非預期的資料出現，才能做更妥善的處理。

4.4 透過 CASE 進行分類編碼

在建立機器學習的資料集時，通常需要將分類字串變數**編碼**（encode）為數值變數，以便演算法（algorithms）能夠接受它們作為輸入資料。

類別有高低等級之分時

如果這些分類字串有上下等級之分，可考慮將字串變數轉換為可代表順序的數值。例如在農夫市集中，攤位租金會因攤位大小、與入口距離遠近而異。在 booth（攤位）表格中的 booth_price_level（租金分類）欄位，就依照租金由低至高記錄為 "A"、"B"、"C" 三種等級，如此我們可以將其字串轉換成數值 1、2、3，或是實際的租金。

以下利用 CASE 子句將租金分類轉換為數值，並放在新增加的 booth_price_level_numeric（攤位租金數值化）衍生欄位，其結果如圖 4.8：

```
SELECT
    booth_number,
    booth_price_level,
    CASE
        WHEN booth_price_level = 'A' THEN 1
        WHEN booth_price_level = 'B' THEN 2
        WHEN booth_price_level = 'C' THEN 3
    END AS booth_price_level_numeric
FROM farmers_market.booth
LIMIT 5
```

booth_number	booth_price_level	booth_price_level_numeric
1	A	1
2	A	1
3	B	2
4	C	3
5	C	3

圖 4.8

└── 將字串改為數值了

類別都是平等地位

如果這些類別並沒有上下等級之分，例如 vendor_type（供應商類別）並沒有哪個
比較高貴之分，我們就可以用『One-hot 編碼』的方法，避免產生數值資料之間的
大小關係。 編註: 例如上一個例子的 1、2、3 彼此之間是可以比大小的，而 One-
hot 編碼無法比較大小。

One-hot 編碼是讓每一個類別都產生一個新欄位，並在符合類別的列資料標註為 1，
否則為 0。這些欄位也被稱為虛擬變數（dummy variable）。以下的 CASE 語句是
對 vendor_type 進行 One-hot 編碼，結果如圖 4.9：

```
SELECT
    vendor_id,
    vendor_type,
    CASE WHEN vendor_type = 'Arts & Jewelry'
```

```
                THEN 1
                ELSE 0
         END AS arts_jewelry,
      CASE WHEN vendor_type = 'Eggs & Meats'
                THEN 1
                ELSE 0
           END AS eggs_meats,
      CASE WHEN vendor_type = 'Fresh Focused'
                THEN 1
                ELSE 0
         END AS fresh_focused,
      CASE WHEN vendor_type =  'Fresh Variety: Veggies & More'
                THEN 1
                ELSE 0
         END AS fresh_variety,
      CASE WHEN vendor_type = 'Prepared Foods'
                THEN 1
                  ELSE 0
         END AS prepared
FROM farmers_market.vendor
```

	vendor_id	vendor_type	arts_jewelry	eggs_meats	fresh_focused	fresh_variety	prepared
▸	1	Eggs & Meats	0	1	0	0	0
	2	Fresh Variety: Veggies & More	0	0	0	1	0
	3	Fresh Variety: Veggies & More	0	0	0	1	0
	4	Fresh Focused	0	0	1	0	0
	5	Arts & Jewelry	1	0	0	0	0
	6	Fresh Variety: Veggies & More	0	0	0	1	0
	7	Fresh Focused	0	0	1	0	0
	8	Prepared Foods	0	0	0	0	1
	9	Prepared Foods	0	0	0	0	1

圖 4.9

從上圖可以看出來，我們為每一種分類各自產生了一個衍生欄位，該欄位的值只有在剛好屬於該分類時才會是 1，其它都是 0。例如第一列的 vendor_type 是 "Eggs & Meats"，則只有在 eggs_meats 衍生欄位才是 1，在另外 4 個衍生欄位都是 0。

此處要注意！因為 CASE 的條件是用列舉的方式，萬一有新的分類被加進資料庫時，就必須修改 CASE 語句，否則查詢出來的資料集就會缺少新類別的欄位與編碼。

4.5 CASE 語法小結

在本章學到如何運用 SQL 中的 CASE 語句，根據條件分支產生衍生欄位，也學到建立二元資料欄位、將連續數值分出不同的區間，以及分類編碼的方法。

在未實際執行以下兩個查詢之前，請試試看能不能描述它們在做什麼？第一個查詢結果如圖 4.10：

```sql
SELECT
    customer_id,
    CASE
        WHEN customer_zip = '22801' THEN 'Local'
        ELSE 'Not Local'
    END customer_location_type
FROM farmers_market.customer
LIMIT 10
```

customer_id	customer_location_type
1	Local
2	Not Local
3	Not Local
4	Local
5	Local
6	Local
7	Not Local
8	Not Local
9	Local
10	Local

圖 4.10

第二個查詢結果如圖 4.11：

```
SELECT
    booth_number,
    CASE WHEN booth_price_level = 'A'
            THEN 1 ELSE 0
    END booth_price_level_A,
    CASE WHEN booth_price_level = 'B'
            THEN 1 ELSE 0
    END booth_price_level_B,
    CASE WHEN booth_price_level = 'C'
            THEN 1 ELSE 0
    END booth_price_level_C
FROM farmers_market.booth
LIMIT 5
```

booth_number	booth_price_level_A	booth_price_level_B	booth_price_level_C
1	1	0	0
2	1	0	0
3	0	1	0
4	0	0	1
5	0	0	1

圖 4.11

練習

請回頭查看第 2 章的圖 2.3，參考 product 表格以及欄位名稱，來完成以下練習：

1. 產品可以按個數銷售或依重量銷售。請撰寫一個查詢，輸出 product 表格中的 product_id 和 product_name 的列資料，並產生一個 prod_qty_type_condensed 衍生欄位，當 product_qty_type 欄位的值是 "unit" 時，則在衍生欄位顯示 "unit"，否則顯示 "bulk"。

2. 我們想要將市集中所有不同類型的胡椒產品都標記出來。請在前面的查詢中用 CASE 產生一個 pepper_flag 衍生欄位，只要 product_name 欄位中有出現 "pepper" 字串（無論大小寫）就在衍生欄位中填入 1，否則填入 0。

3. 根據上面兩個練習，你是否想到有什麼樣的可能，會讓明明有在市集中銷售的胡椒產品卻未被正確標記出來？

05

—

連結兩個或多個
表格資料的 JOIN

我們已經學會如何從資料庫的單一表格中選取與篩選資料，但如果需要處理的資料
分別存放在不同的表格裡時，該怎麼辦呢？

舉例來說，我們想知道『當地各種新鮮蔬果在什麼季節出產？』就需要來自
product_category 表格（以篩選出新鮮水果與蔬菜）、product 表格（以得到特定
產品的細節，如產品名稱與計量單位等）以及 vendor_inventory 表格（找出供應
商何時販賣這些產品）的資料，此時我們可以用 JOIN 語法將不同的表格連結成一
個新的資料集。

5.1 兩個表格透過關聯的欄位連結

我們在第 1 章介紹過不同類型的資料庫關係，以及實體關係圖（ERD）。資料庫表
格之間的關係以及連結兩者的欄位（鍵），都是我們利用 JOIN 將兩個表格連結起
來的重點。

假設我們要列出每個產品名稱以及其所屬的產品類別名稱。由於 product（產品）表格中只有 product_id 欄位，而產品類別的名稱則記錄在 product_category 表格中，因此我們必須將 product 和 product_category 這兩個表格中的資料結合在一起，才能生成所需的資料集。

圖 5.1 是這兩個表格的一對多關聯：每一個產品只能對應一個產品類別，但每一種產品類別可對應到複數個產品。在 product_category 表格中的主鍵（primary key）是欄位 product_category_id。product 表格中的每一列資料也有 product_category_id 欄位作為外來鍵（foreign key），以辨認產品屬於哪一個類別。下圖即可看出這兩個表格的關聯性：

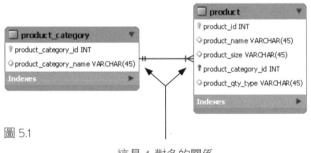

圖 5.1

這是 1 對多的關係

NOTE　在實體關係圖中連結兩個表格之間的 1 對多關係，多的一方可以用 ∞、N、或是「烏鴉腳印」表示，上圖用的就是烏鴉腳印。

將需要的表格連結（JOIN）起來有幾種連結方式，為了說明不同類型的 JOIN 用法，我們要使用農夫市集資料庫中的 product 與 product_category 表格（圖 5.1），但會刪除一些欄位以簡化說明，如圖 5.2 所示：

圖 5.2

上圖是兩個表格的一對多關係,主鍵以星號(*)表示,外來鍵則以雙星號(**)表示。在 product_category 表格中的每一列資料都可以對應到 product 表格中的複數筆資料,但是在 product 表格中的每一列資料只能對應到 product_category 表格中的一筆資料。這兩個表格中相關聯的是 product_category_id 欄位,以下分別列出來:

```
product_category.product_category_id

product.product_category_id
```

我們就要用此欄位將兩個表格連結起來。

5.2 LEFT JOIN 左外部連結

第一種介紹的 JOIN 類型是構建自訂資料集時最常用的一種:LEFT JOIN(左外部連結)。這告訴查詢要從 JOIN 的『左表格』中提取所有欄位的資料,並從『右表格』提取符合 ON 條件的資料,連結到左表格對應的位置。LEFT JOIN 語法如下:

```
SELECT ［回傳欄位］
FROM ［左表格］
    ［JOIN 類型］［右表格］
    ON ［左表格］.［對應的欄位］ = ［右表格］.［對應的欄位］
```

LEFT JOIN 是以左表格做為**主表格**，右表格則是**從表格**，兩者是主從關係，見圖 5.3：

LEFT JOIN
將『左表格的所有資料（灰底）』與
『右表格符合 ON 條件的資料（灰底）』連結起來。

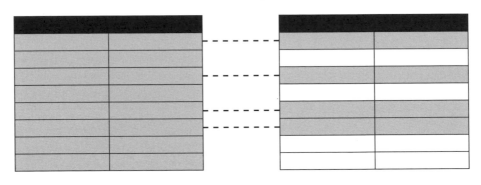

圖 5.3

編註: **分清楚左表格、右表格與 LEFT JOIN**

從上面語法不容易看懂為什麼寫在 FROM 後面的叫左表格，寫在 ［JOIN 類型］ 後面的叫右表格，如果我們把它寫成一行就很清楚了：

接續

LEFT JOIN 用文氏圖更容易理解，就是包含左表格的全部資料，並與右表格符合 ON 條件的資料連結：

LEFT JOIN

左表格　　右表格

從圖 5.2 可看到 product 表格中的 product_category_id 欄位值有兩個是 1，而在 product_category 表格中的 product_category_id 欄位值只有一個是 1（因為在此表格中這是主鍵，每個值都必須是唯一值）。

因此，當我們用『product LEFT JOIN product_category』後，在兩個表格中 product_category_id 欄位值相同的列資料就會連結起來。見圖 5.4：

product. product_id	product. product_name	product. product_ category_id	product_category. product_category_id	product_category. product_category_name
2	Jalapeno Peppers – Organic	1	1	Fresh Fruits & Vegetables
4	Banana Peppers – Jar	3	3	Packaged Prepared Food
5	Whole Wheat Bread	3	3	Packaged Prepared Food
6	Cut Zinnias Bouquet	5	5	Plants & Flowers
7	Apple Pie	3	3	Packaged Prepared Food
13	Baby Salad Lettuce Mix	1	1	Fresh Fruits & Vegetables
99	Handmade Candle	NULL	NULL	NULL

圖 5.4

由上圖可看出，左表格的列資料會全部列出來，而右表格中凡是 product_category_id 符合的，就連結到左表格的後面，不符合的則為 NULL，例如 product_id 等於 99 的那一筆列資料就是 NULL。

現在應該已經瞭解 LEFT JOIN 的用途了，接下來就實際運用 LEFT JOIN 去連結農夫市集資料庫的 product 與 product_ category 表格。我們想要在產品清單（在 product 表格中）的後面補上對應的產品類別（在 product_category 表格中），於是我們將 product 表格做為左表格，並將 product_category 表格做為右表格。然後用 ON 指定兩個表格用關聯欄位（product_category_id）做連結。這就是從兩個表格提取所需資料的寫法，輸出如圖 5.5：

```
SELECT * FROM product
    LEFT JOIN product_category
    ON product.product_category_id =
        product_category.product_category_id
```

product_id	product_name	product_size	product_category_id	product_qty_type	product_category_id	product_category_name
1	Habanero Peppers - Organic	medium	1	lbs	1	Fresh Fruits & Vegetable
2	Jalapeno Peppers - Organic	small	1	lbs	1	Fresh Fruits & Vegetable
3	Poblano Peppers - Organic	large	1	unit	1	Fresh Fruits & Vegetable
4	Banana Peppers - Jar	8 oz	3	unit	3	Packaged Prepared Food
5	Whole Wheat Bread	1.5 lbs	3	unit	3	Packaged Prepared Food
6	Cut Zinnias Bouquet	medium	5	unit	5	Plants & Flowers
7	Apple Pie	10"	3	unit	3	Packaged Prepared Food
8	Cherry Pie	10"	3	unit	3	Packaged Prepared Food
9	Sweet Potatoes	medium	1	lbs	1	Fresh Fruits & Vegetable

圖 5.5

連結表格中會出現重複的欄位名稱

你應該有注意到圖 5.5 中有兩個 product_category_id 欄位，這是因為在 product 與 product_category 這兩個表格中都有這個同名的欄位，而且我們用 SELECT * 選取了所有的欄位，所以兩個都會出現。為了區別這兩個欄位，我們為其取個能識別來源的別名：來自 product 表格的取名為 product_prod_cat_id，來自 product_category_id 表格的取名為 category_prod_cat_id。輸出如圖 5.6：

```
SELECT
    product.product_id,
    product.product_name,
    product.product_category_id AS product_prod_cat_id,
    product_category.product_category_id AS category_prod_cat_id,
    product_category.product_category_name
FROM product
    LEFT JOIN product_category
        ON product.product_category_id =
            product_category.product_category_id
```

product_id	product_name	product_prod_cat_id	category_prod_cat_id	product_category_name
1	Habanero Peppers - Organic	1	1	Fresh Fruits & Vegetables
2	Jalapeno Peppers - Organic	1	1	Fresh Fruits & Vegetables
3	Poblano Peppers - Organic	1	1	Fresh Fruits & Vegetables
4	Banana Peppers - Jar	3	3	Packaged Prepared Food
5	Whole Wheat Bread	3	3	Packaged Prepared Food
6	Cut Zinnias Bouquet	5	5	Plants & Flowers
7	Apple Pie	3	3	Packaged Prepared Food
8	Cherry Pie	3	3	Packaged Prepared Food
9	Sweet Potatoes	1	1	Fresh Fruits & Vegetables
10	Eggs	6	6	Eggs & Meat (Fresh or Fr...

圖 5.6

為表格取別名

每次要寫『表格名稱 . 欄位名稱』確實有點囉唆（尤其是當表格名稱很長的時候），此時也可以為表格取個簡潔的別名，稱為**表格別名**（table aliasing），在程式中就可以直接以此別名取代表格的全名。

我們可以在 FROM 子句中為表格取別名。接下來的查詢中，我們將左表格 product 取別名為 p，並將右表格 product_category 取別名為 pc。此外，我們已經知道左右兩個表格是透過 product_category_id 欄位連結的，因此顯示一個就好。而且我們也用上 ORDER BY 子句為輸出做排序，結果見圖 5.7：

```
SELECT
    p.product_id,
    p.product_name,
    pc.product_category_id,
    pc.product_category_name
FROM product AS p
    LEFT JOIN product_category AS pc
        ON p.product_category_id = pc.product_category_id
ORDER BY pc.product_category_name, p.product_name
```

product_id	product_name	product_category_id	product_category_name
10	Eggs	6	Eggs & Meat (Fresh or Fr...
11	Pork Chops	6	Eggs & Meat (Fresh or Fr...
13	Baby Salad Lettuce Mix	1	Fresh Fruits & Vegetables
12	Baby Salad Lettuce Mix - Bag	1	Fresh Fruits & Vegetables
17	Carrots	1	Fresh Fruits & Vegetables
18	Carrots - Organic	1	Fresh Fruits & Vegetables
1	Habanero Peppers - Organic	1	Fresh Fruits & Vegetables
2	Jalapeno Peppers - Organic	1	Fresh Fruits & Vegetables
21	Organic Cherry Tomatoes	1	Fresh Fruits & Vegetables
3	Poblano Peppers - Organic	1	Fresh Fruits & Vegetables
14	Red Potatoes	1	Fresh Fruits & Vegetables
15	Red Potatoes - Small	1	Fresh Fruits & Vegetables

圖 5.7

提醒各位，表格別名前面的 AS 關鍵字可以省略，但為了保持與先前的一致性，我仍然會加上。

編註: **ChatGPT 來幫忙**

在一個查詢中，每個表格可以視查詢的需要指定不只一個別名，但每個別名都必須在該查詢中是唯一的。我們來請 ChatGPT 給個例子：

接續

| SU | 在查詢中, 請將一個表格用兩個別名舉一個簡單好懂的例子 |

 假設有一個表格 employees 包含員工的資訊，包括員工編號 employee_id 和上司的編號 manager_id，但是上司的編號在表格中以員工編號的形式儲存。現在想要查詢每個員工的名字（employee_name）和上司的名字（manager_name），可以使用兩個別名來達到這個目的：

```sql
SELECT e.employee_id,
       e.employee_name,
       m.employee_name AS manager_name
FROM employees AS e
  LEFT JOIN employees AS m
  ON e.manager_id = m.employee_id
```

在這個查詢中，employees 表格使用了兩次不同的別名 e 和 m。LEFT JOIN 用來將 employees 表格與自身進行連結，以便查詢每個員工的上司名字。透過 ON e.manager_id = m.employee_id 條件，將上司編號與員工編號進行匹配，並選擇出員工名字和上司名字。由於有些員工沒有上司，所以需要使用 LEFT JOIN 來保留所有員工的資訊。

編註: 我們可以想像 employee 表格欄位資料像下面這樣，會更好理解上面 ChatGPT 程式的意思（Tony Lu、Fred Chen 的上司都是 Steve Ye，而 Steve Ye 沒有上司）：

employee_id	employee_name	manager_id
0001	Steve Ye	
1001	Tony Lu	0001
1002	Fred Chen	0001

自己連結自己，經此查詢會將上司名字取代上司編號：

employee_id	employee_name	manager_name
1001	Tony Lu	Steve Ye
1002	Fred Chen	Steve Ye

5.3 RIGHT JOIN 右外部連結

第二種 JOIN 類型是 RIGHT JOIN（右外部連結），如圖 5.8 所示。兩個表格用 RIGHT JOIN 連結時，會回傳『右表格』所有資料，以及『左表格』符合 ON 條件的資料。請注意！ RIGHT JOIN 的右表格是**主表格**，左表格是**從表格**，見圖 5.8：

RIGHT JOIN
將『右表格的所有資料（灰底）』與
『左表格符合 ON 條件的資料（灰底）』連結起來。

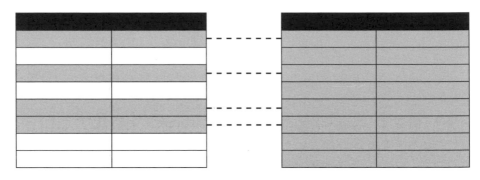

圖 5.8

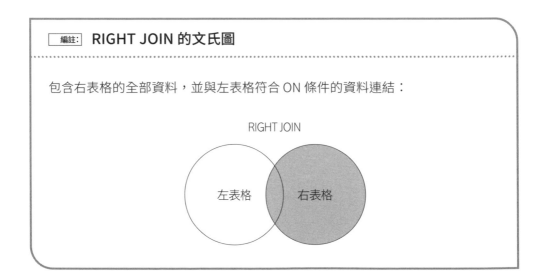

| 編註: | **RIGHT JOIN 的文氏圖** |

包含右表格的全部資料，並與左表格符合 ON 條件的資料連結：

RIGHT JOIN

左表格　右表格

如果我們用『product RIGHT JOIN product_category』來連結圖5.2表格中的資料，結果會如圖 5.9 所示。所有來自右表格（product_category）的資料都會放進輸出結果，但左表格只有在 ON 條件中與 product_category_id 對應到的資料才會納入輸出結果。

product. product_id	product. product_name	product. product_ category_id	product_ category. product_ category_id	product_category. product_category_name
2	Jalapeno Peppers – Organic	1	1	Fresh Fruits & Vegetables
4	Banana Peppers – Jar	3	3	Packaged Prepared Food
5	Whole Wheat Bread	3	3	Packaged Prepared Food
6	Cut Zinnias Bouquet	5	5	Plants & Flowers
7	Apple Pie	3	3	Packaged Prepared Food
13	Baby Salad Lettuce Mix	1	1	Fresh Fruits & Vegetables
NULL	NULL	NULL	6	Eggs & Meat

圖 5.9

在這個範例中，因為沒有產品可以對應到 product_category_id = 6，所以前三欄皆為 NULL。注意！在 product 表格中 product_id 為 99 的那一列並沒有出現，是因為這次是 RIGHT JOIN，而此列資料未能與 product_category 表格做對應（因其 product_category_id 值為 NULL）。

編註: ChatGPT 來幫忙

LEFT JOIN 與 RIGHT JOIN 的主要差異在於 LEFT JOIN 以左表格為主，RIGHT JOIN 是以右表格為主，如果將『table1 LEFT JOIN table2』改寫成『table2 RIGHT JOIN table1』，兩者都是以 table1 為主表格，table2 為從表格，那結果是否相同？我們請 ChatGPT 來幫忙說明：

> SU　　**table1 LEFT JOIN table2, 是否等同於 table2 RIGHT JOIN table1？**

接續

是的，table1 LEFT JOIN table2 和 table2 RIGHT JOIN table1 是等價的，
兩者都表示將 table1 和 table2 進行外部連接（outer join）。在進行外部
連結時，table1 是主表格，而 table2 是從表格。兩種 JOIN 的結果集都
包含主表格中的所有記錄以及與之相符的從表格中的記錄，不同的是在
JOIN 操作時對主表格和從表格的順序不同，因此 SELECT 的結果的欄位
名稱和順序也有所不同。

編註: 以上兩種寫法得到的結果雖然相同，但在 SELECT*（未指定欄
位順序）的情況下，前者的輸出會將 table1 的欄位放前面，而後者
則將 table2 的欄位放前面，這是因為在 SQL 中，欄位是按照 SELECT
敘述中的順序輸出，若想固定每次輸出的欄位順序，最好在 SELECT
中明確列舉欄位而不要用星號。

5.4 INNER JOIN 內部連結

再介紹一種 JOIN 類型：INNER JOIN（內部連結）。此種 JOIN 只會回傳兩個表格
共同符合 ON 條件的資料，由圖 5.10 即可看出：

INNER JOIN
將『左表格與右表格都符合
ON 條件的資料（灰底）』連結起來。

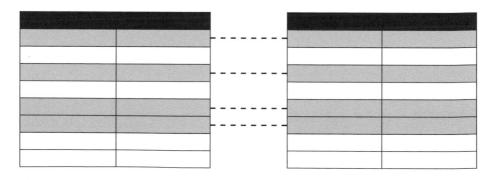

圖 5.10

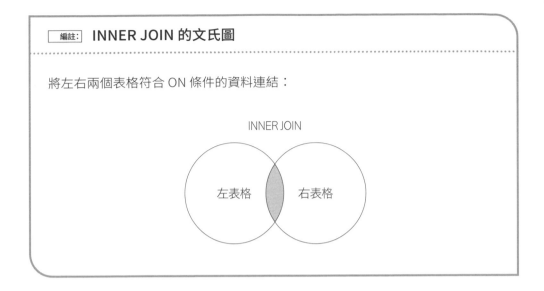

編註: INNER JOIN 的文氏圖

將左右兩個表格符合 ON 條件的資料連結:

INNER JOIN

左表格　　右表格

我們觀察圖 5.4 與圖 5.9 的例子,都各有一列資料的欄位值出現 NULL。但若是用 INNER JOIN,這兩筆包含 NULL 的資料就不會出現在輸出中,如圖 5.11:

product. product_id	product. product_name	product. product_ category_id	product_ category. product_ category_id	product_category. product_category_name
2	Jalapeno Peppers – Organic	1	1	Fresh Fruits & Vegetables
4	Banana Peppers – Jar	3	3	Packaged Prepared Food
5	Whole Wheat Bread	3	3	Packaged Prepared Food
6	Cut Zinnias Bouquet	5	5	Plants & Flowers
7	Apple Pie	3	3	Packaged Prepared Food
13	Baby Salad Lettuce Mix	1	1	Fresh Fruits & Vegetables

圖 5.11

在圖 5.11 INNER JOIN 的輸出中,每一列都有與另一個表格對應的 product_category_id 欄位,而沒有對應到的 product_category_id 欄位就不會出現在輸出中。

> **編註:** 當連結兩個表格時只寫 JOIN，表示是作 INNER JOIN。

5.5 比較 LEFT、RIGHT、INNER JOIN 的差異

我們用農夫市集資料庫中的 customer 表格以及 customer_purchase 表格做個練習。再提醒一下！這兩個表格是一對多的關係，一位顧客可以有多筆購買記錄，但一筆購買記錄只會對應到一位顧客。兩個表格之間是透過 customer_id 欄位相關聯，此欄位是 customer 表格的主鍵，也是 customer_purchases 表格的外來鍵。

首先，我們在以下查詢使用 LEFT JOIN，可發現在圖 5.12 的輸出中，有些來自 customer_purchases 表格的列資料會是 NULL。你覺得這代表什麼意義？

```sql
SELECT *
FROM customer AS c
    LEFT JOIN customer_purchases AS cp
        ON c.customer_id = cp.customer_id
```

customer_id	customer_first_name	customer_last_name	customer_zip	product_id	vendor_id	market_date	customer_id
7	Jessica	Armenta	22821	16	4	2020-09-09	7
7	Jessica	Armenta	22821	16	4	2020-09-09	7
7	Jessica	Armenta	22821	16	4	2020-09-12	7
8	Norma	Valenzuela	22821	NULL	NULL	NULL	NULL
9	Janet	Forbes	22801	NULL	NULL	NULL	NULL
10	Russell	Edwards	22801	1	7	2019-07-13	10
10	Russell	Edwards	22801	1	7	2019-07-13	10
10	Russell	Edwards	22801	1	7	2019-08-24	10
10	Russell	Edwards	22801	1	7	2019-08-31	10

圖 5.12

這表示在 customer 表格中的某些顧客沒有購買記錄，雖然他們在參加農夫市集留下資料，但並沒有適合他們購買的產品。因為我們使用了 LEFT JOIN，以左表格為主表格，以右表格為從表格，所以可以查出每位顧客的購買記錄，若沒有匹配的購買記錄，來自右表格的欄位就會呈現 NULL。

我們可利用 WHERE 子句篩選尚未有購買記錄的顧客，也就是 customer_purchases 表格中的 customer_id 欄位是 NULL，查詢結果如圖 5.13 會列出所有未購買過的顧客：

```
SELECT c.*
FROM customer AS c
LEFT JOIN customer_purchases AS cp
    ON c.customer_id = cp.customer_id
WHERE cp.customer_id IS NULL
```

customer_id	customer_first_name	customer_last_name	customer_zip
6	Betty	Bullard	22801
8	Norma	Valenzuela	22821
9	Janet	Forbes	22801
11	Richard	Paulson	22801
13	Jeremy	Gruber	22821
14	William	Lopes	22801
15	Darrell	Messina	22801

圖 5.13

如果我們想要列出所有的購買記錄以及其對應的顧客呢？在下面這個範例中，我們使用 RIGHT JOIN，將 customer_purchases 表格所有欄位資料提取出來，以及 customer 表格中對應到購買記錄的顧客：

```
SELECT *
FROM customer AS c
RIGHT JOIN customer_purchases AS cp
    ON c.customer_id = cp.customer_id
```

在圖 5.14 中的輸出為了放得進版面，並沒有呈現所有欄位，但仍可看出兩個表格中的 customer_id 是互相匹配的。因為我們使用 RIGHT JOIN：以右表格為主表格，左表格為從表格，未有購買記錄的顧客資料就不會出現在輸出中：

customer_id	customer_first_name	customer_last_name	customer_zip	product_id	vendor_id	market_date	customer_id	quantity
16	Ada	Nieves	22801	1	7	2019-07-03	16	2.02
22	George	Rai	22801	1	7	2019-07-03	22	0.66
4	Deanna	Washington	22801	1	7	2019-07-06	4	0.27
12	Jack	Wise	22821	1	7	2019-07-06	12	3.60
23	Alvin	Laurie	22801	1	7	2019-07-06	23	1.49
23	Alvin	Laurie	22801	1	7	2019-07-06	23	2.56
3	Bob	Wilson	22821	1	7	2019-07-10	3	2.48
4	Deanna	Washington	22801	1	7	2019-07-10	4	2.13
23	Alvin	Laurie	22801	1	7	2019-07-10	23	3.61
2	Manuel	Diaz	22821	1	7	2019-07-13	2	4.24

圖 5.14

如果查詢兩個表格都有的資料，就應該使用 INNER JOIN。若將上例的 RIGHT JOIN 改為 INNER JOIN，輸出的結果會相同（只是排列順序不同），這是因為在 RIGHT JOIN 例子中的右表格所有記錄的 customer_id 在左表格中都能對應到一個 customer_id，也就是每筆購買記錄都找得到對應的顧客。此查詢結果如圖 5.15：

```
SELECT *
FROM customer AS c
    INNER JOIN customer_purchases AS cp
        ON c.customer_id = cp.customer_id
```

customer_id	customer_first_name	customer_last_name	customer_zip	product_id	vendor_id	market_date	customer_id
1	Jane	Connor	22801	1	7	2019-07-20	1
1	Jane	Connor	22801	1	7	2019-07-20	1
1	Jane	Connor	22801	1	7	2020-07-11	1
1	Jane	Connor	22801	1	7	2020-07-22	1
1	Jane	Connor	22801	1	7	2020-08-26	1
1	Jane	Connor	22801	1	7	2020-09-05	1
1	Jane	Connor	22801	1	7	2020-09-05	1
1	Jane	Connor	22801	1	7	2020-09-09	1
1	Jane	Connor	22801	1	7	2020-09-09	1

圖 5.15

 編註： **ChatGPT 來幫忙**

上例中 RIGHT JOIN 與 INNER JOIN 的輸出相同只是剛好而已，相信看過 5.3 節的讀者應該都能理解。那什麼情況會相同？什麼情況不同呢？請 ChatGPT 整理一下：

> **SU** SQL RIGHT JOIN 與 INNER JOIN 會相同嗎？

> 在某些情況下，RIGHT JOIN 和 INNER JOIN 可能會產生相同的結果。如果右表格中的所有記錄都有與左表格中的記錄有相對應的值，那麼 RIGHT JOIN 和 INNER JOIN 產生的結果會是相同的。
>
> 然而，如果右表格中存在未能與左表格中任何記錄相對應的值，那麼 INNER JOIN 和 RIGHT JOIN 的結果就會有所不同，RIGHT JOIN 仍將返回這些未匹配的右表格記錄。

> **編註：** 簡單來說，若有某筆購買記錄卻沒登記到是誰購買的，此時兩個 JOIN 就不相同，同理 LEFT JOIN 也類似。若每位顧客都有購買記錄，每筆購買記錄也都有登記顧客，那麼三者的結果會相同。

5.6　篩選連結資料時常見的陷阱

回到使用 LEFT JOIN 連結 customer 與 customer_purchases 兩個表格的例子，輸出結果請回顧圖 5.12。先想想看，你覺得下面加上 WHERE 子句查詢的結果跟原本沒有加入 WHERE 子句的結果會有什麼不同？

```
SELECT *
FROM customer AS c
  LEFT JOIN customer_purchases AS cp
    ON c.customer_id = cp.customer_id
WHERE cp.customer_id > 0
```

因為所有 customer_id 的欄位值都是大於 0 的整數，所以一開始可能覺得：不管加不加這行 WHERE 子句對輸出都不會有影響。然而，要注意 WHERE 子句是以右表格 customer_purchases（別名 cp）的 customer_id 欄位進行篩選，這代表尚未有購買記錄的顧客會被 WHERE 子句篩掉，因為他們在 customer_purchases 表格中並沒有對應的資料，意思就是 WHERE 會將右表格欄位中原本應該出現 NULL 的記錄自動篩掉了，因此回傳結果會像 INNER JOIN，而不是 LEFT JOIN，輸出並不會是圖 5.12，而是像圖 5.14 的結果。

因此，如果你使用 LEFT JOIN（以左表格為主，右表格為從），希望看到右表格中未對應的資料也能回傳 NULL，那麼就不要對右表格做任何篩選，否則會過濾掉你原本想看到的結果。

假如現在要寫一個查詢，回傳所有除 2019 年 4 月 3 日以外日期購買的顧客清單。我們會使用 LEFT JOIN，是因為想要納入尚未有購買記錄的所有顧客（他們在 customer_purchases 表格中尚未有購買記錄），因此使用了下面的查詢，輸出見圖 5.16：

```
SELECT c.*, cp.market_date
FROM customer AS c
    LEFT JOIN customer_purchases AS cp
        ON c.customer_id = cp.customer_id
WHERE cp.market_date <> '2019-04-03'
```

customer_id	customer_first_name	customer_last_name	customer_zip	market_date
7	Jessica	Armenta	22821	2020-09-09
7	Jessica	Armenta	22821	2020-09-09
7	Jessica	Armenta	22821	2020-09-12
10	Russell	Edwards	22801	2019-07-13
10	Russell	Edwards	22801	2019-07-13
10	Russell	Edwards	22801	2019-08-24
10	Russell	Edwards	22801	2019-08-31
10	Russell	Edwards	22801	2020-07-08

圖 5.16

這個輸出有幾個問題：

第一個問題是，少了尚未有任何購買記錄的顧客，也就是圖 5.13 中那些顧客。這是因為我們是以 JOIN 右側 customer_purchases 表格中的 market_date 欄位進行篩選，而且因為 TRUE 與 NULL 無法進行比較（ 編註: 指當 cp.market_date 是 NULL 時），就會將 cp.market_date 是 NULL 的顧客篩掉。

這有個解決方法，可以讓我們以 JOIN 右表格欄位進行篩選，並同時回傳只存在於左表格的資料，就是在 WHERE 子句允許 cp.market_date 欄位中出現 NULL，輸出如圖 5.17：

```
SELECT c.*, cp.market_date
FROM customer AS c
LEFT JOIN customer_purchases AS cp
    ON c.customer_id = cp.customer_id
WHERE (cp.market_date <> '2019-04-03' OR cp.market_date IS NULL)
```

customer_id	customer_first_name	customer_last_name	customer_zip	market_date
7	Jessica	Armenta	22821	2020-09-09
7	Jessica	Armenta	22821	2020-09-09
7	Jessica	Armenta	22821	2020-09-12
8	Norma	Valenzuela	22821	NULL
9	Janet	Forbes	22801	NULL
10	Russell	Edwards	22801	2019-07-13
10	Russell	Edwards	22801	2019-07-13
10	Russell	Edwards	22801	2019-08-24
10	Russell	Edwards	22801	2019-08-31
10	Russell	Edwards	22801	2020-07-08

圖 5.17

第二個問題是，顧客每次購買都會在 customer_purchases 表格中留下一筆記錄，因此在上面的輸出中，同一位顧客的名字會重覆出現許多次，如果我們只需要取得顧客名單時，應該怎麼做？

解決方案是，先將 SELECT 後面的 cp.market_date 欄位去掉，接著加上 DISTINCT 關鍵字將重複的記錄移除，只留下唯一值。其查詢結果如圖 5.18：

```sql
SELECT DISTINCT c.*
FROM customer AS c
  LEFT JOIN customer_purchases AS cp
    ON c.customer_id = cp.customer_id
WHERE (cp.market_date <> '2019-04-03' OR cp.market_date IS NULL)
```

customer_id	customer_first_name	customer_last_name	customer_zip
1	Jane	Connor	22801
2	Manuel	Diaz	22821
3	Bob	Wilson	22821
4	Deanna	Washington	22801
5	Abigail	Harris	22801
6	Betty	Bullard	22801
7	Jessica	Armenta	22821
8	Norma	Valenzuela	22821
9	Janet	Forbes	22801
10	Russell	Edwards	22801
11	Richard	Paulson	22801
12	Jack	Wise	22821
13	Jeremy	Gruber	22821
14	William	Lopes	22801
15	Darrell	Messina	22801

圖 5.18

編註: **ChatGPT 來幫忙**

上例對於 SELECT 後面為何要去掉 cp.market_date 欄位並沒有講得很清楚，你如果自己試試看保留 cp.market_date，就會發現顧客名字仍然會重覆很多次，我們來看看 ChatGPT 的回答：

接續

"SELECT DISTINCT c.*, cp.market_date", 已知 cp.market_date 的資料很多是重覆的, 那輸出會如何判斷？

當使用 SELECT DISTINCT 的時候，系統會在結果中去除重複的記錄，但是這個關鍵字只能去除所有欄位值都相同的重複記錄，對於某些欄位值不同但其他欄位值相同的記錄則無法去除。在這個情況下，由於 SELECT DISTINCT 應用於整個查詢結果，所以如果 cp.market_date 欄位有重複的值，系統仍會返回這些重複的記錄。

例如，如果 c 表格中有以下記錄：

customer_id	name	age
1	Alice	25
2	Bob	30

而 cp 表格中有以下記錄：

id	customer_id	market_date
1	1	2022-01-01
2	1	2022-01-02
3	1	2022-01-03
4	2	2022-01-01
5	3	2022-01-01

當使用以下查詢：

```
SELECT DISTINCT c.*, cp.market_date
FROM c JOIN cp ON c.customer_id = cp.customer_id
```

系統會返回以下結果：

接續

customer_id	name	age	market_date
1	Alice	25	2022-01-01
1	Alice	25	2022-01-02
1	Alice	25	2022-01-03
2	Bob	2	2022-01-01

當使用以下查詢：

```
SELECT DISTINCT c.*, cp.market_date
FROM c JOIN cp ON c.customer_id = cp.customer_id
```

可看出因為 Alice 在 cp.market_date 欄位有 3 筆不同日期的記錄，因此回傳的 4 個欄位中，只要有一欄的資料不同，整個就會被視為不重複。

5.7　JOIN 兩個以上的表格

假如我們需要所有農夫市集攤位的詳細資料，以及每個市集營業日期的所有供應商分配結果，並利用這些資料建立一份報表，其中包含篩選過後的所有供應商的攤位或市集日期資料。這麼一來，此份報表就會包含攤位以及供應商的資料細節。而這份連結過後的資料集就涵蓋了所有需要的欄位。

要這麼做，就必須將圖 5.19 中的三個表格連結，也就是需要 JOIN vendor、booth、 vendor_booth_assignments：

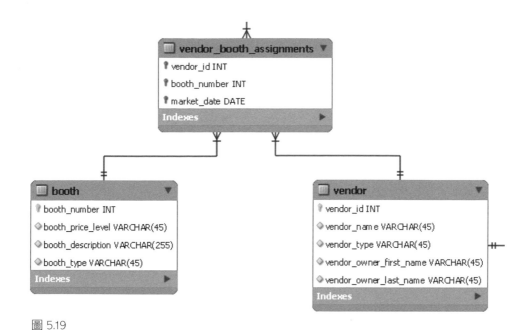

圖 5.19

假如我們要確保所有的攤位（也就是已有所屬供應商的攤位）以及尚未進行分配的攤位，皆包含在輸出的結果中，要怎麼做？

當我們要同時查詢存放在 booth 與 vendor 表格的資料時，就必須做兩個 JOIN，在此我們用 LEFT JOIN 來結合這三個表格：

1. 首先，將 booth 當做主表格（左表格），vendor_booth_assignments 當做從表格（右表格），透過 booth_number 欄位連結並進行 LEFT JOIN 運算。

2. 接著將第一個 LEFT JOIN 的結果做為主表格，vendor 當做從表格，透過兩者共有的 vendor_id 欄位連結並進行 LEFT JOIN 運算。

編註:	當一個查詢中用到多個 JOIN 時，要注意先後順序會影響輸出結果。

如此就能將三個表格連結起來，接下來就可將需要的欄位輸出，並依照 booth_number 與 market_date 這兩個欄位做排序。輸出結果如圖 5.20：

```
SELECT
    b.booth_number,
    b.booth_type,
    vba.market_date,
    v.vendor_id,
    v.vendor_name,
    v.vendor_type
FROM booth AS b
    LEFT JOIN vendor_booth_assignments AS vba
        ON b.booth_number = vba.booth_number
    LEFT JOIN vendor AS v
        ON v.vendor_id = vba.vendor_id
ORDER BY b.booth_number, vba.market_date
```

booth_number	booth_type	market_date	vendor_id	vendor_name	vendor_type
2	Standard	2020-10-03	1	Chris's Sustainable Eggs ...	Eggs & Meats
2	Standard	2020-10-07	1	Chris's Sustainable Eggs ...	Eggs & Meats
2	Standard	2020-10-10	1	Chris's Sustainable Eggs ...	Eggs & Meats
3	Small	NULL	NULL	NULL	NULL
4	Small	NULL	NULL	NULL	NULL
5	Small	NULL	NULL	NULL	NULL
6	Small	2019-04-03	8	Annie's Pies	Prepared Foods
6	Small	2019-04-06	8	Annie's Pies	Prepared Foods
6	Small	2019-04-10	8	Annie's Pies	Prepared Foods
6	Small	2019-04-13	8	Annie's Pies	Prepared Foods

圖 5.20

由於第二個 LEFT JOIN 是用第一個 JOIN 的結果做為主表格，因此我們可以用圖 5.21 來表現這三個表格經過兩次 LEFT JOIN 的連結情況：

三個表格由左而右依序做 LEFT JOIN

將『左表格的所有列資料（灰底）』與『中間表格符合 ON 條件的 列資料（灰底）』連結起來，再將『第一個 LEFT JOIN 的列資料做 為左表格』與『右表格符合 ON 條件的資料（灰底）』連結起來。

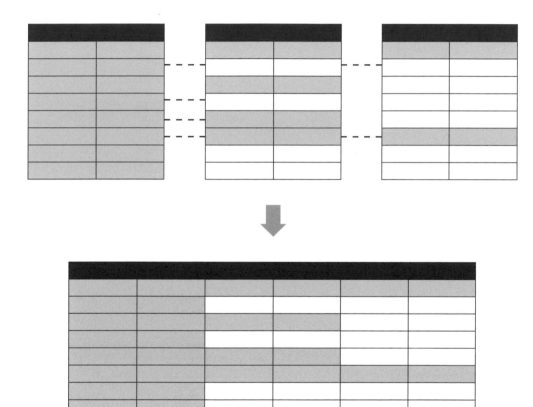

圖 5.21

上例三個表格做 LEFT JOIN 的順序是由左到右，假如我們要做的是後面兩個表格分 別跟第一個表格做 LEFT JOIN 的結果會如何？請看圖 5.22：

兩個表格分別與同一個表格做 LEFT JOIN

左表格的所有列資料，以及所有
匹配左表格中欄位值的兩個右表格資料。

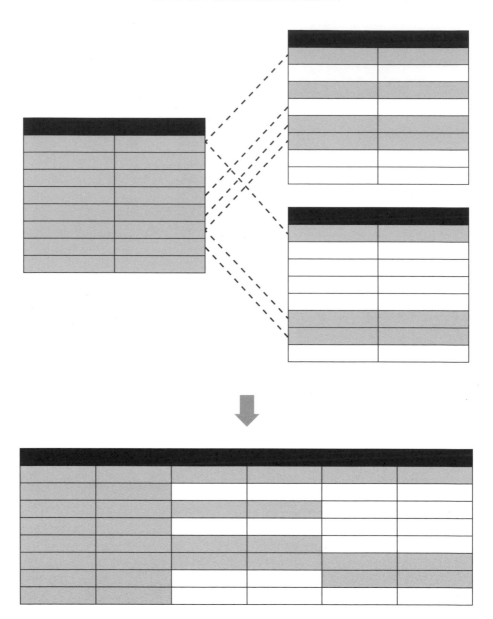

圖 5.22

| 編註: | **ChatGPT 來幫忙** |

兩個表格分別與同一個表格做 LEFT JOIN 也是很常見的做法，但用前面範例的三個表格無法實作（因為表格關聯性不適合），不過我們可以請 ChatGPT 來舉個適合說明的例子：

 有三個表格 table1, table2, table3, 先做第一個 LEFT JOIN 是 table1 與 table2 , 再做第二個 LEFT JOIN 是 table1 與 table3, 請舉例

 假設三個表格的結構如下：

table 1

id	name
1	Alice
2	Bob
3	Carol

table 2

id	table1_id	score
1	1	80
2	2	90
3	3	85

table 3

id	table1_id	address
1	1	Taipei
2	2	Taichung
3	4	Tainan

先做左連結 table 1 與 table 2，再做左連結 table 1 與 table 3：

```
SELECT t1.name, t2.score, t3.address
FROM table1 t1
  LEFT JOIN table2 t2 ON t1.id = t2.table1_id
  LEFT JOIN table3 t3 ON t1.id = t3.table1_id
ORDER BY t1.id
```

結果：

name	score	address
Alice	80	Taipei
Bob	90	Taichung
Carol	85	NULL

table 1 中的 Alice、Bob 都能在 table 2 與 table 3 中找到對應的資料，而 table 1 中的 Carol 在 table 2 中有對應的 score 資料，但在 table 3 中並沒有對應的 address 資料，故此欄回傳 NULL。

這種連結多個表格的方法在機器學習應用中常見，也就是你有一個主要的表格，其中已包含所有需要的列資料，再利用 LEFT JOIN 連結其他表格，將額外需要的資料加進來（例如在其他表格中包括計數或總和的資料）。在第 6 章會有更詳細的介紹。

練習

1. 請撰寫一段查詢，將 vendor 以及 vendor_booth_assignments 表格透過 vendor_id 欄位做 INNER JOIN，將兩個表格的所有欄位都輸出，並以 vendor_name 欄位與 market_date 欄位依升冪排序。

2. 能否寫出一段查詢，其輸出與以下查詢結果相同，但要改用 LEFT JOIN：

```
SELECT *
FROM customer AS c
    RIGHT JOIN customer_purchases AS cp
        ON c.customer_id = cp.customer_id
```

3. 本章開頭曾經提過一個問題『當地各種新鮮蔬果在什麼季節出產？』當時的解決方式是透過 product_category、product 以及 vendor_inventory 表格中的資料來回答。請說明可以用哪種類型的 JOIN 來將這三種表格連結，以得到問題的答案？只要解釋合理就行，這沒有標準答案。

06

—

摘要總結
與聚合函數

在 SQL 查詢中進行資料分組並加入聚合函數時,即可展現其強大的分析能力。運用 GROUP BY 語法可以指定摘要總結(summarization)的級別,並使用聚合函數對每個分組中的記錄進行彙總計算(例如計數、最大值、最小值、加總等等)。

資料分析師可以透過 SQL 動態產生摘要總結的報表,也就是當資料庫內有記錄更新後,便會自動更新。透過像 Tableau 或 Power BI 這類商業智慧軟體打造的儀表板(dashboards)或報表,通常都需要倚賴 SQL 聚合資料,並納入報表需要的欄位,這在第 10 章會有更詳細的介紹。

資料科學家可以用 SQL 根據訓練模型所需的資料『粒度(granuality)』(也就是詳細程度)來聚合資料,相關內容會在第 12 章做更進一步的介紹。

編註: 粒度一詞可能許多人沒看過,這是用來表示資料的詳細程度,小編舉銷售資料的 3 種例子:(1) 每個月所有產品的總銷售額、(2) 每個月每個產品的銷售額,(3) 每個月每個產品在每天的銷售額,以這三種資料來說,(1) 的詳細程度最低,也就是粒度最粗,而 (3) 的詳細程度最高,也就是粒度最細。我們可以將粒度細的資料聚合為粒度粗的資料,但難以從粒度粗的資料分解為粒度細的資料。

6.1 將資料分組的 GROUP BY 子句

要對資料做聚合運算,需要先對資料的欄位分組,我們先來看看 SQL 如何將資料分組。下面這段 SQL 語法,其中包括 GROUP BY 與 HAVING 兩個子句,是用來將資料做分組,並對分組後的資料做篩選,之後才能依分組的資料進行聚合運算:

```
SELECT  [ 回傳的欄位 ]
FROM  [ 資料庫.表格 ]
WHERE  [ 篩選條件 ]
GROUP BY  [ 進行分組的欄位名稱 ]
HAVING  [ 分組後的篩選條件 ]
ORDER BY  [ 排序的欄位名稱 ]
```

在 GROUP BY 子句後面要加上欲分組欄位名稱,若超過兩個欄位則兩兩間以逗號分隔,表示你要用何種方式對查詢結果做聚合。至於 HAVING 子句是對分組後的資料設定篩選條件 (編註: WHERE 子句是分組前設定篩選條件),我們留待 6.7 節再介紹。

在學習資料分組之前,要從農夫市集資料庫的 customer_purchases 表格中查詢 market_date 與 customer_id 欄位,寫出來的查詢應該會像下面這樣:

```
SELECT
    market_date,
    customer_id
FROM farmers_market.customer_purchases
ORDER BY market_date, customer_id
```

然而，這種查詢方式會輸出每位顧客每日購買的所有記錄，例如從圖 6.1 可看出編號 16 的顧客在 4 月 3 日有 2 筆購買記錄，編號 23 的顧客在 4 月 3 日有 3 筆購買記錄：

market_date	customer_id
2019-04-03	12
2019-04-03	16
2019-04-03	16
2019-04-03	20
2019-04-03	23
2019-04-03	23
2019-04-03	23

圖 6.1

重複出現的記錄太多對我們反而是困擾，如果想知道某個市集日期哪些顧客有消費，那麼不管某顧客在同一個市集日期消費幾次，都只列出一次即可，那我們就可以利用 GROUP BY 子句，將 market_date 與 customer_id 欄位做分組，如此在各個市集日期有消費的顧客編號就只會出現一次，其輸出如圖 6.2 所示：

```
SELECT
    market_date,
    customer_id
FROM farmers_market.customer_purchases
GROUP BY market_date, customer_id
ORDER BY market_date, customer_id
```

	market_date	customer_id
	2019-04-03	12
	2019-04-03	16
	2019-04-03	20
	2019-04-03	23
	2019-04-06	1
	2019-04-06	2
	2019-04-06	4
	2019-04-06	5

圖 6.2

上圖與圖 6.1 比較，編號 16 與 23 的顧客在 4 月 3 日的購買記錄只出現一次，這是因為 GROUP BY 子句將 market_date、customer_id 這兩個欄位相同的記錄放入同一個分組，例如編號 16 的顧客原本在 4 月 3 日的 2 筆記錄就被分為同一組。

如果只是為了不顯示重複的列資料，用前面學過的 SELECT DISTINCT 將重複資料移除也可以得到相同的結果，但使用 GROUP BY 並非單純的移除重複資料，而是將列資料作了分組，並保留了分組資訊。

編註: **ChatGPT 來幫忙**

當 SQL 敘述變得越來越複雜之後，也可以借用 ChatGPT 來幫助我們理解查詢中每個子句的執行順序，甚至還可以生成 mermaid 語言以產生流程圖（以下這個例子是在沒有付費使用 ChatGPT 插件（plugin）情況下的作法，如果有使用 Show Me Diagrams 插件，會直接在 ChatGPT 中畫出圖表）：

SU 請以資料庫專家的角色解釋下面 SQL 語句的執行順序, 然後再用這個 SQL 語句生成 mermaid.live 的流程圖：

```
SELECT
  market_date,
  customer_id
FROM farmers_market.customer_purchases
GROUP BY market_date, customer_id
ORDER BY market_date, customer_id
```

接續

這個 SQL 語句的核心目的是查詢 farmers_market.customer_purchases 表格中的 market_date 和 customer_id 這兩個欄位（字段），並且對這兩個欄位進行分組和排序。語句的執行順序如下：

1. FROM farmers_market.customer_purchases： 首先，SQL 從 farmers_market 的 customer_purchases 表格中取得所有的數據。

2. GROUP BY market_date, customer_id：接著，SQL 根據 market_date 和 customer_id 欄位的值將取得的數據進行分組。每組數據都具有相同的 market_date 和 customer_id 值。

3. SELECT market_date, customer_id：然後，SQL 選擇每組數據中的 market_date 和 customer_id 值。注意，由於我們在 GROUP BY 子句中使用了這兩個欄位，所以可直接 SELECT 它們。

4. ORDER BY market_date, customer_id：最後，SQL 根據 market_date 和 customer_id 的值將結果進行排序。

這個 SQL 查詢語句的執行流程可以用 mermaid.live 的流程圖來表示如下（需注意！ ChatGPT 每次的答案都不見得相同）：

```
graph TD     ◄── TD (Top Down), LR (Left to Right), 可自行修改
A[FROM - 讀取數據表 farmers_market.customer_purchases] -->
B[GROUP BY - 按 market_date, customer_id 分組 ]
    B --> C[SELECT - 選取欄位 market_date, customer_id]
    C --> D[ORDER BY - 按 market_date, customer_id 排序 ]
    D --> E[ 返回查詢結果 ]
```

然後我們複製上面這一段 mermaid 語言，開啟 mermaid.live 網站，複製到左邊『</> Code』窗格，右邊窗格即會出現執行的流程圖：

接續

貼至此處

可清楚看出
每個子句的
執行順序

編註: 請注意：SQL 的運作過程包含許多內部機制與優化，細節無法完全以流程圖形式呈現，這裡只是方便讀者瞭解 SQL 各子句的執行順序。

6.2 查詢分組與聚合資料

利用 GROUP BY 可將資料分組，還可以加入 SUM（加總）、COUNT（計數）等等聚合函數，回傳 customer_purchases 表格中各分組的聚合資料。以下我們介紹幾個常用的聚合函數用法。

用 COUNT 聚合函數計數

下面的查詢使用 COUNT 函數計算每個市集日期中,每位顧客有幾筆購買記錄(也就是用來計算每組有幾列資料)。輸出結果如圖 6.3 所示:

```
SELECT
    market_date,
    customer_id,
    COUNT(*) AS items_purchased
FROM farmers_market.customer_purchases
GROUP BY market_date, customer_id
ORDER BY market_date, customer_id
LIMIT 10
```

market_date	customer_id	items_purchased
2019-04-03	3	1
2019-04-03	4	1
2019-04-03	5	2
2019-04-03	7	1
2019-04-03	10	2
2019-04-03	12	2
2019-04-03	16	2
2019-04-03	20	1
2019-04-03	23	3
2019-04-06	1	1

圖 6.3

由於我們用 GROUP BY 將 market_date 與 customer_id 兩個欄位做分組,由輸出可看出編號 16 的顧客在 4 月 3 日購買了 2 次,因此程式中用 COUNT(*) 產生的 item_purchased 欄位就會被計數為 2,同理編號 23 顧客購買了 3 次,就計數為 3。

不過,這樣的計數有個問題,也就是 COUNT 函數算出來的值其實是交易的筆數(也就是有幾列資料),並不是購買的產品數。例如,一位顧客從一個攤位購買三顆番茄,離開攤位後又回來再買另外三顆番茄,這種情況在上面查詢中的 items_ purchased 欄位值會是 2（因為同一位顧客在同一天有兩筆交易），但如果我們想知道的不是他在該日有幾筆交易，而是他購買的產品數量，就不適合用計數功能的 COUNT，而需要用加總功能的 SUM 函數了。

用 SUM 聚合函數加總

在 customer_purchases 表格中有一個 quantity 欄位是記錄每次購買的數量。這時我們就可以用 SUM 函數將每個分組的 quantity 欄位值加總，並填入 items_purchased 欄位中。其查詢與輸出如圖 6.4 所示：

```
SELECT
    market_date,
    customer_id,
    SUM(quantity) AS items_purchased
FROM farmers_market.customer_purchases
GROUP BY market_date, customer_id
ORDER BY market_date, customer_id
LIMIT 10
```

market_date	customer_id	items_purchased
2019-04-03	3	1.00
2019-04-03	4	1.00
2019-04-03	5	4.00
2019-04-03	7	5.00
2019-04-03	10	4.00
2019-04-03	12	5.00
2019-04-03	16	3.00
2019-04-03	20	2.00
2019-04-03	23	6.00
2019-04-06	1	1.00

圖 6.4

很清楚可發現上面的查詢會將資料依 market_date、customer_id 欄位分組，並將各分組每列的 quantity 欄位值用 SUM 函數做加總運算。

但捲動輸出之後，我們發現到一個問題，即 quantity 欄位的值不一定是整數。那是因為 quantity 欄位只是一個數值欄位，不同交易的 quantity 記錄可以是產品的個數，也可以是重量（也可能會有磅、盎司或公斤等的差異）。如果一時不察，就可能將不同計量單位的數值加總，而造成後續製作銷售報表的嚴重錯誤。

在不清楚 quantity 單位的情況下，我們想到的方法是計算每位顧客購買了幾種『不同的產品』。不管顧客買了幾顆番茄都只算一種產品，只有在購買不同產品時（比如說後面又買了萵苣），才會更新此記錄。

> **NOTE** 　請注意！這種因應現況做調整在設計報表時經常發生，要求可能是來自資料分析師或是客戶，因此了解底層資料表格的粒度（granuality）和結構很重要，以確保結果符合預期。因此我會建議先撰寫不帶聚合的查詢，仔細查看要用來做報表的原始資料有什麼疑問可以預先解決，然後再將結果進行分組與聚合。

用 COUNT DISTINCT 僅計數不同的記錄

既然只對購買的不同產品計數，我們可用 DISTINCT 關鍵字來篩選分組中重複的 product_id，並以 COUNT 函數計算分組中有多少個不同的 product_id，意思就是查出顧客在每次市集日期購買了多少種不同的產品，請見下面的查詢以及圖 6.5 的輸出：

```
SELECT
    market_date,
    customer_id,
    COUNT(DISTINCT product_id) AS different_products_purchased
FROM farmers_market.customer_purchases c
GROUP BY market_date, customer_id
ORDER BY market_date, customer_id
LIMIT 10
```

	market_date	customer_id	different_products_purchas
▶	2019-04-03	3	1
	2019-04-03	4	1
	2019-04-03	5	2
	2019-04-03	7	1
	2019-04-03	10	2
	2019-04-03	12	2
	2019-04-03	16	2
	2019-04-03	20	1
	2019-04-03	23	2

圖 6.5

當然如果有需要，也可以將幾種聚合函數寫在同一個查詢中，例如既要加總購買數量，又要計數不同產品數，那就將 SUM 與 COUNT 都寫進查詢，輸出如圖 6.6 所示：

```
SELECT
    market_date,
    customer_id,
    SUM(quantity) AS items_purchased,
    COUNT(DISTINCT product_id) AS different_products_purchased
FROM farmers_market.customer_purchases
GROUP BY market_date, customer_id
ORDER BY market_date, customer_id
LIMIT 10
```

	market_date	customer_id	items_purchased	different_products_purchas
▶	2019-04-03	3	1.00	1
	2019-04-03	4	1.00	1
	2019-04-03	5	4.00	2
	2019-04-03	7	5.00	1
	2019-04-03	10	4.00	2
	2019-04-03	12	5.00	2
	2019-04-03	16	3.00	2
	2019-04-03	20	2.00	1
	2019-04-03	23	6.00	2

圖 6.6

如果我們仍然需要加總 quantity 欄位，就必須將不同計量單位區分開來計算，只要資料庫中有產品計量單位的資料就可以做到（ 編註: quantity 欄位的計量單位是放在 product 表格）。我們留待本章 6.8 節利用 CASE 解決此種問題。

6.3 在聚合函數中放入算式

記得在第 3 章利用 WHERE 子句，指定篩選出某位顧客（customer_id = 3）在農夫市集的購買記錄，並增加一個 price 欄位存放數量與單價相乘的結果，如圖 6.7 所示：

```
SELECT
    market_date,
    customer_id,
    vendor_id,
    quantity * cost_to_customer_per_qty AS price
FROM farmers_market.customer_purchases
WHERE
    customer_id = 3
ORDER BY market_date, vendor_id
```

market_date	customer_id	vendor_id	price
2019-04-03	3	7	4.0000
2019-04-13	3	7	16.0000
2019-04-13	3	7	4.0000
2019-04-13	3	8	18.0000
2019-04-13	3	8	18.0000
2019-04-24	3	7	20.0000

圖 6.7

現在我們想要知道這位顧客（customer_id = 3）在每一個 market_date 的總消費額各為多少，那應該怎麼做呢？

利用 GROUP BY 與聚合函數做分組運算

既然是要看顧客編號 3 在每個 market_date 的消費額，那就應該以 market_date 分組，再將顧客編號 3 在各分組的每筆消費額做加總，有以下幾個重點：

1. 用 GROUP BY 將每個市集日期（market_date）做分組。

2. 用 SUM 函數將各分組的每一筆銷售額（quantity * cost_to_customer）加總起來，可得到每個市集日期的總消費額。

3. 用 ORDER BY 依市集日期排序。

於是可以寫成下面這樣：

```
SELECT
    customer_id,
    market_date,
    SUM(quantity * cost_to_customer_per_qty) AS total_spent
FROM farmers_market.customer_purchases
WHERE
    customer_id = 3
GROUP BY market_date
ORDER BY market_date
```

這個例子的重點在 SUM 函數中的算式。此查詢會用 WHERE 先篩出 customer_id = 3 的列資料，並以 market_date 進行分組，再將所有列資料的 quantity 與 cost_to_customer_per_qty 欄位值相乘，在最外面用 SUM 函數依分組加總。

此外，我們只需要該顧客在每一個市集日期的總消費額，不論是跟哪一個供應商購買，因此不需要 vendor_id 欄位，也不用放在 ORDER BY 子句中排序。其結果如圖 6.8 所示，可看出顧客編號 3 在每一個 market_date 的購買金額都被加總了，並記錄在 total_spent 欄位：

	customer_id	market_date	total_spent
▸	3	2019-04-03	4.0000
	3	2019-04-13	56.0000
	3	2019-04-24	20.0000
	3	2019-04-27	72.0000
	3	2019-05-01	52.0000
	3	2019-05-08	12.0000
	3	2019-05-11	108.0000
	3	2019-05-15	24.5000
	3	2019-05-22	96.5000

圖 6.8

接下來,如果我們想要查出某顧客(customer_id = 3)不分市集日期在個別供應商的總消費額呢?主要包括以下幾點:

1. 因為不分市集日期,那 market_date 欄位就不用出現。

2. 用 GROUP BY 將 customer_id、vendor_id 這兩個欄位分組。

3. 用 SUM 函數將各分組的每一筆銷售額(quantity * cost_to_customer)加總起來,即可得知顧客在個別供應商的總消費額。

4. 在 ORDER BY 用 customer_id 與 vendor_id 排序,結果如圖 6.9 所示:

```
SELECT
    customer_id,
    vendor_id,
    SUM(quantity * cost_to_customer_per_qty) AS total_spent
FROM farmers_market.customer_purchases
WHERE
    customer_id = 3
GROUP BY customer_id, vendor_id
ORDER BY customer_id, vendor_id
```

customer_id	vendor_id	total_spent
3	4	78.9000
3	7	1031.2575
3	8	2722.0000

圖 6.9

在前面的範例中，我們用 WHERE 篩選出只有 customer_id = 3 的總消費額，那如果我們想查詢每一位顧客在不限供應商、不限市集日期的總消費額時，那該怎麼做？主要包括以下幾點：

1. 既然是要查詢每位顧客，那就不需要在 WHERE 子句篩選 customer_id，可以將整個 WHERE 子句刪除。

2. 因為要看的是每位顧客的總消費額（不限供應商、不限市集日期），那就只要用 customer_id 分組即可。

3. 用 SUM 函數將各分組（此時是 customer_id）的每一筆銷售額（quantity * cost_to_customer）加總起來，即可得知顧客在所有市集日期與所有供應商的總消費額。

4. 在 ORDER BY 用 customer_id 排序。

查詢與結果如下所示：

```
SELECT
    customer_id,
    SUM(quantity * cost_to_customer_per_qty) AS total_spent
FROM farmers_market.customer_purchases
  GROUP BY customer_id
  ORDER BY customer_id
```

customer_id	total_spent
1	3530.9187
2	4179.4529
3	3832.1575
4	3561.6286
5	3932.8271
7	2921.1743
10	2495.4089
12	3290.0783
16	2015.0014
17	1882.6125

圖 6.10

連結兩個或多個表格的分組與聚合

到前面為止，我們都只對單一表格的欄位做聚合運算，但其實相同的做法亦可用在 JOIN 連結的兩個或多個表格上。但要注意！在做 GROUP BY 分組之前，比較好的作法是先不要用上聚合函數，而是先將表格連結，檢查欄位資料確保資料的粒度符合預期，並去除重覆的欄位。

以下的例子我們打算將農夫市集資料庫中的 customer、customer_purchases 與 vendor 這三個表格用 LEFT JOIN 串連起來，並將三個表格中的 5 個欄位進行分組，分別是：

- customer 表格的 customer_first_name 與 customer_last_name 欄位

- customer_purchases 表格的 customer_id 與 vendor_id 欄位

- vendor 表格的 vendor_name 欄位

正如前面所說，我們不要急著用 GROUP BY 分組，而是先將這三個表格連結起來，選取需要的欄位以檢查輸出的資料有沒有問題，因為當你用了 GROUP BY 與聚合函數之後，看到的就不是粒度最細的資料了。

第一步：把表格連結起來，檢查想要看的欄位資料

1. 因為我們要以 customer 表格中所有欄位的列資料為基準，所以第一個 LEFT JOIN 以 customer 表格為主表格，customer_purchases 為從表格，兩者以 customer_id 欄位連結。

2. 第二個 LEFT JOIN 以第一個 LEFT JOIN 的結果為主表格，vendor 為從表格，兩者以 vendor_id 欄位連結。

3. 我們想觀察 customer_id = 3 的輸出，因此加上 WHERE 篩選條件。

4. 在 SELECT 中除了要察看的 5 個欄位之外，還想知道每一筆消費的金額，用 customer_purchases 表格的 quantity 欄位乘上 cost_to_customer_per_qty 欄位，然後放在 price 欄位。

5. 最後用 ORDER BY 依序對 customer_id 與 vendor_id 排序。

查詢與結果如下所示：

```
SELECT
    c.customer_first_name,
    c.customer_last_name,
    cp.customer_id,
    v.vendor_name,
    cp.vendor_id,
    cp.quantity * cp.cost_to_customer_per_qty AS price
FROM farmers_market.customer AS c
    LEFT JOIN farmers_market.customer_purchases AS cp
        ON c.customer_id = cp.customer_id
    LEFT JOIN farmers_market.vendor AS v
        ON cp.vendor_id = v.vendor_id
WHERE
    cp.customer_id = 3
ORDER BY cp.customer_id, cp.vendor_id
```

customer_first_name	customer_last_name	customer_id	vendor_name	vendor_id	price
Bob	Wilson	3	Fields of Corn	4	2.0000
Bob	Wilson	3	Fields of Corn	4	3.6000
Bob	Wilson	3	Fields of Corn	4	7.2000
Bob	Wilson	3	Fields of Corn	4	4.5000

圖 6.11

檢查之後沒有問題,就可以進行分組與聚合工作了。

第二步:對欄位進行分組以及聚合

要以每位顧客與供應商的列資料做聚合,我們需要將多個欄位進行分組,其中包括 customer 表格與 vendor 表格的所有欄位。基本上,我們會將所有需要輸出且未經過聚合的欄位進行分組。

因為要用 GROUP BY 做分組,我們要將各分組的 quantity * cost_to_customer_per_qty 的金額用 SUM 函數加總運算,並在 SUM 函數的外面再套上 ROUND 函數做四捨五入計算且保留兩位小數,再將此結果放在 total_spent 欄位。此查詢寫法如下,輸出結果見圖 6.12:

```
SELECT
    c.customer_first_name,
    c.customer_last_name,
    cp.customer_id,
    v.vendor_name,
    cp.vendor_id,
    ROUND(SUM(quantity * cost_to_customer_per_qty), 2) AS total_spent
FROM farmers_market.customer c
    LEFT JOIN farmers_market.customer_purchases cp
        ON c.customer_id = cp.customer_id
    LEFT JOIN farmers_market.vendor v
        ON cp.vendor_id = v.vendor_id
WHERE
```

```
    cp.customer_id = 3
GROUP BY
    c.customer_first_name,
    c.customer_last_name,
    cp.customer_id,                    ◄── 用 5 個欄位分組
    v.vendor_name,
    cp.vendor_id
ORDER BY cp.customer_id, cp.vendor_id
```

customer_first_name	customer_last_name	customer_id	vendor_name	vendor_id	total_spent
Bob	Wilson	3	Fields of Corn	4	78.90
Bob	Wilson	3	Marco's Peppers	7	1031.26
Bob	Wilson	3	Annie's Pies	8	2722.00

圖 6.12

我們可以保留上例所有的分組與選取的欄位，但想將 WHERE 篩選的條件修改一下，例如原本是篩選顧客編號 3 曾在哪些攤位購買，改為想知道某位供應商（vendor_id＝7）曾經做過哪幾位顧客的生意也很容易做到。查詢語法如下，其輸出如圖 6.13 所示：

```
SELECT
    c.customer_first_name,
    c.customer_last_name,
    cp.customer_id,
    v.vendor_name,
    cp.vendor_id,
    ROUND(SUM(quantity * cost_to_customer_per_qty), 2) AS total_spent
FROM farmers_market.customer AS c
    LEFT JOIN farmers_market.customer_purchases AS cp
        ON c.customer_id = cp.customer_id
    LEFT JOIN farmers_market.vendor AS v
        ON cp.vendor_id = v.vendor_id
WHERE
    cp.vendor_id = 7
```

```
GROUP BY
    c.customer_first_name,
    c.customer_last_name,
    cp.customer_id,
    v.vendor_name,
    cp.vendor_id
ORDER BY cp.customer_id, cp.vendor_id
```

customer_first_name	customer_last_name	customer_id	vendor_name	vendor_id	total_spent
Jane	Connor	1	Marco's Peppers	7	1131.22
Manuel	Diaz	2	Marco's Peppers	7	1457.05
Bob	Wilson	3	Marco's Peppers	7	1031.26
Deanna	Washington	4	Marco's Peppers	7	1412.43
Abigail	Harris	5	Marco's Peppers	7	1159.63
Jessica	Armenta	7	Marco's Peppers	7	1211.17

圖 6.13

或者，我們也可以將 WHERE 子句移除，不特別指定某一位顧客或供應商，就可以取得所有『顧客 - 供應商』的列資料。當我們需要透過像是 Tableau、Power BI 等商業智慧工具篩選時會很有用。這種查詢語法可以提供任一顧客在任一供應商購買的記錄，以及購買的總金額。除此之外，亦可讓使用者運用報表工具選取任一顧客或供應商，動態限縮呈現出來的資訊。

6.4 挑出最大與最小值的 MAX 和 MIN 函數

如果我們想要知道每一個產品類別中價格最高與最低的產品，並考慮到各供應商可以自行設定價格，或是在與顧客議價過程中調整實際售價（這也是為什麼 customer_purchases 表格有個 cost_to_customer_per_qty 欄位），如此一來，在每筆交易中就可以改用成交價填入）。每件產品的原價是放在 vendor_inventory 表格的 original_price 欄位。

首先，我們可以透過 SELECT * 查看 vendor_inventory 表格中所有的欄位，並以 original_price 欄位排序。查詢的輸出如圖 6.14 所示：

```
SELECT *
FROM farmers_market.vendor_inventory
ORDER BY original_price
LIMIT 10
```

有 5 個欄位

market_date	quantity	vendor_id	product_id	original_price
2020-09-23	22.03	7	2	3.49
2020-09-26	30.16	7	2	3.49
2020-09-30	28.95	7	2	3.49
2019-04-03	40.00	7	4	4.00
2019-04-06	40.00	7	4	4.00
2019-04-10	30.00	7	4	4.00

圖 6.14

找出所有產品的最高與最低價

我們在不限產品類別的情況下（也就是未以產品類別分組），可以用 MAX 與 MIN 函數找出 original_price（原價）欄位中最高與最低的產品價格，並分別取欄位別名為 maximum_price 與 minimum_price，輸出如圖 6.15 所示：

```
SELECT
    MAX(original_price) AS maximum_price,
    MIN(original_price) AS minimum_price
FROM farmers_market.vendor_inventory
ORDER BY original_price
```

maximum_price	minimum_price
18.00	0.50

圖 6.15

找出各產品類別的最高與最低價

如果我們想知道各產品類別中的最高價與最低價，就需要用到產品類別編號 product_category_id 欄位（在 product 與 product_category 表格中），若也想知道產品類別的名稱 product_category_name 欄位（在 product_category 表格中），那麼再以類別分組，就可以找出各分組的最高價與最低價。要做這個查詢有以下幾個重點：

1. 因為我們要找出 vendor_inventory、product、product_category 這三個表格中共有的列資料，因此用 INNER JOIN。

2. vendor_inventory 與 product 表格透過共有的 product_id 欄位連結。

3. 將第一個 INNER JOIN 的結果與 product_category 表格以共有的 product_category_id 欄位連結。

4. 利用 GROUP BY 將 product_category_id 與 product_category_name 分成一組。

5. 然後在 SELECT 中以 MAX、MIN 函數挑出各分組中 original_price 欄位的最大值與最小值。

請注意！遇到多表格的時候，最好為每個表格取一個好記的表格別名，如此也容易分清楚這些欄位各是來自於哪個表格。以下即為此查詢，輸出如圖 6.16 所示：

```
SELECT
    pc.product_category_name,
    p.product_category_id,
    MAX(vi.original_price) AS maximum_price,
    MIN(vi.original_price) AS minimum_price
FROM farmers_market.vendor_inventory AS vi
    INNER JOIN farmers_market.product AS p
        ON vi.product_id = p.product_id
    INNER JOIN farmers_market.product_category AS pc
        ON p.product_category_id = pc.product_category_id
GROUP BY pc.product_category_name, p.product_category_id
```

圖 6.16

各分組最大值　　各分組最小值

MAX 與 MIN 函數的參數除了放數值欄位之外，也可以放入文字欄位。遇到文字資料時，會依字元順序選取最大值與最小值。例如將上面兩行 MAX 與 MIN 改為下面這樣，其輸出會如圖 6.17 所示：

```
MAX(p.product_name) AS max_name,
MIN(p.product_name) AS min_name
```

同分組中字元最大的　　同分組中字元最小的

圖 6.17

如果想要獲得每個類別中最高和最低價產品的相關資訊，就需要用到窗口函數（window function），在下一章會介紹。

6.5 計數的 COUNT 函數與 DISTINCT 關鍵字

假如我們想計算有多少產品在各市集日期進行銷售，或是各供應商提供多少不同的產品，要得到這些資料，就可以運用 COUNT 以及 COUNT DISTINCT，前者可以對 GROUP BY 分組的列資料計算筆數，而 COUNT DISTINCT 可以計數分組內指定欄位中有多少筆唯一值。雖然在第 6.2 節曾經介紹過這兩者，在此用不同的範例再看一次。

為了要知道供應商在各市集日期會提供多少產品，我們可以計算在 vendor_inventory 表格中有多少列資料，並以市集日期分組。雖然這沒辦法告訴我們各產品的存貨量或銷售量各是多少（因為我們沒有加總數量欄位，或是計算顧客的購買記錄），但我們可以藉此計數現有產品數量，因為表格中每一列資料就分別包含了產品、供應商，以及市集日期的資訊。

我們可以用下面的查詢，用 market_date 做分組，並用 COUNT 函數計數有多少個 product_id（同一個 product_id 可以有好幾個，例如蘋果有 2 顆），即可看出在每一個市集日期提供多少個產品：

```sql
SELECT
    market_date,
    COUNT(product_id) AS product_count
FROM farmers_market.vendor_inventory
GROUP BY market_date
ORDER BY market_date
```

market_date	product_count
2019-04-03	4
2019-04-06	4
2019-04-10	4
2019-04-13	4
2019-04-17	4
2019-04-20	4

圖 6.18

在各市集日期提供的產品數

如果我們想知道各供應商（用 vendor_id 分組）在特定日期範圍內，帶來多少不同產品（也就是不同的 product_id）銷售，可以用 BETWEEN AND 將日期範圍限定在 2019-04-03 與 2019-06-30 之間，並用 COUNT DISTINCT 只計數各分組不重複的列資料，如下所示：

```
SELECT
    vendor_id,
    COUNT(DISTINCT product_id) AS different_products_offered
FROM farmers_market.vendor_inventory
WHERE market_date BETWEEN '2019-04-03' AND '2019-06-30'
GROUP BY vendor_id
ORDER BY vendor_id
```

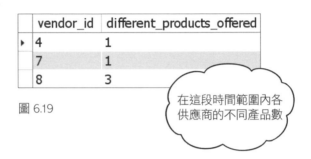

圖 6.19　　　　　　　　　　　　　　　在這段時間範圍內各
　　　　　　　　　　　　　　　　　　供應商的不同產品數

6.6 計算平均值的 AVG 函數

除了計算每個供應商提供多少不同產品之外，也想知道每個供應商（用 vendor_id 分組）提供的各種產品原價（original_price）的平均值，該怎麼做呢？我們可以沿用前一個查詢，加入一行程式碼，用 AVG 函數計算各供應商產品原價（在 vendor_inventory 表格中）的平均值，並取欄位別名為 average_product_price，輸出如圖 6.20 所示：

```
SELECT
    vendor_id,
    COUNT(DISTINCT product_id) AS different_products_offered,
    AVG(original_price) AS average_product_price
FROM farmers_market.vendor_inventory
WHERE market_date BETWEEN '2019-04-03' AND '2019-06-30'
GROUP BY vendor_id
ORDER BY vendor_id
```

vendor_id	different_products_offered	average_product_price
4	1	0.500000
7	1	4.000000
8	3	14.166667

圖 6.20

然而,直接用各分組的 original_price 欄位值計算平均這樣對嗎?我們要的平均到底是什麼樣的平均?這一點要想清楚。

怎麼說呢?來舉個例子:某供應商帶來單價為 $0.5 的番茄 100 顆,在表格中是一筆記錄。該供應商同時也帶來單價為 $20 的捧花 50 束,在表格中也是一筆記錄。上一個查詢的作法如同將 $0.5 + $20 然後除以 2(共 2 筆記錄),這樣的平均只是 1 顆番茄與 1 束捧花單價的平均,顯然忽略番茄實際帶來了 100 顆,且捧花也有 50 束。

如果我們要知道的是某供應商在特定日期區間的平均原價,就該將每種產品的數量乘上其單價(quantity * original_price),全部加總為總價值,再除以總數量才是合理的平均原價。

已知產品的 quantity 與 original_price 欄位都在 vendor_inventory 表格中,現在試著將上面的想法實作出來,重點如下:

1. 分組之前用 WHERE 設定日期區間的條件,將不需要的列資料過濾。

2. 用 GROUP BY 以供應商編號(vendor_id)分組。

3. 將各分組的 quantity * original_price 加總,即為此供應商所有產品總價值。

4. 依分組將 quantity 加總,即為此供應商所有產品總數量。

5. 將總價值除以總數量,即為此供應商每件產品的平均原價,並取兩位小數。

查詢與輸出如下：

```
SELECT
    vendor_id,
    COUNT(DISTINCT product_id) AS different_products_offered,
    SUM(quantity * original_price) AS value_of_inventory,
    SUM(quantity) AS inventory_item_count,
    ROUND(SUM(quantity * original_price) / SUM(quantity), 2)
      AS average_item_price
FROM farmers_market.vendor_inventory
WHERE market_date BETWEEN '2019-04-03' AND '2019-06-30'
GROUP BY vendor_id
ORDER BY vendor_id
```

vendor_id	different_products_offered	value_of_inventory	inventory_item_count	average_item_price
4	1	550.0000	1100.00	0.50
7	1	3720.0000	930.00	4.00
8	3	10400.0000	910.00	11.43

圖 6.21

6.7 用 HAVING 子句篩選分組後的資料

HAVING 子句與 WHERE 子句的用途都是篩選資料，不過，WHERE 子句是在資料分組之前篩選資料，而且不能與聚合函數一起使用，而 HAVING 子句則是在資料分組之後篩選資料，且可以使用聚合函數。

> 編註： HAVING 的執行順序在 GROUP BY 之後，在 SELECT 之前。

如果我們想知道在指定期間內，至少帶了 100 個產品參加市集的供應商有哪些，以及其總產品的平均原價，有以下幾個重點：

1. 分組之前用 WHERE 先設定篩選日期區間的條件。

2. 用 GROUP BY 以供應商編號（vendor_id）做分組。

3. 計算各分組的產品總價值、產品總數量以及產品平均單價。

4. 用 HAVING 將各分組經過聚合之後的產品總數量（inventory_item_count）大於等於 100 的供應商資料篩選出來。

請注意下面查詢的 HAVING 子句，輸出如圖 6.22 所示：

```
SELECT
    vendor_id,
    COUNT(DISTINCT product_id) AS different_products_offered,
    SUM(quantity * original_price) AS value_of_inventory,
    SUM(quantity) AS inventory_item_count,
    SUM(quantity * original_price) / SUM(quantity) AS average_item_price
FROM farmers_market.vendor_inventory
WHERE market_date BETWEEN '2019-04-03' AND '2019-06-30'
GROUP BY vendor_id
HAVING inventory_item_count >= 100
ORDER BY vendor_id
```

vendor_id	different_products_offered	value_of_inventory	inventory_item_count	average_item_price
4	1	550.0000	1100.00	0.50000000
7	1	3720.0000	930.00	4.00000000
8	3	10400.0000	910.00	11.42857143

圖 6.22

NOTE 如果想知道分組中是否有重複的分組欄位出現，尤其是當我們預期分組的欄位值都是唯一值（只會出現一次）的時候，就可以加上聚合函數指定條件 COUNT(*) > 1，以挑出重複的資料。

從資料中找出重複項對進行資料前處理非常重要,而使用 COUNT(*) > 1 就是相當常見的技巧。因為作者在此僅簡單帶過,我們請 ChatGPT 解說一下好用在哪裡:

 在 HAVING 子句中加上條件 **COUNT(*) > 1**, 找出分組內有重複欄位資料的分組, 這樣有什麼用處?

在 HAVING 子句中加入 COUNT(*) > 1 可以幫助我們找出資料庫中可能的重複或冗餘的資料。在許多情況下,這是非常有用的:

1. **資料清理**:這可以幫助我們找出可能的資料錯誤或不一致性。例如,如果我們預期一個欄位(或一組欄位)的值在資料庫中是唯一的(例如,員工的健保號碼或客戶的電子郵件地址),就可以用 **HAVING COUNT(*) > 1** 來找出不符合這個預期的資料,然後可以進一步調查這些問題,並進行必要的資料清理。

2. **找出重複項**:在某些情況下,我們可能需要找出在一個特定的分組中出現多次的項目。例如,我們可能想知道哪些產品在多個訂單中被訂購,或者哪些客戶在我們的網站上進行多次購買。使用 **HAVING COUNT(*) > 1** 可以幫助我們找出這些情況。

3. **統計分析**:在進行統計分析時,我們可能需要找出那些出現頻率超過一次的值。例如,可能想知道在客戶資料庫中,哪些郵遞區號有多於一位客戶,這可以幫助了解客戶分佈的區域,可能對行銷策略有所幫助。

編註: 到 9.2、9.3 節還會再看到使用 COUNT(*) > 1 的例子。

6.8　在聚合函數中使用 CASE 語法

還記得在第 6.2 節圖 6.6 的範例說過，我們將 customer_purchases 表格中的
quantity 欄位加總，但尷尬的是 quantity 欄位雖然是數值資料，但可能是產品的
個數或重量，單位不同不應該直接相加。在第 4 章學過的 CASE 分支處理，就可依
不同產品單位做分類，並用 SUM 函數依不同分類做加總。

因為產品單位是記錄在 product 表格的 product_qty_type 欄位，因此我們用
INNER JOIN 將存放每筆消費記錄的 customer_purchases 表格與 product 表格用
INNER JOIN 連結起來，如此就可將 product_qty_type 欄位拉進消費記錄的輸出
中。以下查詢結果可看出每一筆消費記錄後面都跟著產品名稱、尺寸與單位，單位
包括『unit（個數）』以及『lbs（重量）』，如圖 6.23 所示：

```sql
SELECT
        cp.market_date,
        cp.vendor_id,
        cp.customer_id,
        cp.product_id,
        cp.quantity,
        p.product_name,
        p.product_size,
        p.product_qty_type
FROM farmers_market.customer_purchases AS cp
        INNER JOIN farmers_market.product AS p
            ON cp.product_id = p.product_id
```

market_date	vendor_id	customer_id	product_id	quantity	product_name	product_size	product_qty_type
2020-09-30	7	2	2	5.04	Jalapeno Peppers - Organic	small	lbs
2020-09-30	7	10	2	1.29	Jalapeno Peppers - Organic	small	lbs
2020-09-30	7	19	2	3.36	Jalapeno Peppers - Organic	small	lbs
2019-07-03	7	1	3	3.00	Poblano Peppers - Organic	large	unit
2019-07-03	7	3	3	5.00	Poblano Peppers - Organic	large	unit
2019-07-03	7	3	3	4.00	Poblano Peppers - Organic	large	unit

圖 6.23

接下來要依單位分類，我們看到共有『unit』與『lbs』兩種單位，所以在使用 CASE 語法時就會有三種 WHEN… THEN 的情況（包括不屬於以上兩種單位的情況）。此查詢有以下幾個重點：

1. 連結 customer_purchases 與 product 表格。

2. 在 SELECT 中加入第一個 CASE 子句：當某筆記錄的單位（product_qty_type）是『unit』時，將其數量（quantity）填入 quantity_unit 欄位。

3. 接著第二個 CASE 子句：當某筆記錄的單位（product_qty_type）是『lbs』時，將其數量（quantity）填入 quantity_lbs 欄位。

4. 再來第三個 CASE 子句：當某筆記錄的單位（product_qty_type）既不是『unit』也不是『lbs』時，將其數量（quantity）填入 quantity_other 欄位，以備將來也許有其它單位的記錄出現。

我們從圖 6.24 中可看到利用 CASE 語法將單位分出 3 個欄位了：

```
SELECT
    cp.market_date,
    cp.vendor_id,
    cp.customer_id,
    cp.product_id,
    CASE WHEN product_qty_type = "unit"
        THEN quantity ELSE 0 END AS   quantity_units,
    CASE WHEN product_qty_type = "lbs"
        THEN quantity ELSE 0 END AS quantity_lbs,
    CASE WHEN product_qty_type NOT IN ("unit","lbs")
         THEN quantity ELSE 0 END AS quantity_other,
    p.product_qty_type
FROM farmers_market.customer_purchases cp
    INNER JOIN farmers_market.product p
        ON cp.product_id = p.product_id
```

market_date	vendor_id	customer_id	product_id	quantity_units	quantity_lbs	quantity_other	product_qty_type
2020-09-30	7	1	2	0	2.45	0	lbs
2020-09-30	7	2	2	0	5.04	0	lbs
2020-09-30	7	10	2	0	1.29	0	lbs
2020-09-30	7	19	2	0	3.36	0	lbs
2019-07-03	7	1	3	3.00	0	0	unit
2019-07-03	7	3	3	5.00	0	0	unit
2019-07-03	7	3	3	4.00	0	0	unit
2019-07-03	7	16	3	1.00	0	0	unit

圖 6.24

既然已經依照 product_qty_type 分出三個不同的欄位，接下來就可以分別對這三個欄位作加總，即為每種單位的總數量。

這裡示範的加總方式，是直接將每個 CASE 子句放進 SUM 函數中，也就是像下面的寫法，並將加總結果放進欄位別名中：

SUM(CASE … WHEN … THEN … ELSE … END) AS 欄位別名

因此即可對不同單位的數量分別做加總了。請看下面的查詢，輸出如圖 6.25 所示：

```
SELECT
    cp.market_date,
    cp.customer_id,
    SUM(CASE WHEN product_qty_type = "unit"
            THEN quantity ELSE 0 END) AS qty_units_purchased,
    SUM(CASE WHEN product_qty_type = "lbs"
            THEN quantity ELSE 0 END) AS qty_lbs_purchased,
    SUM(CASE WHEN product_qty_type NOT IN ("unit","lbs")
            THEN quantity ELSE 0 END) AS qty_other_purchased
FROM farmers_market.customer_purchases cp
    INNER JOIN farmers_market.product p
        ON cp.product_id = p.product_id
GROUP BY market_date, customer_id
ORDER BY market_date, customer_id
```

market_date	customer_id	qty_units_purchased	qty_lbs_purchased	qty_other_purchased
2019-06-29	24	13.00	0.00	0.00
2019-06-29	25	6.00	0.00	0.00
2019-07-03	1	7.00	0.00	0.00
2019-07-03	3	20.00	0.00	0.00
2019-07-03	4	0.00	3.73	0.00
2019-07-03	5	4.00	0.00	0.00
2019-07-03	7	1.00	0.00	0.00
2019-07-03	12	4.00	0.12	0.00
2019-07-03	16	4.00	5.48	0.00
2019-07-03	17	4.00	6.50	0.00

圖 6.25

到現在，我們已經看到使用 COUNT、COUNT DISTINCT、SUM、AVG、MIN 與 MAX 等聚合函數的範例，了解如何將 CASE 子句當作聚合函數的參數放入函數去運算，這些都是經常使用的查詢技巧，請務必學清楚。

練習

1. 請寫一個查詢，找出每個供應商在農夫市集共租了幾次攤位。也就是說，根據 vendor_id 計算供應商的攤位分配次數。

2. 在第 5 章的第 3 個練習，我們想知道『當地各種新鮮蔬果在什麼季節出產？』現在請寫一個查詢，可以呈現『Fresh Fruits & Vegetables』產品類別中的各種產品名稱、最早可購買日期、最晚可購買日期。

3. 農夫市集的顧客欣賞委員會想送給每位在市集消費超過 $50 的顧客一張保險桿車貼。請寫一個查詢，將符合贈送車貼資格的顧客名單依序以姓氏、名字排序。提示：這個查詢需要先連接兩個表格，也要運用聚合函數以及 HAVING 子句。

窗口函數與子查詢

本書到目前涵蓋的所有函數，都只作用在單筆列資料上，即使將多筆列資料分組（grouping）做聚合運算，也只能回傳經過聚合後的一筆資料。而窗口函數（window functions）可以同時作用於分區（partitioning）內的多筆資料，而且在輸出時可以呈現各分區內的資料以及聚合的資料。這可以幫助我們得到類似下面這些問題的答案：

『如果將所有列資料排序，某一列資料會在排序後的第幾個位置？』

『某一列資料的值與前一列的值相比，誰大誰小？』

『某一列資料的值與同一分區的平均值相比，誰大誰小？』

編註：　窗口函數的觀念稍微有點難懂，在此舉例說明。假設我們想計算個別顧客在過去 5 年的總消費額，依前面所學可用 GROUP BY 依顧客分組，並用 SUM 聚合函數加總各分組的消費額，即可得到個別顧客在過去 5 年的總消費額。如果顧客總共有 100 位（總消費記錄是 3000 筆），那麼結果就只有 100 筆資料。然而，經過聚合之後的資料粒度變粗，查詢的結果只看到那 100 筆資料，看不到每位顧客的各筆消費記錄了，自然也就無法去比較這次與上次的消費增加或減少。而用窗口函數依每位顧客分區，不但可以加總各分區的總消費額，同時也能看到各分區內的每筆消費資料。

窗口函數的語法如下：

```
< 窗口函數 > OVER (PARTITION BY [ 做分區的欄位名稱，一或多個 ]
                  ORDER BY [ 排序的欄位名稱 ]
```

- **< 窗口函數 >**：作用在 PARTITION BY 分區內的資料，例如為列資料加上自動編號的函數，另外也可以將聚合函數做為窗口函數，對各分區內的多筆列資料計算平均、加總、計數等運算。

- **OVER**：窗口函數後面必須接 OVER 表示作用於後面定義的窗口（也就是各分區）。

- **PARTITION BY**：依指定的欄位做分區。

- **ORDER BY**：因為經常會對窗口內的列資料做編號（例如依指定欄位數值大小自動編號）或前後列數查找，所以通常會將指定欄位排序。

以下各節會示範常用的窗口函數，搭配查詢中的查詢（即：子查詢），讓 SQL 語法增加更多的應用變化。

根據前面幾章所學，如果想知道每個供應商銷售的產品 original_price（原價）最高者為何，可以將 vendor_inventory 表格的 vendor_id 欄位分組，然後用 MAX 聚合函數取得各 vendor_id 的 original_price 欄位之最大值，並增加一個 highest_price 欄位別名，輸出如圖 7.1：

```
SELECT
    vendor_id,
    MAX(original_price) AS highest_price
FROM farmers_market.vendor_inventory
GROUP BY vendor_id
ORDER BY vendor_id
```

	vendor_id	highest_price
▸	4	0.50
	7	6.99
	8	18.00

圖 7.1

上面的查詢方式只會輸出各供應商原價最高的價格,如果想知道原價最高的是哪個產品?也就是要知道 MAX(original_price) 這個值對應到哪個 product_id,單單用聚合函數是做不到的,因為多筆資料經過聚合之後只會傳回一筆,其它詳細資料都丟失了,解決方法就是接下來要介紹的窗口函數。

7.1 窗口函數 ROW_NUMBER

ROW_NUMBER 函數顧名思義就是為每筆列(row)資料編號(number)的函數,例如將列資料用原價由大至小排序,再用 ROW_NUMBER 函數賦予從 1 開始的排名序號(以整數遞增),然後我們篩選出各分區排名序號為 1 的就是最高價,由其 product_id 欄位就知道是哪個產品了(因為詳細資料都在)。

用 PARTITION BY 為資料做分區

我們來看看下面查詢中 ROW_NUMBER 函數開頭的那行程式碼的幾個重點:

- PARTITION BY 後面是用來分區(即開啟窗口)的 vendor_id 欄位,也就是依照供應商編號做分區。

- 各分區的列資料用 ORDER BY 對指定欄位 original_price 排序(此例是降冪),也就是依照原價由大至小排序。

- 用 ROW_NUMBER 函數為每個分區內已排序過的列資料賦予從 1 開始的排名序號,並將此序號放在 price_rank 欄位。

- 窗口函數的後面必須接著 OVER 關鍵字，其後用小括號括起來的就是窗口的範圍。

```
SELECT
    vendor_id,
    market_date,
    product_id,
    original_price,
    ROW_NUMBER() OVER (PARTITION BY vendor_id
      ORDER BY original_price DESC) AS price_rank
FROM farmers_market.vendor_inventory
ORDER BY vendor_id DESC, original_price DESC
```

> 每個 vendor_id 分區中會以 original_price 由高至低排序，並在 price_rank 欄位賦予 1 開始的排名序號

vendor_id	market_date	product_id	original_price	price_rank
8	2019-04-03	7	18.00	1
8	2019-04-06	7	18.00	2
8	2019-04-10	7	18.00	3
8	2019-04-13	7	18.00	4
8	2019-04-17	7	18.00	5

vendor_id	market_date	product_id	original_price	price_rank
8	2020-10-03	5	6.50	424
8	2020-10-07	5	6.50	425
8	2020-10-10	5	6.50	426
7	2019-07-03	1	6.99	1
7	2019-07-06	1	6.99	2
7	2019-07-10	1	6.99	3
7	2019-07-13	1	6.99	4

圖 7.2

接著，要回傳每個供應商原價最高產品的詳細資料，可以將上面的查詢做為子查詢（sub-query），並取名為 x，再於主查詢用 WHERE 子句篩選出序號為 1（price_rank＝1）的資料：

```
SELECT * FROM
(
    SELECT
        vendor_id,
        market_date,
        product_id,
        original_price,
        ROW_NUMBER() OVER (PARTITION BY vendor_id
            ORDER BY original_price DESC) AS price_rank
    FROM farmers_market.vendor_inventory ORDER BY vendor_id
) AS x
WHERE x.price_rank = 1
```

vendor_id	market_date	product_id	original_price	price_rank
4	2019-06-01	16	0.50	1
7	2019-07-03	1	6.99	1
8	2019-04-03	7	18.00	1

圖 7.3

可得知是哪個產品　　　　篩選出各供應商原價
　　　　　　　　　　　　排名第 1 的資料

即使每個供應商原價相同的有好幾筆，也只會回傳第 1 筆。若同一供應商的最高價產品不止一個（單價相同，但品項不同），想回傳每個供應商所有原價最高的產品，可以用第 7.2 節介紹的 RANK 函數做到。

外部查詢與內部查詢

你應該有注意到上一個例子的查詢寫法跟先前的結構不同，也就是在一段查詢語法中包著另外一段查詢語法（被包著的稱為『子查詢（sub-query），亦稱內部查詢』），也就是由子查詢產生的結果中再進行查詢。

因此上一個例子的意思就是將查詢分為兩個階段：

1. 用內部查詢（inner query）將所有資料依 vendor_id 欄位分區，用 ROW_
   NUMBER 函數為各分區中的多筆 original_price 排序，並將排序結果放在
   price_rank 欄位。然後將內部查詢的結果集視為表格，並取表格別名為 x。

2. 再於外部查詢（outer query）用 WHERE 設定 x.price_rank = 1 的篩選條件，將
   內部查詢中各分區的第 1 名篩選出來。這是因為 WHERE 不能對多列資料進行
   比對，只能逐列比對，所以需要由內部查詢先將資料排序過。

由圖 7.4 可以清楚看出 SQL 敘述中包括子查詢的『內部』與『外部』之分。其執行
順序是內部查詢（子查詢）先完成，再進行外部查詢：

```
1 •  SELECT * FROM                                        外部查詢
2  (
3       SELECT                                            內部查詢
4           vendor_id,
5           market_date,
6           product_id,
7           original_price,
8           ROW_NUMBER() OVER (PARTITION BY vendor_id
9               ORDER BY original_price DESC) AS price_rank
10          FROM farmers_market.vendor_inventory ORDER BY vendor_id
11 ) AS x
12 WHERE x.price_rank = 1                                 外部查詢
```

圖 7.4

> **NOTE** 許多 SQL 編輯器（包括本書用的 MySQL Workbench）可以讓你在一個
> 包含子查詢的查詢中單獨執行子查詢，只要用滑鼠將子查詢的程式碼圈選起來
> 再按執行即可，這可以幫助你先察看內部查詢（子查詢）的結果是否如預期，
> 以確保外部查詢（主查詢）可以獲得正確的輸出。

窗口函數的位置要正確

窗口函數在整個 SQL 語句中的執行順序很重要，一般是寫在 SELECT 子句做為對結
果集的最後運算。

你可能會想，如果不用子查詢，而是直接將 ROW_NUMBER 函數寫在主查詢，並於其後加上 WHERE 子句對 price_rank 做篩選（類似下面的寫法），這樣可以嗎？

```
SELECT
    vendor_id,
    market_date,
    product_id,
    original_price,
    ROW_NUMBER() OVER (PARTITION BY vendor_id
        ORDER BY original_price DESC) AS price_rank
FROM farmers_market.vendor_inventory
WHERE price_rank = 1
ORDER BY vendor_id
```

答案是不行！因為我們從前面就看過 SQL 語法各子句的執行順序，WHERE 子句中用到 price_rank 時，SELECT 子句中的 ROW_NUMBER 函數尚未執行，根本還沒產生 price_rank 欄位呢！

再來，如果我們直接將 ROW_NUMBER 函數放進 WHERE 子句中呢？像下面這樣不就可以讓 ROW_NUMBER 函數在 WHERE 子句中執行嗎？

```
SELECT
    vendor_id,
    market_date,
    product_id,
    original_price,
FROM farmers_market.vendor_inventory
WHERE (ROW_NUMBER() OVER (PARTITION BY vendor_id
    ORDER BY original_price DESC) = 1)
ORDER BY vendor_id
```

答案仍然是不行，因為窗口函數必須在同一層查詢的 WHERE 子句執行完之後才會執行。

如果我們寫的 SQL 查詢有問題，卻又找不出哪裡有錯，也可以請 ChatGPT 來幫忙挑錯並改正。我們將上面的錯誤例子丟給 ChatGPT，它不僅能指出錯在哪裡，也提供了修改後的正確程式（當然還是要真的執行看看）：

> SU　請幫我修正這個 SQL 查詢：
> ```
> SELECT vendor_id,
> market_date,
> product_id,
> original_price,
> ROW_NUMBER() OVER (PARTITION BY vendor_id ORDER BY original_price
> DESC) AS price_rank
> FROM farmers_market.vendor_inventory
> WHERE price_rank = 1
> ORDER BY vendor_id
> ```

　這個 SQL 查詢中的問題在於，你不能在 WHERE 子句中直接使用窗口函數的結果（在這裡是 price_rank）。這是因為在 WHERE 子句被評估的時候，窗口函數還沒有被計算。你需要將這個查詢改寫為一個子查詢，然後在外部查詢中過濾 price_rank。以下是修正後的 SQL 查詢。

> 編註: 然後，ChatGPT 給出包含子查詢的查詢，跟我們前面正確的範例相同，為節省版面在此就不重複列出。ChatGPT 確實可以幫助我們除錯，不過因為不同資料庫系統的 SQL 語法間還是有些許差異，這是要注意之處。

本章後續會一直看到子查詢，這是因為如果想透過窗口函數的結果來做任何事，首先就得讓窗口函數對整個表格的資料進行運算，然後再將結果集視為一個表格，如此就可以在外部查詢對此結果集進行查詢與篩選。

不分區做排名

ROW_NUMBER 函數是對分區內的列資料做編號，至於如何分區則是由 PARTITION BY 決定。如果我們想將所有列資料視為一個分區也可以（那就不要用欄位做分區），也就是將 PARTITION BY 的分區內容刪除，該行程式改為下面這樣：

```
ROW_NUMBER() OVER (ORDER BY original_price DESC)
    AS price_rank
```

那麼子查詢就會將所有列資料的 original_price 依降冪排序，並從 1 開始編號放進 price_rank 欄位，整個查詢的結果就會得到 price_rank 欄位中最高價的那一個產品，而不是個別供應商的最高價產品（因為沒有依 vendor_id 分區）。

7.2 窗口函數 RANK & DENSE RANK

另外有兩個功能和用法與 ROW_NUMBER 函數類似的窗口函數，三者的差別在於編號的方式。

RANK 函數對相同值的欄位會賦予相同的排名。如果我們將第 7.1 節查詢中的 ROW_NUMBER 改為 RANK 再執行一次，就會得到如圖 7.5 的輸出：

```
SELECT
    vendor_id,
    market_date,
    product_id,
    original_price,
    RANK() OVER (PARTITION BY vendor_id ORDER BY
        original_price DESC) AS price_rank
FROM farmers_market.vendor_inventory
ORDER BY vendor_id, original_price DESC
```

vendor_id	market_date	product_id	original_price	price_rank
8	2019-04-03	7	18.00	1
8	2019-04-06	7	18.00	1

vendor_id	market_date	product_id	original_price	price_rank
8	2020-10-03	8	18.00	1
8	2020-10-07	8	18.00	1
8	2020-10-10	8	18.00	1
8	2019-04-03	5	6.50	285
8	2019-04-06	5	6.50	285
8	2019-04-10	5	6.50	285

單價相同的 price_rank 也會相同

圖 7.5

與圖 7.2 比對一下，可以看出 RANK 函數會將 original_price 相同的賦予同樣的排名。要注意的是：在圖 7.5 中，當 original_price 從 18.00 一路排序到 6.50 時，因為前面已有 284 筆 18.00 排第一，因此到了第二高價的 6.50 時編號就會跳到 285。

如果希望第一高價編號為 1，第二高價就編號為 2，那就可以將 RANK 函數改為 DENSE_RANK 函數，這麼一來就會以第一高價編號 1，第二高價編號 2 的方式呈現，如圖 7.6：

vendor_id	market_date	product_id	original_price	price_rank
8	2020-10-03	8	18.00	1
8	2020-10-07	8	18.00	1
8	2020-10-10	8	18.00	1
8	2019-04-03	5	6.50	2
8	2019-04-06	5	6.50	2
8	2019-04-10	5	6.50	2

圖 7.6

7.3 窗口函數 NTILE

ROW_NUMBER、RANK 以及 DENSE_RANK 函數可以查詢像是『在農夫市集中原價由高至低的前 10 名產品有哪些？』的問題（篩選條件用小於等於 10），但如果想得知原價排在前 10% 的產品呢？

利用 NTILE(n) 函數可以將列資料分成 n 等份。這麼一來，如果想得到前 10% 的結果，就將 n 填入 10，先將原價 original_price 由高至低排序，如此分成 10 等份之後，第 1 等份就是原價最高的前 10% 了。在以下查詢中，我們將 NTILE 函數分出來的等份編號放在 price_ntile 欄位別名，並分別賦予 1 到 10 的值：

```
SELECT
    vendor_id,
    market_date,
    product_id,
    original_price,
    NTILE(10) OVER (ORDER BY original_price DESC)
        AS price_ntile
    FROM farmers_market.vendor_inventory
ORDER BY original_price DESC
```

如果資料的列數剛好可以被均分，那就會被分成 n 等份，並依序賦予編號 1 到 n。但若列數不能剛好均分，某些等份會比其它等份多一筆列資料（儘可能做到均分）。假設有 797 列資料，當均分為 10 等份時，就會有些等份有 80 列，另有些等份只有 79 列。

要注意！NTILE 函數是用總列數做均分（可依指定的排序），而不是用欄位值做均分，因此有可能欄位值相同的列資料卻被分到不同等份中（見圖 7.7）：

vendor_id	market_date	product_id	original_price	price_ntile
8	2019-12-28	7	18.00	1
8	2020-03-04	7	18.00	1
8	2020-03-07	7	18.00	1
8	2020-03-11	7	18.00	2
8	2020-03-14	7	18.00	2
8	2020-03-18	7	18.00	2

←── 相同欄位值可能被分到不同等份中

圖 7.7

如果你想確保所有原價相同的列資料都會被分在一起，那麼使用 RANK 函數要比 NTILE 函數來得好，因為在這種要求下，目標就不是將列資料均分成等份了。

7.4 聚合窗口函數

我們在第 6 章學習像是 SUM 函數的聚合函數，而在本節前面也學到將查詢結果進行分區的窗口函數，其實這兩者可以一起使用。就如同使用窗口函數一樣，大部分的聚合函數也可以作用於分區，並對各該分區的每一列進行聚合運算（若沒有使用 PARTITION BY 子句分區，則是對整個查詢結果做聚合），這個方法可以用來將每一列的值與該分區的聚合值進行比較，這種用法稱為**聚合窗口函數**（aggregate window functions）。

以 AVG 聚合函數計算各分區的平均單價

如果農夫市集的供應商想知道有哪些產品的單價高於市集日期的平均單價？應該怎麼做呢？（請注意！這裡指的平均並非完整存貨的平均價值，而是每樣產品的平均單價）我們可以將 AVG 函數作為窗口函數使用，以 market_date 欄位進行分區，並用 AVG 函數計算各分區的平均單價，之後再將各分區內的產品原價與平均單價比大小。

我們可以這樣思考：

1. 用 PARTITION BY 以市集日期（market_date）分區，並依 market_date 排序。

2. 用 AVG 函數對各分區計算平均值，並將各分區平均單價放入欄位別名 avg_by_market_date 中，此即為當日包括所有供應商的平均單價。

請看以下查詢，輸出如圖 7.8 所示：

```
SELECT
    vendor_id,
    market_date,
    product_id,
    original_price,
    AVG(original_price) OVER (PARTITION BY market_date
        ORDER BY market_date) AS avg_by_market_date
FROM farmers_market.vendor_inventory
```

這個查詢中的 AVG 聚合函數作為窗口函數之用,作用在『OVER (PARTITION BY __ ORDER BY __)』的各分區上,有 n 個分區就會算出 n 個平均值。如圖 7.8,market_date 為 2019-05-29 的平均單價是 11.625,而 2019-06-01 的平均單價是 9.4:

仍保留分區內各筆資料

vendor_id	market_date	product_id	original_price	avg_by_market_date
7	2019-05-29	4	4.00	11.625000
8	2019-05-29	5	6.50	11.625000
8	2019-05-29	7	18.00	11.625000
8	2019-05-29	8	18.00	11.625000
7	2019-06-01	4	4.00	9.400000
8	2019-06-01	5	6.50	9.400000
8	2019-06-01	7	18.00	9.400000
8	2019-06-01	8	18.00	9.400000
4	2019-06-01	16	0.50	9.400000

各分區平均單價

圖 7.8

既然已經用 AVG 函數算出每個分區(依市集日期)的平均單價,那就可以繼續找出某位供應商(vendor_id)在每個市集日期(market_date)原價高於平均單價的產品了。下面的查詢包括以下幾個重點:

1. 我們想讓分區平均單價顯示到兩位小數,可以將 AVG 那一段程式碼包在 ROUND 函數裡,並取兩位小數。

2. 然後我們將經過聚合窗口函數得到的輸出視為內部查詢的結果集,並取表格別名為 x。

3. 加上一層外部查詢，用 WHERE 子句設定條件從內部查詢的結果（即 x）做篩選。指定要查詢某一個 vendor_id（此處假設為 vendor_id = 8），且產品原價（original_price）要大於分區平均單價（avg_product_by_market_date）。

查詢與輸出如下所示：

```
SELECT * FROM
(
    SELECT
        vendor_id,
        market_date,
        product_id,
        original_price,
        ROUND(AVG(original_price) OVER (PARTITION BY market_date), 2)
            AS avg_by_market_date
    FROM farmers_market.vendor_inventory
) AS x
WHERE x.vendor_id = 8
    AND x.original_price > x.avg_by_market_date
ORDER BY x.market_date, x.original_price DESC
```

vendor_id	market_date	product_id	original_price	avg_by_market_date
8	2019-05-25	8	18.00	11.63
8	2019-05-29	7	18.00	11.63
8	2019-05-29	8	18.00	11.63
8	2019-06-01	7	18.00	9.40
8	2019-06-01	8	18.00	9.40

圖 7.9

如此即可得到某供應商在各市集日期原價大於平均單價的產品有哪些了。

WHERE 篩選條件放的位置意義不同

你可能會想，既然我們只要看供應商 8 的資料，那將 WHERE x.vendor_id = 8 由外部查詢挪到內部查詢中應該是一樣的意思吧？答案是錯的！如果將上面的查詢寫成下面這樣：

```
SELECT * FROM
(
  SELECT
    vendor_id,
    market_date,
    product_id,
    original_price,
    ROUND(AVG(original_price) OVER (PARTITION BY market_date), 2)
      AS avg_by_market_date
  FROM farmers_market.vendor_inventory
  WHERE vendor_id = 8
) AS x
WHERE x.original_price > x.avg_by_market_date
ORDER BY x.market_date, x.original_price DESC
```

雖然在語法上沒錯，但結果並不是我們期望的。因為當 WHERE vendor_id = 8 寫在內部查詢時，就已經先將其它供應商篩掉，聚合窗口函數只會算出各市集日期 vendor_id = 8 一個供應商的平均單價，而不是各市集日期所有供應商的平均單價，這一點一定要留意。

以 COUNT 聚合函數計算各分區的項目數

用 COUNT 函數也可以計算各分區中有多少個項目。以下查詢會計算每個供應商在各市集日期帶了多少不同的產品到市集，並在每一列顯示計數的結果。這麼一來，即使不能一眼看出每個供應商在每個市集日期的存貨量，但至少知道有幾種品項。下面這個查詢有幾個重點：

1. PARTITION BY 分區可以指定一個或多個欄位,前面的例子都只用一個欄位分區,但在此例中用到兩個欄位 (market_date、vendor_id),表示會用這兩個欄位的組合來分區。

2. 將 COUNT 函數放在窗口函數的位置,對各分區的 product_id 做計數,可得知有多少品項。

```
SELECT
    vendor_id,
    market_date,
    product_id,
    original_price,
    COUNT(product_id) OVER (PARTITION BY market_date, vendor_id)
        AS vendor_product_count_per_market_date
FROM farmers_market.vendor_inventory
ORDER BY vendor_id, market_date, original_price DESC
```

vendor_id	market_date	product_id	original_price	vendor_product_count_per
7	2020-09-26	3	0.50	4
7	2020-09-30	1	6.99	4
7	2020-09-30	4	4.00	4
7	2020-09-30	2	3.49	4
7	2020-09-30	3	0.50	4
7	2020-10-03	4	4.00	1
7	2020-10-07	4	4.00	1

圖 7.10

由圖 7.10 可看到供應商編號 7 在 2020-09-30 市集日期帶來的 produdt_id 有 4 種,而在最右邊的欄位可以看到計數的結果:即共 4 種品項。

用 SUM 聚合函數計算各分區的加總

透過 SUM 函數可以計算分區的累計總數。在下面的查詢中,我們未使用 PARTITION BY 子句分區,也就是整個視為一區,所以會隨著交易時間(transaction_time)將每筆交易的消費額(price)逐筆累計(running_total_purchases),最後的結果就是所有交易的加總消費額。輸出如圖 7.11:

```
SELECT
    customer_id,
    market_date,
    vendor_id,
    product_id,
    quantity * cost_to_customer_per_qty AS price,
    SUM(quantity * cost_to_customer_per_qty) OVER
        (ORDER BY market_date, transaction_time, customer_id,
        product_id) AS running_total_purchases
FROM farmers_market.customer_purchases
```

customer_id	market_date	vendor_id	product_id	price	running_total_purchases
23	2019-04-03	8	7	18.0000	18.0000
23	2019-04-03	8	7	36.0000	54.0000
23	2019-04-03	8	8	54.0000	108.0000
7	2019-04-03	7	4	20.0000	128.0000
12	2019-04-03	8	5	13.0000	141.0000
16	2019-04-03	8	5	6.5000	147.5000

圖 7.11

由上圖可看出是依照交易時間(market_date 與 transaction_time)順序做排列,顧客編號 23 在供應商編號 8 購買了編號 7 的產品,消費額是 18 元,因此最後一欄的逐筆累計總額是 18 元。接著同一個產品他又消費 36 元,因此逐筆累計總額增加為 54 元(18+36),依此類推,將每一筆交易額都不斷累計到最後一欄。

接下來這個範例,會以 customer_id 欄位進行分區,用 SUM 函數累計每一位顧客的消費額,並以 market_date、transaction_time 與 product_id 排序(以免有任兩個產品有相同的購買時間),結果如圖 7.12:

```
SELECT
    customer_id,
    market_date,
    vendor_id,
    product_id,
    quantity * cost_to_customer_per_qty AS price,
    SUM(quantity * cost_to_customer_per_qty) OVER
      (PARTITION BY customer_id
       ORDER BY market_date, transaction_time, product_id)
       AS customer_spend_running_total
FROM farmers_market.customer_purchases
```

customer_id	market_date	vendor_id	product_id	price	customer_spend_running_t
1	2020-10-10	7	4	17.5000	3501.4187
1	2020-10-10	7	4	3.5000	3504.9187
1	2020-10-10	8	5	26.0000	3530.9187
2	2019-04-06	8	5	6.5000	6.5000
2	2019-04-06	7	4	20.0000	26.5000
2	2019-04-10	8	7	18.0000	44.5000

圖 7.12

由上圖可看出顧客編號 1 逐筆累計消費共 3530.9 元,然後接著的是顧客編號 2 的消費額逐筆累計,這樣就能理解此查詢的用意了吧。

這裡的 SUM 函數是因窗口函數中的 PARTITION BY 和 ORDER BY 子句的組合所做的累計運算。我們瞭解在第一個例子中沒有 PARTITION BY 子句,只有 ORDER BY 子句時是做所有交易額的累計,也瞭解在第二個例子中兩個子句都存在時是依分區做累計。那麼如果只有 PARTITION BY 子句而沒有 ORDER BY 子句時,你預期 SUM 函數會用什麼做累計? 請先看看下面的查詢:

```
SELECT
    customer_id,
    market_date,
    vendor_id,
```

```
product_id,
ROUND(quantity * cost_to_customer_per_qty, 2) AS price,
ROUND(SUM(quantity * cost_to_customer_per_qty)
  OVER (PARTITION BY customer_id), 2)
  AS customer_spend_total
FROM farmers_market.customer_purchases
```

由欄位別名 customer_spend_total 的提示，我們猜測這個不在分區內做排序的查詢版本，應該仍然會依照分區的 customer_id 逐筆累計消費額吧？事實上並非如此！

由圖 7.13 可以看出，當分區中沒有 ORDER BY 子句時，SUM 函數就不是對分區的資料逐筆累計，而是一次將各分區所有的資料加總，因此每位顧客交易的最後一欄就是該顧客的消費總額。另外，此例用 ROUND 函數讓消費總額僅顯示到兩位小數：

customer_id	market_date	vendor_id	product_id	price	customer_spend_total
1	2020-08-29	4	16	6.00	3530.92
1	2020-09-02	4	16	3.00	3530.92
1	2020-09-23	4	16	2.00	3530.92
2	2019-07-13	7	1	29.64	4179.45
2	2019-08-10	7	1	2.24	4179.45
2	2019-08-10	7	1	9.02	4179.45

圖 7.13

7.5 窗口函數 LAG & LEAD

LAG 和 LEAD 函數用在將表格當前所在的列資料，與前後列資料進行比較或計算。這兩種函數都可以直接查看其他列資料，而不需要進行自我連結（Self-Join，第11.2 節介紹）或其它複雜的查詢。

由當前記錄往前位移列數的 LAG 函數

接下來的查詢要用到農夫市集資料庫中的 vendor_booth_assignments 表格,我們可以使用 LAG 函數顯示每個供應商在每個市集日期的攤位分配,以及前一次市集日期的攤位分配。

LAG 函數可以在當前所在的列資料上,取得往前位移(offset)n 列的資料。例如目前是在第 10 列資料,若使用 LAG(booth_number, 1),就可以位移 1 列去取得第 9 列的 booth_number 欄位的值。這在需要比較當前列與前一列(或前 n 列)資料時非常有用。

依市集日期察看各供應商當次與前次的攤位分配

在下面的查詢中以 vendor_id 做分區,並依照 market_date、vendor_id 做排序。如此一來,各供應商的攤位安排就會依照 market_date 排序。所以各供應商每次市集日期分配到的攤位(booth_number),其前面一列就會是上次市集日期與分配到的攤位。

我們由圖 7.14 發現到,第一次市集日期各供應商都有分配到攤位編號,但其前一次市集日期的攤位編號(previous_booth_number)都是 NULL,這很合理,因為在此之前並沒有 booth_number 資料可查。而之後的每次市集日期就都可以查到前次的攤位編號:

```
SELECT
    market_date,
    vendor_id,
    booth_number,
    LAG(booth_number,1) OVER (PARTITION BY vendor_id
        ORDER BY market_date, vendor_id)
        AS previous_booth_number
FROM farmers_market.vendor_booth_assignments
ORDER BY market_date, vendor_id, booth_number
```

圖 7.14

找出攤位編號有異動的供應商

由圖 7.14 可以看出來，某些供應商前後次被分配到的攤位編號不同，為了避免爾後因分配攤位異動而使得供應商弄錯位置，農夫市集的經理會想利用此查詢篩選某特定市集日期，來看看哪些供應商在當次更換了攤位編號，可提前聯絡相關人員以確保當天進場流程順利。

此需求有以下兩個重點：

1. 需要先查出各供應商本次與上次的攤位編號，也就是上例的查詢。我們將此查詢的結果集視為一個表格，並取別名為 x。

2. 然後從結果集 x 再設定篩選條件，指定某個市集日期，查出攤位編號與上次分配不同的所有供應商。

顯然這會是個包含子查詢的查詢，因此我們會將上例的查詢當作一個子查詢，然後在外部查詢的 WHERE 子句中設定篩選條件：包括指定的市集日期（本例是 2019-04-10），以及將當前 booth_number 與上次 previous_booth_number 不同的供應商找出來。此外，也納入以前沒有參展過的供應商（即前次攤位編號為 NULL）。此查詢如下：

```
SELECT * FROM
(
    SELECT
      market_date,
      vendor_id,
      booth_number,
      LAG(booth_number,1) OVER (PARTITION BY vendor_id
        ORDER BY market_date, vendor_id)
        AS previous_booth_number
    FROM farmers_market.vendor_booth_assignments
    ORDER BY market_date, vendor_id, booth_number
) AS x
WHERE x.market_date = '2019-04-10'
  AND (x.booth_number <> x.previous_booth_number
  OR x.previous_booth_number IS NULL)
```

market_date	vendor_id	booth_number	previous_booth_number
2019-04-10	4	2	7
2019-04-10	1	7	2

圖 7.15

仔細觀察圖7.15，可看出在市集日期 2019-04-10，供應商 1 與 4 的攤位編號對調了，這很難從整體的輸出結果中觀察到，必須用這種查詢方式才能找出有更換攤位編號的供應商資料。

比較本次與前次市集日期的總銷售額

我們現在來看另外一個案例:『我們想知道在各市集日期的總銷售額是否高於或低於上一次市集日期』。在這個例子中,我們要使用 customer_purchases 表格,並用 GROUP BY 做分組,窗口函數是在分組和聚合之後才計算。

首先,我們需要使用 GROUP BY 和 SUM 函數來獲得每個市集日期的總銷售額(編註:聚合函數後面沒有跟著 OVER,就只是單純的聚合函數)。查詢如下所示

```
SELECT
    market_date,
    SUM(quantity * cost_to_customer_per_qty) AS market_date_total_sales
FROM farmers_market.customer_purchases
GROUP BY market_date
ORDER BY market_date
```

market_date	market_date_total_sales
2019-04-03	313.5000
2019-04-06	383.0000
2019-04-10	400.5000
2019-04-13	239.0000
2019-04-17	340.5000
2019-04-20	316.5000
2019-04-24	251.5000

圖 7.16

接著,我們增加一行 LAG 函數,將前後次市集日期的銷售總額放在同一列資料中。並在窗口函數中用 ORDER BY market_date,以確保前後市集日期依序排列。由下面的查詢結果可看出:LAG 函數往前位移一列並取得前一列的 quantity 與 cost_to_customer_per_qty 欄位值相乘並加總,然後放在本列的 previous_market_date_total_sales 欄位中:

```
SELECT
    market_date,
    SUM(quantity * cost_to_customer_per_qty)
        AS market_date_total_sales,
    LAG(SUM(quantity * cost_to_customer_per_qty), 1)
        OVER (ORDER BY market_date)
        AS previous_market_date_total_sales
FROM farmers_market.customer_purchases
GROUP BY market_date
ORDER BY market_date
```

market_date	market_date_total_sales	previous_market_date_tot...
2019-04-03	313.5000	NULL
2019-04-06	383.0000	313.5000
2019-04-10	400.5000	383.0000
2019-04-13	239.0000	400.5000
2019-04-17	340.5000	239.0000
2019-04-20	316.5000	340.5000
2019-04-24	251.5000	316.5000
2019-04-27	338.5000	251.5000

圖 7.17

編註: **ChatGPT 來幫忙**

作者只做到並列前後次總銷售額就結束了，如果我們希望一併算出每兩次市集日期的業績是否成長，該怎麼做？這可以讓 ChatGPT 來生成查詢：

> **SU** 可以將下面這個查詢的輸出, 再算出 market_date_total_sales 與 previous_market_date_total_sales 有成長的 SQL 查詢嗎？
>
> SELECT
>   market_date,
>   SUM(quantity * cost_to_customer_per_qty) AS market_date_total_sales,
>   LAG(SUM(quantity * cost_to_customer_per_qty), 1) OVER (ORDER BY market_date) AS previous_market_date_total_sales
> FROM farmers_market.customer_purchases
> GROUP BY market_date
> ORDER BY market_date

接續

當然可以。你可以在查詢中再加入一行程式，計算市集日期的總銷售額與前一個市集日期總銷售額之間的差異。這可以用 market_date_total_sales 減去 previous_market_date_total_sales 來實現（差值放在 sales_growth 欄位）。以下是此 SQL 查詢：

```sql
SELECT
    market_date,
    SUM(quantity * cost_to_customer_per_qty)
        AS market_date_total_sales,
    LAG(SUM(quantity * cost_to_customer_per_qty), 1)
        OVER (ORDER BY market_date)
        AS previous_market_date_total_sales,
    SUM(quantity * cost_to_customer_per_qty) -
        LAG(SUM(quantity * cost_to_customer_per_qty), 1)
        OVER (ORDER BY market_date) AS sales_growth
FROM farmers_market.customer_purchases
GROUP BY market_date
ORDER BY market_date
```

我們來實際執行此查詢即可得到想要的輸出：

market_date	market_date_total_sales	previous_market_date_tot	sales_growth
2019-04-03	313.5000	NULL	NULL
2019-04-06	383.0000	313.5000	69.5000
2019-04-10	400.5000	383.0000	17.5000
2019-04-13	239.0000	400.5000	-161.5000
2019-04-17	340.5000	239.0000	101.5000
2019-04-20	316.5000	340.5000	-24.0000
2019-04-24	251.5000	316.5000	-65.0000
2019-04-27	338.5000	251.5000	87.0000

圖 7.18

在這個查詢中，sales_growth 是一個新的欄位，它計算了 market_date_total_sales 和 previous_market_date_total_sales 之間的差異，用來表示銷售是否增長。如果 sales_growth 的值是正數，表示比前次增長；如果是負數，表示比前次下降。

上面 ChatGPT 給的 SQL 程式碼雖然能夠得到正確的輸出，但我們發現 SUM 函數的相同算式竟然做了 4 遍，這看起來不太有效率呀，我們繼續追問，請 ChatGPT 想個辦法：

 上面給的 **sql** 碼很好，但可以更有效率嗎？

當然可以。以下是使用子查詢來改進查詢效率的 SQL：

```
SELECT
    market_date,
    market_date_total_sales,
    LAG(market_date_total_sales, 1) OVER
        (ORDER BY market_date)
        AS previous_market_date_total_sales,
    market_date_total_sales - LAG(market_date_total_sales, 1)
        OVER (ORDER BY market_date) AS sales_growth
FROM
(
    SELECT
        market_date,
        SUM(quantity * cost_to_customer_per_qty)
            AS market_date_total_sales
    FROM farmers_market.customer_purchases
    GROUP BY market_date
) AS sales
ORDER BY market_date
```

在這個查詢中，我們首先在子查詢計算每個市集日期的總銷售額。然後在外部查詢中使用 LAG 函數獲得前次市集日期的總銷售額，並計算銷售增長。這樣，我們只需要計算一次總銷售額，從而提高了查詢效率。

由當前記錄往後位移列數的 LEAD 函數

LEAD 與 LAG 函數的語法相同，差別在於 LAG 函數是往前位移列數，而 LEAD 函數是往後位移列數。我們可以為 LEAD(n) 的 n 設定一個整數，並用 ORDER BY 為窗口中的列資料做排序，如此即可取得由當前列資料往後位移 n 列的資料。

若列資料是依照時間排序，LAG 函數會從最早的時間開始回傳資料，而 LEAD 函數則會從尚未發生的未來時間開始反向回傳資料。

編註: **ChatGPT 來幫忙**

....

作者並沒有提供範例，但我們藉由 ChatGPT 的幫助用 LEAD 函數改寫上面的查詢，並且觀察輸出的差異：

```
SELECT
    market_date,
    market_date_total_sales,
    LEAD(market_date_total_sales, 1) OVER
        (ORDER BY market_date) AS next_market_date_total_sales,
    LEAD(market_date_total_sales, 1) OVER (ORDER BY market_date)
        - market_date_total_sales AS sales_growth
FROM
(
  SELECT
    market_date,
    SUM(quantity * cost_to_customer_per_qty)
        AS market_date_total_sales
    FROM farmers_market.customer_purchases
    GROUP BY market_date
) AS sales
ORDER BY market_date
```

接續

market_date	market_date_total_sales	next_market_date_total_sa	sales_growth
2019-04-03	313.5000	383.0000	69.5000
2019-04-06	383.0000	400.5000	17.5000
2019-04-10	400.5000	239.0000	-161.5000
2019-04-13	239.0000	340.5000	101.5000

market_date	market_date_total_sales	next_market_date_total_sa	sales_growth
2020-09-26	368.4700	299.0163	-69.4537
2020-09-30	299.0163	456.0000	156.9837
2020-10-03	456.0000	487.5000	31.5000
2020-10-07	487.5000	442.5000	-45.0000
2020-10-10	442.5000	NULL	NULL

圖 7.19

因為 LEAD 函數會用尚未發生的未來時間資料 (NULL)
運算，因此最後一列資料會出現 NULL，這與 LAD 函數
的 NULL 出現在最開頭的時間剛好反過來

本章只介紹一部分的窗口函數，其它的可以察看資料庫的說明文件，看看還有哪些
窗口函數及其用法。不同資料庫系統可能會提供獨家的功能，例如 PostgreSQL 就
支援「窗口命名（window naming）」；Oracle 也有其他獨有的聚合函數，像是可
將一組值連接成字串的 LISTAGG 函數。只要了解窗口函數的概念以及如何將它運
用在查詢中，就能變化出更多的查詢方法。

編註： **ChatGPT 來幫忙**

作者在上面提到 PostgreSQL 能為窗口命名（也就是取窗口別名），其實此功
能在 MySQL 8.0 版也支援了，可將窗口的定義寫在 WINDOW 子句中。參考
ChatGPT 給的示例，我們將圖 7.14 的 SQL 碼用 WINDOW 子句改寫，查詢結果
與圖 7.14 完全一樣：

```
SELECT
    market_date,
```

接續

```
        vendor_id,
        booth_number,
        LAG(booth_number,1) OVER w AS previous_booth_number
FROM
        farmers_market.vendor_booth_assignments
WINDOW
    w AS (PARTITION BY vendor_id ORDER BY market_date, vendor_id)
ORDER BY market_date
```

我們可以看到 LAG 函數作用的是窗口別名（OVER w），而 w 的內容則是寫在 WINDOW 子句裡。如此一來，如果在查詢中需要多次用到此窗口，直接用窗口別名比較省事。

練習

1. 請撰寫以下 a、b 兩個步驟的查詢：

    a. 寫一個查詢，從 customer_purchases 表格為顧客每次來農夫市集進行編號（根據市集日期標記），只為有購買記錄的顧客做編號，若某顧客在同一個市集日期消費不只一次，都僅視為一次，每位顧客第一次造訪編號為 1，第二次為 2，以此類推。試試分別用 DENSE_RANK、ROW_NUMBER 窗口函數編號，並比較兩者有何異同。提示：依 customer_id 分區。

    b. 將這些編號倒轉過來，如此一來，顧客最近一次到訪就會編號為 1，並將此查詢當作子查詢。再寫一個外部查詢，將子查詢的結果篩選到只留下顧客最近一次的到訪，同樣分別用 DENSE_RANK 與 ROW_NUMBER 函數來做。

2. 使用 COUNT 窗口函數，從 customer_purchases 表格中算出同一位顧客（customer_id）購買同一個產品（product_id）的次數。提示：依 customer_id 與 product_id 分區。

3. 請試著將圖 7.17 查詢中的 LAG 函數換成 LEAD 函數，並得到相同的輸出。

MEMO

CHAPTER

08

—

日期與時間函數

資料科學家在撰寫 SQL 查詢時，經常需要用到日期與時間函數，例如計算兩個日期之間的天數。有些機器學習演算法可以處理有時序性的資料，並依時間規律訓練模型，再用此模型對未來的時間做預測。為了要能建出這樣的資料集，我們的查詢就需要依時間範圍做篩選。

為了訓練預測模型而建立的資料集，會包含一段動態時間範圍內的資料總覽，比如說在過去三個月中某特定活動的發生次數；又或者是輸入時間序列分析（time-series analysis）模型的資料集，可能包含每個時間段（小時、日、週、月），且與之相關的某些事物的計數；例如，醫師每週看診的病患數量。

許多預測模型都與時間相關。舉例來說：『這位首次購買的顧客會成為回頭客嗎？』這個問題就可以細化為『今天造訪農夫市集的每位首購新顧客，會在一個月內再次造訪並購物的機率是多少？』。那麼，要回答這個問題，我們在產生資料集時，就可以將每位顧客建成一列資料，裡面包括諸如首購日期、消費額等欄位，以及作為『目標變數』的二元欄位（例如 0、1）：0 表示預測不會回購，1 表示預測會回購。

我們接著就以農夫市集資料庫作為範例，看看如何運用日期與時間函數來處理資料。

8.1 建立 datetime 資料型別欄位

datetime 是包括日期與時間的資料型別，但在農夫市集資料庫的 market_date_info 表格中並沒有這種欄位，為了本章範例所需，會先用 CREATE TABLE 語法新增一個 datetime_demo 表格，此表格會將 market_date_info 表格中的 market_date 日期欄位分別與 market_start_time（市集開始時間）以及 market_end_time（市集結束時間）字串欄位合併，產生兩個 datetime 資料型別的欄位（market_start_datetime 與 market_end_datetime）：

```
CREATE TABLE farmers_market.datetime_demo AS
(
 SELECT
   market_date,
   market_start_time,
   market_end_time,

   STR_TO_DATE(CONCAT(market_date, ' ', market_start_time),
     '%Y-%m-%d%h:%i %p') AS market_start_datetime,

   STR_TO_DATE(CONCAT(market_date, ' ', market_end_time),
     '%Y-%m-%d%h:%i %p') AS market_end_datetime

 FROM farmers_market.market_date_info
)
```

執行此新增表格的 SQL 敘述之後，在 Workbench 點選左上方的 farmers_market 資料庫，按滑鼠右鈕執行『Refresh All』命令，就可以看到新增了一個 datetime_demo 表格，打開後即可看到此表格的欄位與列資料，如圖 8.1 所示，其中最後兩欄就是 datetime 資料型別的欄位：

	market_date	market_start_time	market_end_time	market_start_datetime	market_end_datetime
▸	2019-03-02	8:00 AM	2:00 PM	2019-03-02 08:00:00	2019-03-02 14:00:00
	2019-03-09	9:00 AM	2:00 PM	2019-03-09 09:00:00	2019-03-09 14:00:00
	2019-03-13	4:00 PM	7:00 PM	2019-03-13 16:00:00	2019-03-13 19:00:00
	2019-03-16	8:00 AM	2:00 PM	2019-03-16 08:00:00	2019-03-16 14:00:00
	2019-03-20	4:00 PM	7:00 PM	2019-03-20 16:00:00	2019-03-20 19:00:00
	2019-03-23	8:00 AM	2:00 PM	2019-03-23 08:00:00	2019-03-23 14:00:00
	2019-03-27	4:00 PM	7:00 PM	2019-03-27 16:00:00	2019-03-27 19:00:00

圖 8.1

如何新增表格會在第 14 章再介紹，此處先大致說明上面用到的幾個函數在做什麼事。CREATE TABLE 的小括號裡面，SELECT 的重點是新增 market_start_datetime 以及 market_end_datetime 欄位，我們來看看是如何處理的：

1. 這兩個欄位的值都是透過串接字串的 CONCAT 函數，將 market_date 欄位以及 market_start_time 欄位合併為單一字串值。

2. 然後用 STR_TO_DATE 函數把這段字串值包住，並讓此字串用後面指定的格式轉換為 datetime 資料型別，就可以進行時間計算，例如計算兩個時間點相距多久。但若字串無法轉換則會傳回 NULL。

3. 要轉換的格式為 '%Y-%m-%d%h:%i %p'，其中 %Y 是西元年，%m 是兩個數字的月份，%d 是兩個數字的日期，%h 是小時，而 %i 則是分鐘，另外 %p 代表是 AM/PM（上午或下午）。每一種資料庫系統都是用相同的方法來表示日期與時間的格式，才能彼此相通。如此轉換出來的日期格式是 YYYY-MM-DD，而時間格式則是二十四小時制的 HH:MM:SS。

NOTE　如果想要找各種資料庫的時間日期函數，可用 "[資料庫系統名稱] date and time functions" 搜尋。MySQL 8.0 的詳細日期時間函數可參考官方網址：https://dev.mysql.com/doc/refman/8.0/en/date-and-time-functions.html。有多達 40 多種日期時間函數。

8.2 提取 datetime 局部數值 EXTRACT、DATE、TIME

在取用 datetime 型別的資料時，有時候需要將日期時間中的年、月、日個別提取出來，如此後續可依照年份、月份另行處理，例如統計銷售額與資料視覺化皆有需要。接下來就要介紹可提取 datetime 局部資料的函數。

提取 datetime 單一數值的 EXTRACT 函數

根據使用的資料庫系統而異，提取日期時間資料的函數也會有所不同，本書是以 MySQL 為例，所以使用 EXTRACT 函數，即使各資料庫系統適用的函數名稱或語法不同，其概念都是一樣的。

除了 EXTRACT 函數以外，MySQL 也提供 DATE 以及 TIME 函數，可分別提取 datetime 資料欄位中的日期以及時間。以下查詢可以從 datetime 資料（此例是 '2019-03-02 08:00:00'）分別提取日、月、年、小時、分鐘等 5 個數值（都是整數），輸出如圖 8.2：

```
SELECT market_start_datetime,
    EXTRACT(DAY FROM market_start_datetime) AS mktsrt_day,
    EXTRACT(MONTH FROM market_start_datetime) AS mktsrt_month,
    EXTRACT(YEAR FROM market_start_datetime) AS mktsrt_year,
    EXTRACT(HOUR FROM market_start_datetime) AS mktsrt_hour,
    EXTRACT(MINUTE FROM market_start_datetime) AS mktsrt_minute
FROM farmers_market.datetime_demo
WHERE market_start_datetime = '2019-03-02 08:00:00'
```

market_start_datetime	mktsrt_day	mktsrt_month	mktsrt_year	mktsrt_hour	mktsrt_minute
2019-03-02 08:00:00	2	3	2019	8	0

圖 8.2

EXTRACT 函數的用法是：

```
EXTRACT( [ 時間單位 ] FROM datetime )
```

└─── 由上面查詢可看出單位可以是 DAY、MONTH、YEAR…等等

> **編註：** 使用 YEAR、MONTH、DAY、HOUR、MINUTE、SECOND 等函數也可以
> 分別提取 datetime 資料中的 6 個數值。請記得！這些函數回傳的數值都是整
> 數。

提取日期部分或時間部分的 DATE、TIME 函數

當然也可以從 datetime 資料直接提取整個日期部分或整個時間部分。以下查詢會
用 DATE 與 TIME 函數分別提取出日期與時間，如圖 8.3：

```
SELECT market_start_datetime,
  DATE(market_start_datetime) AS mktsrt_date,
  TIME(market_start_datetime) AS mktsrt_time
FROM farmers_market.datetime_demo
WHERE market_start_datetime = '2019-03-02 08:00:00'
```

market_start_datetime	mktsrt_date	mktsrt_time
2019-03-02 08:00:00	2019-03-02	08:00:00

圖 8.3

8.3 取得時間間隔的結束時間 DATE_ADD & DATE_SUB

將日期字串用 SQL 轉換成 datetime 資料型別的好處是可以直接做日期運算，如果
是用數字、標點符號、字母組合出 "看起來像" datetime 形式的字串，那仍然只
是字串型別，並不是 datetime 型別，不能做日期運算。

日期區間的計算有些複雜，如果要存取不同時區的資料時還要視需要轉換。在這個案例中，我們假設所有時間都在同一個時區。在這裡我們會利用 datetime_demo 表格中的 market_start_datetime 欄位以及 market_end_datetime 欄位來演示。

往後取得結束時間的 DATE_ADD 函數

如果想計算農夫市集開張後的前 30 分鐘內進行了多少次交易，該怎麼做？因為市集日期的不同，有的營業時間是從上午開始，有的從下午開始，我們要知道開張後 30 分鐘的結算時間為何時？那麼 DATE_ADD 函數就能派上用場，只要取得每個市集日期的開張時間，自動加 30 分鐘做為結算時間，即可計算這段區間內的交易數。

首先，為了方便觀察起見，我們在 WHERE 子句中僅指定單一市集日期與開張時間為 '2019-03-02 08:00:00'，並用 DATE_ADD 函數增加 30 分鐘以取得開張後 30 分鐘的結算時間：

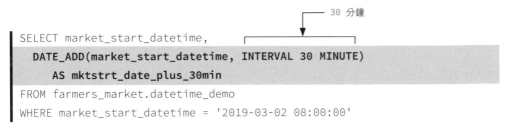

```
SELECT market_start_datetime,
  DATE_ADD(market_start_datetime, INTERVAL 30 MINUTE)
    AS mktstrt_date_plus_30min
FROM farmers_market.datetime_demo
WHERE market_start_datetime = '2019-03-02 08:00:00'
```

market_start_datetime	mktstrt_date_plus_30min
▸ 2019-03-02 08:00:00	2019-03-02 08:30:00

圖 8.4

DATE_ADD 函數的用法是：

```
DATE_ADD( datetime, INTERVAL [ 增加量 ] [ 時間單位 ] )
```

從上面的查詢可看出，DATE_ADD 函數是從 market_start_datetime 增加 30 MINUTE 的區間做為欄位別名 mktstrt_date_plus_30min 的值，如此就可得到計算交易數的時間範圍。請注意！增加量也可以是負數，表示反向取得結算時間。

同理，如果我們要找出某日期之後 30 天內的資料（就像本章一開始說到，預測某位首購客在一個月內是否會回購），我們可將時間單位從 MINUTE 改為 DAY，如此即可得出 30 天後的日期：

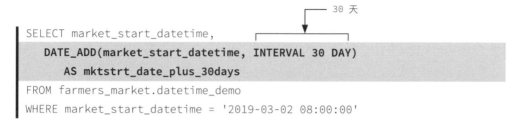

```
SELECT market_start_datetime,
    DATE_ADD(market_start_datetime, INTERVAL 30 DAY)
        AS mktstrt_date_plus_30days
FROM farmers_market.datetime_demo
WHERE market_start_datetime = '2019-03-02 08:00:00'
```

market_start_datetime	mktstrt_date_plus_30days
2019-03-02 08:00:00	2019-04-01 08:00:00

圖 8.5

得到反向時間的 DATE_SUB 函數

另外有一個與 DATE_ADD 函數功能類似但方向相反的 DATE_SUB 函數，它可以根據 datetime 資料取得前面的時間（如同在 DATE_ADD 中將增加量指定為負數）。以下查詢在 DATE_ADD 函數中的增加量是 -30 天，其效果與 DATE_SUB 函數增加量是 +30 天一樣，輸出如圖 8.6：

```
SELECT market_start_datetime,
    DATE_ADD(market_start_datetime, INTERVAL -30 DAY)
        AS mktstrt_date_plus_neg30days,
    DATE_SUB(market_start_datetime, INTERVAL 30 DAY)
        AS mktstrt_date_minus_30days
FROM farmers_market.datetime_demo
WHERE market_start_datetime = '2019-03-02 08:00:00'
```

market_start_datetime	mktstrt_date_plus_neg30days	mktstrt_date_minus_30days
▸ 2019-03-02 08:00:00	2019-01-31 08:00:00	2019-01-31 08:00:00

圖 8.6

編註: **ChatGPT 來幫忙**

前面作者提到若資料來自不同時區時應該要做轉換，這種事應該在匯入資料庫前就先規劃好。要在查詢中轉換時區該怎麼做，來請教 ChatGPT：

> SU 我在美國紐約辦公室要存取台灣總公司發佈的整年線上會議的時間表, 該表格是放在 MySQL 資料庫的 meeting 表格中, meeting_time 欄位是 datetime 資料型別, 請問我要如何在 SQL 查詢中依時區調整 meeting_time?

> 在 MySQL 中，你可以使用 CONVERT_TZ 函數來轉換日期和時間的時區。這個函數接受三個參數：要轉換的日期和時間，原始時區，和目標時區。
>
> 假設你的 meeting_time 欄位是以台灣時區（'Asia/Taipei'）儲存，你想將其轉換為紐約時區（'America/New_York'），可以使用以下的 SQL 查詢：

```
SELECT
    meeting_id,
    CONVERT_TZ(meeting_time, 'Asia/Taipei',
               'America/New_York') AS meeting_time_ny
FROM
    meeting
```

接續

這個查詢將返回每個會議的 meeting_id 和 meeting_time 的紐約時間。請注意！CONVERT_TZ 函數需要 MySQL 伺服器有正確的時區資訊。如果你在使用 CONVERT_TZ 函數時遇到問題，可能需要聯絡你的資料庫管理員確認時區資訊是否已經正確設定。

編註: **ChatGPT 來幫忙**

上面說的時區資訊就是 MySQL 上需要有一個時區對照表，才會認得諸如 'Asia/Taipei', 'America/New_York' 這種名稱。萬一沒有時區對照表，除了請資料庫管理員處理之外，我們來問問 ChatGPT 如何解決？

SU　**如果 MySQL Server 沒有安裝時區資訊, 那我該怎麼修改查詢呢?**

 如果 MySQL 伺服器沒有安裝時區資訊，你可以使用 DATE_ADD 或 DATE_SUB 函數手動調整時間。這種方法需要知道兩個時區之間的時差，並且不會自動處理夏令時間。假設台灣與紐約現在的時差是 12 小時，可以使用以下的 SQL 查詢來調整 meeting_time：

```
SELECT
    meeting_id,
    DATE_ADD(meeting_time, INTERVAL -12 HOUR)
        AS meeting_time_ny
FROM
    meeting
```

8.4 計算時間差異 DATEDIFF

如果要計算兩個時間之間的間隔天數有多少，可以使用 DATEDIFF 函數，此函數會計算兩個 datetime 型別資料之間的差距有多少天。在下面的例子中，我們先用子查詢從 datetime_demo 表格中找出市集日期時間的最大與最小值，並為查詢結果取表格別名為 x，然後在外部查詢算出這兩個日期的間隔，如此即可得到第一次市集日期距離最近一次市集日期共多少天，其輸出如圖 8.7：

```
SELECT
    x.first_market,                      算出兩個日期差幾天
    x.last_market,
    DATEDIFF(x.last_market, x.first_market)
        AS days_first_to_last
FROM
(
    SELECT
        min(market_start_datetime) first_market,    ← 第一次日期
        max(market_start_datetime) last_market       ← 最近一次日期
    FROM farmers_market.datetime_demo
) AS x
```

first_market	last_market	days_first_to_last
2019-03-02 08:00:00	2020-10-10 08:00:00	588

圖 8.7

8.5 指定時間差異單位 TIMESTAMPDIFF

DATEDIFF 函數可算出兩個日期的天數差異，但 MySQL 有另一個較具彈性的 TIMESTAMPDIFF 函數，可以用指定的時間單位回傳兩個 datetime 之間的差異數（ 編註: 僅取用日期的部分計算）。以下查詢是計算每次市集從開張到結束歷時多久，分別以小時與分鐘來呈現（請注意！如果結束時間比開始時間早，算出來的會是負數）。輸出如圖 8.8：

```
SELECT market_start_datetime, market_end_datetime,
   TIMESTAMPDIFF(HOUR, market_start_datetime, market_end_datetime)
     AS market_duration_hours,
   TIMESTAMPDIFF(MINUTE, market_start_datetime, market_end_datetime)
     AS market_duration_mins
FROM farmers_market.datetime_demo
```

market_start_datetime	market_end_datetime	market_duration_hours	market_duration_mins
2019-03-02 08:00:00	2019-03-02 14:00:00	6	360
2019-03-09 09:00:00	2019-03-09 14:00:00	5	300
2019-03-13 16:00:00	2019-03-13 19:00:00	3	180
2019-03-16 08:00:00	2019-03-16 14:00:00	6	360
2019-03-20 16:00:00	2019-03-20 19:00:00	3	180
2019-03-23 08:00:00	2019-03-23 14:00:00	6	360

圖 8.8

TIMESTAMPDIFF 函數的使用方法：

▎ TIMESTAMPDIFF([時間單位], datetime_start, datetime_end)

在 Oracle SQL 中要計算兩個日期時間的差距，可直接將兩者相減，再用 EXTRACT 函數回傳需要的時間單位。在 Amazon Redshift 以及 MS SQL Server 中並沒有 TIMESTAMPDIFF 函數，而且也不需要，因為在其 DATEDIFF 函數中就可以指定回傳的時間單位。

NOTE　在此補充一下 timestamp（時間戳記）資料型別，在很多資料庫系統中是以 32 位元整數形式儲存，代表的是從 1970 年 1 月 1 日後經過的秒數。因此，32 位元的整數最遠可以儲存到 2038-01-19 03:14:07。大於這個時間的戳記都會造成整數溢位（像當年 "Y2K" 問題一樣），因此資料庫系統必須改用最新的時間戳記標準。

上面說到 32 位元的時間戳記到 2038-01-19，其實距離現在也只剩十幾年，那該怎麼辦？公司資料庫系統總不能撐不過 2038 年吧！我們來問問 ChatGPT：

 MySQL 的 **timestamp** 資料型別用 **32** 位整數儲存，可用到 **2038** 年，離現在沒剩多少年了，怎麼辦?

 你提到的問題被稱為 "2038 年問題 " 或 "Unix 時間戳記問題 "。這是因為 Unix 和某些其他系統（包括 MySQL）使用 32 位整數來存儲時間戳記，這種方式的時間範圍從 1970 年 1 月 1 日開始，到 2038 年 1 月 19 日結束。在這之後，32 位整數將溢出，導致可能的日期和時間錯誤。

以下是一些可能的解決方案：

1. 使用 64 位整數：許多現代系統（包括新版本的 Unix 和 Linux）已經使用 64 位整數來存儲時間戳記，這擴大了時間範圍，足以包含從現在到遙遠的未來日期和時間。

2. 使用其他日期和時間資料型別：在 MySQL 中，你可以改用 datetime 資料型別來存儲日期和時間，其時間範圍從 1000 年到 9999 年，遠遠超過了 TIMESTAMP 的範圍。

3. 升級你的系統：如果你的系統還在使用 32 位整數存儲時間戳記，那就要升級到使用 64 位整數的現代系統。

據小編查閱 MySQL 官方文件，MySQL 有自動初始與更新 timestamp 資料型別問題的能力，詳情請看 https://dev.mysql.com/doc/refman/8.0/en/timestamp-initialization.html。

8.6 用聚合函數與窗口函數 處理 datetime 資料

本節會介紹幾種在摘要總結資料時使用日期的方法。例如我們想找出農夫市集顧客的購買習慣,可以從顧客層級做分組(grouping),並在查詢的輸出中納入日期相關的彙總資訊。雖然農夫市集資料庫裡的資料筆數不多,但我們還是用它來說明。

| NOTE | 如果你的當地時間與伺服器所在位置有時差,則需要處理時差問題。 |

找出顧客最早與最近的消費日期

首先,取得顧客購買資料的欄位細節,特別是每筆交易資料的日期。我們從取得 customer_id = 1 的資料開始:

```
SELECT customer_id, market_date
FROM farmers_market.customer_purchases
WHERE customer_id = 1
```

customer_id	market_date
1	2019-07-20
1	2019-07-20
1	2020-07-11
1	2020-07-22
1	2020-08-26
1	2020-09-05
1	2020-09-05
1	2020-09-09

圖 8.9

圖 8.9 顯示出顧客編號 1 在過去的所有消費資料。我們要彙總這份資料，並找到最早消費日期（首購日）、最近消費日期，以及在多少次市集日期中有消費記錄。因此，用 GROUP BY 以 customer_id 欄位分組，以 MIN、MAX 聚合函數得出 market_date 欄位最小（最早）與最大（最近）的日期，並透過 COUNT DISTINCT 算出某位顧客（本例是 customer_id = 1）在多少不同市集日期有消費，輸出如圖 8.10：

```
SELECT customer_id,
    MIN(market_date) AS first_purchase,
    MAX(market_date) AS last_purchase,
    COUNT(DISTINCT market_date) AS count_of_purchase_dates
FROM farmers_market.customer_purchases
WHERE customer_id = 1
GROUP BY customer_id
```

	customer_id	first_purchase	last_purchase	count_of_purchase_dates
▸	1	2019-04-06	2020-10-10	107

圖 8.10

計算最早與最近消費日期相隔幾天

如果要找出這位顧客從首購到最近一次購買共有多長的時間，則要算出首購日與最近一次購買的時間差異。要注意！在以下查詢中，我們會將 MIN 以及 MAX 聚合函數放入 DATEDIFF 時間函數中，由於 MIN、MAX 兩者的輸出仍然是 datetime 資料型別，因此可以做為 DATEDIFF 函數的引數。同時，我們也不僅限某位顧客，而是將每位顧客都查出來，輸出如圖 8.11：

```
SELECT customer_id,
    MIN(market_date) AS first_purchase,
    MAX(market_date) AS last_purchase,
    COUNT(DISTINCT market_date) AS count_of_purchase_dates,
```

```
   DATEDIFF(MAX(market_date), MIN(market_date))
      AS days_between_first_last_purchase
FROM farmers_market.customer_purchases
GROUP BY customer_id
```

customer_id	first_purchase	last_purchase	count_of_purchase_dates	days_between_first_last_purchase
1	2019-04-06	2020-10-10	107	553
2	2019-04-06	2020-10-10	117	553
3	2019-04-03	2020-10-07	112	553
4	2019-04-03	2020-10-03	115	549
5	2019-04-03	2020-10-10	113	556
7	2019-04-03	2020-10-10	100	556
10	2019-04-03	2020-10-10	96	556
12	2019-04-03	2020-10-03	103	549

圖 8.11

最近一次消費離現在多少天

如果我們要知道顧客自從上次購買後過了多久時間還沒來消費，可以利用 CURDATE 函數取得系統當下的日期（隨資料庫系統的不同，函數名稱也可能是 CURRENT_DATE、SYSDATE 或 GETDATE），再用 DATEFIFF 函數計算當下日期與上次購買日期的差距（ 編註: 由於此範例資料庫的最近購買日期只到 2020 年，因此距離現今的天數會很多）：

```
SELECT customer_id,
   MIN(market_date) AS first_purchase,
   MAX(market_date) AS last_purchase,
   COUNT(DISTINCT market_date)
      AS count_of_purchase_dates,
   DATEDIFF(MAX(market_date), MIN(market_date))
      AS days_between_first_last_purchase,
   DATEDIFF(CURDATE(), MAX(market_date))
      AS days_since_last_purchase
FROM farmers_market.customer_purchases
GROUP BY customer_id
```

customer_id	first_purchase	last_purchase	count_of_purchase_dates	days_between_first_last_purchase	days_since_last_purchase
1	2019-04-06	2020-10-10	107	553	957
2	2019-04-06	2020-10-10	117	553	957
3	2019-04-03	2020-10-07	112	553	960
4	2019-04-03	2020-10-03	115	549	964
5	2019-04-03	2020-10-10	113	556	957
7	2019-04-03	2020-10-10	100	556	957
10	2019-04-03	2020-10-10	96	556	957
12	2019-04-03	2020-10-03	103	549	964

圖 8.12

將本次與下次消費日期並列，並算出每兩次消費的間隔天數

我們複習一下第 7 章學到的窗口函數，同樣也寫一段查詢去計算出顧客每兩次消費間隔多久。我們同樣以顧客編號 1 來看，利用 RANK 窗口函數為每次消費的日期編號，再用 LEAD 函數將下一次購買日期放在本次購買日期後面的欄位，輸出如圖 8.13：

```
SELECT customer_id, market_date,
  RANK() OVER (PARTITION BY customer_id
    ORDER BY market_date) AS purchase_number,
  LEAD(market_date,1) OVER (PARTITION BY customer_id
    ORDER BY market_date) AS next_purchase
FROM farmers_market.customer_purchases
WHERE customer_id = 1
```

customer_id	market_date	purchase_number	next_purchase
1	2019-04-06	1	2019-04-13
1	2019-04-13	2	2019-04-17
1	2019-04-17	3	2019-04-17
1	2019-04-17	3	2019-04-20
1	2019-04-20	5	2019-04-20
1	2019-04-20	5	2019-04-24
1	2019-04-24	7	2019-04-24

圖 8.13

用 RANK 排名

從上圖可看出，我們只是將每兩次消費的日期放在同一列資料中，尚未計算兩次消費的間隔日數，這是因為顧客在同一天可能消費不只一次，導致有很多列帶有相同購買日期的資料。我們可以這樣做：將上例的查詢在 FROM 子句中加上一個子查詢，將同一天重複購買的列資料用 DISTINCT 先篩掉，之後外部查詢的輸出就不包含當天重複購買的資料了，輸出如圖 8.14：

```
SELECT
    x.customer_id,
    x.market_date,
    RANK() OVER (PARTITION BY x.customer_id
      ORDER BY x.market_date) AS purchase_number,
    LEAD(x.market_date,1) OVER (PARTITION BY x.customer_id
      ORDER BY x.market_date) AS next_purchase
FROM
(
    SELECT DISTINCT customer_id, market_date
    FROM farmers_market.customer_purchases
    WHERE customer_id = 1
) AS x
```

customer_id	market_date	purchase_number	next_purchase
1	2019-04-06	1	2019-04-13
1	2019-04-13	2	2019-04-17
1	2019-04-17	3	2019-04-20
1	2019-04-20	4	2019-04-24
1	2019-04-24	5	2019-04-27
1	2019-04-27	6	2019-05-01
1	2019-05-01	7	2019-05-04
1	2019-05-04	8	2019-05-08

圖 8.14

比較一下圖 8.13 與 8.14，即可看出圖 8.14 中已沒有當天重複消費的資料了。

接下來，我們將產生 next_purchase 欄位的 LEAD 函數包進 DATEDIFF 函數中，算出與 market_date 的差值，就可得到每兩次消費的間隔天數了。輸出見圖 8.15：

```
SELECT
    x.customer_id,
    x.market_date,
    RANK() OVER (PARTITION BY x.customer_id
        ORDER BY x.market_date) AS purchase_number,
    DATEDIFF( LEAD(x.market_date,1) OVER
            (PARTITION BY x.customer_id
                ORDER BY x.market_date), x.market_date)
                AS days_between_purchase
FROM
(
    SELECT DISTINCT customer_id, market_date
    FROM farmers_market.customer_purchases
    WHERE customer_id = 1
) AS x
```

customer_id	market_date	purchase_number	days_between_purchase
1	2019-04-06	1	7
1	2019-04-13	2	4
1	2019-04-17	3	3
1	2019-04-20	4	4
1	2019-04-24	5	
1	2019-04-27	6	
1	2019-05-01	7	

圖 8.15

> 如果將輸出捲動到最下面，可以看到最後一列資料的差異天數是 NULL (可跳到圖 8.16)，這是因為繼最後一次消費之後就沒有下次消費記錄了。

同層級的程式碼並非由上而下執行

看完上例之後是不是有點困惑，既然在圖 8.14 的查詢中已經有 next_purchase 與 market_date 兩個欄位，為何不直接將這兩欄的值放進 DATEDIFF 函數就好，如下所示：

```
LEAD(x.market_date,1) OVER (PARTITION BY
     x.customer_id ORDER BY x.market_date)
  AS next_purchase,
DATEDIFF(next_purchase, market_date)
  AS days_between_purchase
```

答案是不行！可能有人以為這兩段程式的執行是由上而下：先由 LEAD 函數產生 next_purchase 欄位，再將 next_purchase 欄位值放進 DATEDIFF 函數中。然而 LEAD 與 DATEDIFF 函數兩者在外部查詢是相同層級而非執行順序關係，因此 DATEDIFF 函數計算的時候，next_purchase 欄位尚未產生！

巢狀查詢的作法

如果覺得圖 8.15 的查詢將 LEAD 放進 DATEDIFF 函數中實在太複雜了，還是希望用 DATEDIFF 讓 next_purchase 與 market_date 直接相減，這裡提供的一個解決方法是再加一層查詢，也就是『查詢的子查詢中還有子查詢』，亦即**巢狀查詢**。以下有幾個重點：

1. 我們先在最內層的**內部查詢**用 SELECT DISTINCT 篩掉同一位顧客在同一次市集日期的重複購買記錄，並將輸出取一個表格別名為 x。

2. 在**中間查詢**用 LEAD 函數透過表格 x 產生 next_purchase 欄位。並將輸出取一個表格別名為 a。

3. 在**外部查詢**中，因為 market_date、next_purchase 欄位都可以從表格 a 取用，因此就可以將這兩個欄位放進 DATEDIFF 函數計算差值。

4. 因為在中間查詢用 RANK 函數為每位顧客依市集日期排序並產生 purchase_number 欄位，因此在外部查詢用 WHERE 子句設定 a.purchase_number = 1 篩選條件，即可查出顧客首購日與下次回購日歷時多久了。

這次我們想看到的是所有顧客的首購日與下次回購日，三層的查詢如下所示，輸出結果見圖 8.16：

```
SELECT
  a.customer_id,
  a.market_date AS first_purchase,
  a.next_purchase AS second_purchase,
  DATEDIFF(a.next_purchase, a.market_date)
    AS time_between_1st_2nd_purchase
FROM
(
  SELECT
    x.customer_id,
    x.market_date,
    RANK() OVER (PARTITION BY x.customer_id
      ORDER BY x.market_date) AS purchase_number,
    LEAD(x.market_date,1) OVER (PARTITION BY
        x.customer_id ORDER BY x.market_date)
      AS next_purchase
  FROM
  (
    SELECT DISTINCT customer_id, market_date
    FROM farmers_market.customer_purchases
  ) AS x
) AS a
WHERE a.purchase_number = 1
```

外部查詢 / 中間查詢 / 內部查詢

customer_id	market_date	purchase_number	days_between_purchase
1	2020-09-23	103	3
1	2020-09-26	104	4
1	2020-09-30	105	7
1	2020-10-07	106	3
1	2020-10-10	107	NULL

圖 8.16

巢狀查詢的層數越多，也代表可讀性與執行效率越低，因為每一層查詢在執行前都必須先完成其子查詢的結果，因此層數越多、資料量越大，就會佔用越多的記憶體，使得查詢效率降低。

到第 10 章會介紹 CTE（Common Table Expression）的用法，也就是 WITH 語句，它提供了另一種從預先計算的值中選取資料的方法，以避免巢狀結構可讀性低以及不易挑錯的缺點。

> **編註：** CTE 的譯名不一，包括共用表表達式、公用表達式、通用資料表運算式、一般資料表運算式，小編往後皆以 CTE 稱之。

激勵某一段時間很少消費的顧客回購

經過前面又是聚合函數又是窗口函數，還包括三層巢狀查詢的刺激之後，現在回到簡單的聚合函數應用。假設今天的日期是 2020 年 10 月 31 日，農夫市場經理想為 10 月份很少光臨的顧客提供 11 月份回到市場的好康活動。經理要求提供一份名單，上面列出在 10 月份僅消費過一次的顧客名單，以用來向他們發送 11 月份的購物折扣券。請問要如何找出這份名單呢？

這個查詢需要做兩件事：

1. 首先，找出 10 月份（從 10 月 31 日往回倒數 30 天）消費過的所有顧客。

2. 然後從其中篩選出只在一個市集日期有消費記錄的顧客。

1. 用日期時間函數找出 10 月份有消費記錄的顧客

這個查詢會在 2020-10-31 往前 30 天的範圍內，找出有消費記錄的顧客與日期，輸出如圖 8.17：

```
SELECT DISTINCT customer_id, market_date
FROM farmers_market.customer_purchases
WHERE DATEDIFF('2020-10-31', market_date) <= 30
```

customer_id	market_date
1	2020-10-07
1	2020-10-10
2	2020-10-03
2	2020-10-10
2	2020-10-07
3	2020-10-03
3	2020-10-07
4	2020-10-03
5	2020-10-03
5	2020-10-10

圖 8.17

2. 用 HAVING 子句篩選只消費過一次的顧客

接著，在 HAVING 子句中用 COUNT DISTINCT 為每位顧客的不同 market_date 值計數（如果等於 1 就表示在 10 月只來過一次市集），如此即可篩選出市場經理想激勵的對象名單。提醒：HAVING 子句是對分組查詢的結果進行篩選。查詢結果如圖 8.18：

```
SELECT
    x.customer_id,
    COUNT(DISTINCT x.market_date) AS market_count
FROM
(
    SELECT DISTINCT customer_id, market_date
    FROM farmers_market.customer_purchases          ─┐── 上一個查詢變成子查詢
    WHERE DATEDIFF('2020-10-31', market_date) <= 30 ─┘
) AS x
GROUP BY x.customer_id
HAVING COUNT(DISTINCT market_date) = 1
```

customer_id	market_count
▸ 4	1
12	1
18	1
19	1
20	1
24	1
25	1

這些顧客在 10 月只來過 1 次

圖 8.18

這裡已經完整介紹如何透過日期運算來篩選顧客名單了。當然最後的報表不會只有顧客編號，還應該包括顧客姓名以及聯絡資訊（如果有的話），這就需要用到表格 JOIN 的功能進行連結，留給讀者試試看。

練習

1. 查詢 customer_purchases 表格中每一筆購買記錄，並將顧客編號、年份、月份放在不同欄位輸出。

2. 查詢從 2020-10-10 開始回算兩週的所有消費記錄，將兩週前的日期放在 sales_since_date 欄位，並算出每筆消費額（quantity * cost_to_customer_per_qty）之後，加總放在 total_sales 欄位輸出。然後再寫一個查詢將 2020-10-10 用 CURDATE 函數取代，看看輸出如何並解釋。

3. 在 MySQL 查詢中，可以利用 DAYNAME 函數回傳指定日期是星期幾的英文名稱。接下來請將 market_date_info 表格中所有記錄的 market_date 欄位當作 DAYNAME 函數的引數得到該日是星期幾，並放入 calcaulated_market_day 欄位，然後與同一表格中的 market_day 欄位值比對，用以驗證當初輸入的 market_day 資料是否與用日期時間函數運算後的結果相符，如果不符請在 day_verified 欄位輸出 "錯誤"，否則輸出 "正確"。

MEMO

—

探索資料
的結構與特性

前面幾章都是直接用 SQL 語句在資料庫中做查詢,但如果我們是第一次接觸到這個資料庫時,在做查詢與分析之前,就需要先瞭解它的結構與特性。

探索性資料分析(Exploratory Data Analysis,EDA)在資料科學領域,通常是打造模型過程的第一步,也就是說,在使用這些資料之前需要先探索它們的樣貌,才知道後續該如何查詢。

這裡會介紹資料在進入**資料管線**(data pipeline)之前一般會進行的步驟,也就是探索資料庫表格中未經處理過的原始資料(而非經過 SQL 聚合,可送入模型的資料)。如果你是第一次得到存取某資料庫的權限,這裡的方法可以幫助你熟悉該資料庫的內涵。

編註: 資料管線是指資料從一個或多個來源流向另一處的過程,資料會經過轉換或處理,在資料分析中通常用於自動化資料搜集、處理和儲存。

當然，進行 EDA 的方式有很多種，例如可以用 Python 程式處理，或是使用 Tableau、Power BI 等商業智慧軟體，當然也可以使用 SQL，筆者身為資料科學家，這三者都經常用到。在 EDA 的後半段，一旦資料集已經準備完成，就可以專注在值的分佈、欄位間的關係，以及找出輸入特徵（input features）與目標變數（欲預測的欄位）之間的關係。在這裡，我們會用先前介紹過的查詢方法，來探索農夫市集資料庫的表格，幫助你熟悉第一次使用某資料庫時進行 EDA 的過程。

9.1 EDA 準備要探索的標的

我們從實務上可能發生的一個情境開始：農夫市集經理開放給我們存取該資料庫的權限，並希望我們提出該資料庫過去一年的報表。經理並沒有具體要求報表中要包括哪些內容，但他想瞭解一些與產品供應和購買趨勢的問題，並提供給我們該資料庫的實體關係圖，以幫助了解表格間的關係。

基於這些少量資訊，我們猜測應該先熟悉 product（產品）、vendor_inventory（供應商存貨） 與 customer_purchases（顧客購買記錄）這三個表格，因為與「產品存貨」和「購買趨勢」關係最密切。

我們需要透過 SQL 查詢瞭解表格的資料樣貌，包括以下幾件事情：

- 表格多大？資料的時間跨度？

- 每個產品與每筆購買記錄中有哪些可用資訊？

- 每個表格的粒度（詳細程度）？列資料中的唯一值欄位是哪一個？

- 由於需要觀察隨時間變化的趨勢，有哪些日期和時間維度可用，當這些值隨時間彙總時，它們看起來如何？

- 每個表格中的資料與其它表格之間的關係？如何將其連就結起來以彙總資訊？

9.2 探索 product 表格

有些資料庫系統（例如 MySQL）會提供像是 "DESCRIBE [表格名稱]" 或 "DESC [表格名稱]" 的功能，列出表格架構（包括欄位、資料型別與其它設定），也可以像 MySQL Workbench 在左上方 Schema 窗格中按下表格右側的展開表格鈕（如圖 9.1 所示），即可察看資料內容：

按下可看到表格
結構與內容

圖 9.1

但並非所有資料庫工具皆有此功能，所以本章會採取最通用的 SQL 來進行。我們先從 product 表格開始，查出 product 表格中所有欄位的資料（也可以自行加上 LIMIT 子句限制輸出筆數），如圖 9.2：

```
SELECT *
FROM farmers_market.product
```

product_id	product_name	product_size	product_category_id	product_qty_type
1	Habanero Peppers - Organic	medium	1	lbs
2	Jalapeno Peppers - Organic	small	1	lbs
3	Poblano Peppers - Organic	large	1	unit
4	Banana Peppers - Jar	8 oz	3	unit
5	Whole Wheat Bread	1.5 lbs	3	unit
6	Cut Zinnias Bouquet	medium	5	unit
7	Apple Pie	10"	3	unit
8	Cherry Pie	10"	3	unit
9	Sweet Potatoes	medium	1	lbs
10	Eggs	1 dozen	6	unit

圖 9.2

瞭解表格中的欄位

我們看到每一列有 5 個欄位，這一份表格看起來像是產品的基本資料，其中包含產品的名稱與產品分類（category）資料，每個欄位的值幾乎填滿了，少數有 NULL 出現。我們來個別察看這些欄位：

- **product_category_id** （產品分類編號）欄位是整數，由名稱看起來應該會與另外一個存放 category 資料的表格（product_category）相關聯，可推測此欄位是外部鍵（foreign key），稍後在 EDA 中確認。

- **product_name**（產品名稱）與 **product_size**（產品尺寸）欄位有許多不同的值。

- **product_qty_type**（產品單位）欄位只有兩種值：lbs（重量）與 unit（個數）。

- **product_id** （產品編號）欄位看起來應該是主鍵（primary key），但無法確認其值是否是唯一值（unique identifier）。我們可以用以下查詢確認是否有兩列資料擁有相同的 product_id，因此對 product_id 欄位用 GROUP BY 進行分組，並用 COUNT 聚合函數算出每一組有幾筆資料，然後用 HAVING 子句將分組中多於一筆列資料的篩選出來：

```
SELECT product_id, COUNT(*)
FROM farmers_market.product
GROUP BY product_id
HAVING COUNT(*) > 1
```

結果並沒有數字回傳，表示並沒有重複的 product_id。這麼做雖無法保證該欄位就是此表格的主鍵，但可確認每一個 product_id 的值在現階段是唯一值，我們可以說這個表格的粒度（granuality）是每個產品一列。

我們想知道產品分類編號到底有那些分類？就需要看 product_category 表格中有什麼，輸出如圖 9.3：

```
SELECT * FROM farmers_market.product_category
```

product_category_id	product_category_name
1	Fresh Fruits & Vegetables
2	Packaged Pantry Goods
3	Packaged Prepared Food
4	Freshly Prepared Food
5	Plants & Flowers
6	Eggs & Meat (Fresh or Fr...
7	Non-Edible Products

圖 9.3

由上圖可看到每個 product_category_id（產品分類編號）對應到的 product_category_name（產品分類名稱），這對我們以產品分類報告存貨與購買趨勢會很有幫助。

找出各分類與加總有多少種產品

如果想瞭解 product 表格中總共有多少種產品，可如下查詢，輸出如圖 9.4：

```
SELECT COUNT(*) FROM farmers_market.product
```

COUNT(*)
23

圖 9.4

到目前為止只有 23 種產品建進 product 表格。如果要將這個結果放進報表中，我們就不會使用 COUNT(*) 做為欄位名稱，而會取一個例如 differnet_products 這樣的欄位別名，但是在探索資料的階段都是查給自己看的資料，是否在每次查詢都為新欄位命名就看自己的習慣。

若是想問『每個產品分類下各有多少種產品？』我們可以讓 product_category 做為主表格，與 product 表格以兩者關聯的 product_category_id 欄位做連結，如此即可計算每個產品分類中各有多少種產品，輸出如圖 9.5：

```
SELECT pc.product_category_id, pc.product_category_name,
    COUNT(product_id) AS count_of_products
FROM farmers_market.product_category AS pc
    LEFT JOIN farmers_market.product AS p
      ON pc.product_category_id = p.product_category_id
GROUP BY pc.product_category_id
```

product_category_id	product_category_name	count_of_products
1	Fresh Fruits & Vegetables	13
2	Packaged Pantry Goods	1
3	Packaged Prepared Food	4
4	Freshly Prepared Food	0
5	Plants & Flowers	1
6	Eggs & Meat (Fresh or Fr...	2
7	Non-Edible Products	2

圖 9.5

由上圖可看到每一個產品分類確實有對上分類編號,並且可看出品項最多的產品分類是『Fresh Fruits & Vegetables(新鮮蔬果)』(有 13 種產品),但在『Freshly Prepared(已烹飪食物)』分類尚未有任何產品。

9.3 探索所有可能的欄位值

探索 product 表格中的計量單位有幾種

為了更熟悉代表分類欄位的字串值範圍,我們回想一下『product 表格中的 product_qty_type 欄位代表什麼?此欄位中包括多少種單位?』我們可以用 DISTINCT 關鍵字來回答這個問題:

```
SELECT DISTINCT product_qty_type
FROM farmers_market.product
```

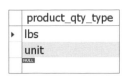

圖 9.6

在圖 9.6 中看到有 lbs 與 unit 兩種字串值,與圖 9.2 比對一下,在前十列的預覽中看到的兩種字串值就是此欄位中所有的計量單位了。我們也注意到 product_qty_type 欄位中有幾筆是 NULL 值,這必須記錄下來,萬一爾後需要對此欄位做數值計算或篩選時就需要特別留意。

探索 vendor_inventory 表格的欄位

現在讓我們來看看在 vendor_inventory 表格中的資料,並限制僅顯示 10 列資料:

```
SELECT * FROM farmers_market.vendor_inventory
LIMIT 10
```

market_date	quantity	vendor_id	product_id	original_price
2019-07-03	7.38	7	1	6.99
2019-07-06	10.96	7	1	6.99
2019-07-10	13.08	7	1	6.99
2019-07-13	10.22	7	1	6.99
2019-07-17	10.59	7	1	6.99
2019-07-20	9.04	7	1	6.99
2019-07-24	10.66	7	1	6.99
2019-07-27	6.76	7	1	6.99
2019-07-31	11.23	7	1	6.99
2019-08-03	10.72	7	1	6.99

圖 9.7

從圖 9.7 可看到每一列資料都有 5 個欄位,其中有一個 original_price(原價)欄位,單從字面上猜測這是每項產品在沒有任何促銷活動時的價格,這一點最好還是向資料庫管理者確認,我們也可以透過市集日期追蹤並觀察該數值是否會隨時間改變。此外,我們也觀察到 quantity(存貨量)欄位值有小數,表示該些產品的計量單位不論是 lbs 或 unit,都會以小數的形式記錄。

探索表格的欄位主鍵

如果你的資料庫系統支援 DESCRIBE 關鍵字,可以用 9.2 節一開始的方法察看某表格的屬性,以確認某欄位是否為主鍵(primary key)。注意!一個表格的主鍵可以是一個欄位,也可以由多個欄位組合而成,稱為複合主鍵(composite primary key),此時會用 GROUP BY 子句將可能的主鍵組合分組,並以 HAVING 子句確認此主鍵的資料是否多於一筆。

編註: 下例用到的 vendor_inventory 表格的主鍵是由 3 個欄位組成,那如何立刻知道主鍵是由哪幾個欄位組成?除了憑經驗或用 DESCRIBE 語句之外,用滑鼠在 MySQL Workbench 左邊窗格 farmers_market 資料庫下移動到表格名稱上,該表格右方會出現扳手圖示,按下去就會出現各欄位的屬性,其中 PK 欄位有打勾的就是主鍵。由於作者考慮到非 MySQL Workbench 的使用者,因此用 SQL 語句來確認對主鍵的猜想。

```sql
SELECT market_date, vendor_id, product_id, count(*)
FROM farmers_market.vendor_inventory
GROUP BY market_date, vendor_id, product_id
HAVING count(*) > 1
```

用 market_date、vendor_id、product_id 這三個欄位分組,其執行結果沒有任何輸出,表示分組後的欄位值沒有多於一列的資料,可以確認這 3 個欄位的組合在已輸入的列資料中可做為唯一值。

另外,在 MySQL Workbench 中可以從 ERD(實體關係圖)察看各表格的主鍵,如圖 9.8 所示。如此一來,就可以確定這 3 個欄位就是 vendor_inventory 表格的複合主鍵。

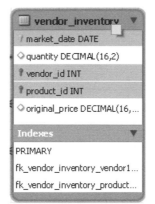

圖 9.8

編註： 在 MySQL Workbench 中要看到資料庫的 ERD，請點左方窗格的 farmers_market 資料庫，執行『Database / Reverse Engineer』命令，經過幾個交談窗按 Next 鈕（記得選取 farmers_market）就可以產生該資料庫的 ERD 架構。

探索資料中的日期範圍

從圖 9.7 也可以看到表格中的 market_date 欄位是日期資料，我們想知道『資料最遠可以回溯到多久以前？表格中記錄的第一個市集日期是何時？最近的又是何時？』要回答這幾個問題，我們可以找出此欄位中的最小（最早）以及最大（最近）值：

```
SELECT MIN(market_date), MAX(market_date)
FROM farmers_market.vendor_inventory
```

MIN(market_date)	MAX(market_date)
▸ 2019-04-03	2020-10-10

圖 9.9

由圖 9.9 中可看出 vendor_inventory 表格中的記錄只有一年半的資料，如果我們想用此資料去訓練機器學習模型做年度各季的預測時，就必須認清並解釋這個訓練資料缺乏多個完整年度資料的事實。即使有多年累積的資料，也應該確認在整個時間範圍內的交易是否有被妥善記錄。

探索供應商參與市集的日期範圍

如果想知道『總共有多少不同的供應商參與過市集？他們是何時開始在市集做生意？誰仍在最近的市集日期銷售？』為了探索這些問題，我們可以用 vendor_inventory 表格的 vendor_id 欄位做分組，並取得各 vendor_id 參與市集最早與最近的日期範圍，再依序用最早與最近的日期排序：

```
SELECT vendor_id, MIN(market_date), MAX(market_date)
FROM farmers_market.vendor_inventory
GROUP BY vendor_id
ORDER BY MIN(market_date), MAX(market_date)
```

vendor_id	MIN(market_date)	MAX(market_date)
7	2019-04-03	2020-10-10
8	2019-04-03	2020-10-10
4	2019-06-01	2020-09-30

圖 9.10

圖 9.10 的輸出代表只有三個供應商存貨資料被納入 vendor_inventory 表格中，供應商 7、8 從 2019-04-03 就開始在市集做生意，最近的日期是 2020-10-10。供應商 4 起步比前兩者晚約兩個月，最近一次是 2020-09-30 的市集。

9.4 探索資料隨時間變化的情況

探索階段在檢查日期時，第一個可能會想到此資料庫是否有針對特殊時段做標示，比如說 2020 年新冠（Covid-19）疫情開始，實體店面銷售衰退而線上購物大增的購物型態轉變都有可能影響銷售，如果有將這段期間的銷售記錄標示出來，對建構預測模型時會很有幫助。

此外，在看到圖 9.10 後可能會產生的一個問題是：大部分的供應商整年都營業嗎？還是不同的供應商有各自的營業期間？我們接下來會從市集日期中抓出月份以及年份（利用 EXTRACT 日期時間函數），並計算每個月有營業的供應商數量：

```
SELECT
    EXTRACT(YEAR FROM market_date) AS market_year,
    EXTRACT(MONTH FROM market_date) AS market_month,
    COUNT(DISTINCT vendor_id) AS vendors_with_inventory
FROM farmers_market.vendor_inventory
GROUP BY EXTRACT(YEAR FROM market_date),
         EXTRACT(MONTH FROM market_date)
ORDER BY EXTRACT(YEAR FROM market_date),
         EXTRACT(MONTH FROM market_date)
```

因為此資料庫中只有存入三個供應商的庫存資料，從圖 9.11 只看得到有些月份有兩個供應商，有些又有三個供應商，但仔細看過仍可發現 2019、2020 這兩年的 6 到 9 月都是三個供應商，而其它營業月份都只有兩個供應商，所以其中一個供應商很可能是季節性的參與，再從圖 9.10 各供應商參與的時間範圍，我們猜測或許就是供應商 4。

market_year	market_month	vendors_with_inventory
2019	4	2
2019	5	2
2019	6	3
2019	7	3
2019	8	3
2019	9	3
2019	10	2
2019	11	2
2019	12	2
2020	3	2
2020	4	2
2020	5	2
2020	6	3
2020	7	3
2020	8	3
2020	9	3
2020	10	2

圖 9.11

從圖 9.11 中還發現到 market_month 獨缺 1 月及 2 月,猜想農夫市集在這兩個月不營業(但仍然需跟相關人員確認是否為事實,如果實際有營業卻沒有記錄,此份資料就有缺漏了)。在資料探索階段,需要檢查資料的這些層面,而不是等到進行分析時才發現問題,因為我們預期在分析階段能夠完全理解輸出的意義,不要等到感覺怪怪後才回頭找資料的問題。

接下來,我們要看特定供應商的存貨資料細節,下面以供應商 7 為例,這個查詢的部分輸出如圖 9.12 所示(特別擷取 5 月中到 7 月初):

```
SELECT * FROM farmers_market.vendor_inventory
WHERE vendor_id = 7
ORDER BY market_date, product_id
```

market_date	quantity	vendor_id	product_id	original_price
2019-05-15	30.00	7	4	4.00
2019-05-18	30.00	7	4	4.00
2019-05-22	40.00	7	4	4.00
2019-05-25	30.00	7	4	4.00
2019-05-29	40.00	7	4	4.00
2019-06-01	30.00	7	4	4.00
2019-06-05	40.00	7	4	4.00
2019-06-08	30.00	7	4	4.00
2019-06-12	30.00	7	4	4.00
2019-06-15	40.00	7	4	4.00
2019-06-19	40.00	7	4	4.00
2019-06-22	40.00	7	4	4.00
2019-06-26	40.00	7	4	4.00
2019-06-29	30.00	7	4	4.00
2019-07-03	7.38	7	1	6.99
2019-07-03	33.63	7	2	3.49
2019-07-03	70.00	7	3	0.50
2019-07-03	40.00	7	4	4.00

圖 9.12

從圖 9.12 可看出供應商 7 在 5、6 月只賣一種產品(product_id 為 4),然後從 7 月才出現其它一些產品(product_id 為 1-3)。而且產品編號 4 的原價都沒有變化,在整個時間範圍內都是 4.00 元。由 quantity 欄位看出數量為 30.00、40.00 的單位應該是個數(unit),而有些數量為 7.38、33.63 的應該是重量(lbs)。

9.5 探索多個表格 (1) - 彙總銷售量

由圖 9.12 我們對供應商 7 帶來的產品 4 感到好奇,他在每個市集日期都會帶來 30 或 40 個,到底能賣出多少個呢?因為供應商的存貨資料是記錄在 vendor_inventory 表格中,而每個市集日期的實際銷量是記錄在 customer_purchases 表格的每一筆記錄中,如果想將每個市集日期帶來的存貨量與實際銷售的量做比較,那就需要同時查詢這兩個表格。

我們在本節先探索 customer_purchases 表格,並將供應商 7 在每個市集日期銷售的產品 4 總量與營業額先算出來,然後再於第 9.6 節與 vendor_inventory 表格連結起來,即可比較存貨量與實際銷量了。

探索 customer_purchases 表格的內容

我們到 customer_purchases 表格看看產品的銷售情況,並與供應商的存貨資料做比較。首先,需要察看該表格中包含哪些資料,所以先選取所有欄位並預覽前十列資料:

```sql
SELECT * FROM farmers_market.customer_purchases
LIMIT 10
```

product_id	vendor_id	market_date	customer_id	quantity	cost_to_customer	transaction_time
1	7	2019-07-03	16	2.02	6.99	18:18:00
1	7	2019-07-03	22	0.66	6.99	17:34:00
1	7	2019-07-06	4	0.27	6.99	12:20:00
1	7	2019-07-06	12	3.60	6.99	09:33:00
1	7	2019-07-06	23	1.49	6.99	12:26:00
1	7	2019-07-06	23	2.56	6.99	12:46:00
1	7	2019-07-10	3	2.48	6.99	18:40:00
1	7	2019-07-10	4	2.13	6.99	18:06:00
1	7	2019-07-10	23	3.61	6.99	18:56:00
1	7	2019-07-13	2	4.24	6.99	09:02:00

圖 9.13

如圖 9.13 所示，每一列有 7 個欄位，包括 product_id（產品編號）、vendor_id（供應商編號）、market_date（市集日期）、customer_id（客戶編號）、quantity（數量）、cost_to_customer_per_qty（對顧客的每單位售價），以及 transaction_time（交易時間）。

我們可以看到顧客購買的每一項產品都有其專屬的一列，並將購買數量記錄在 quantity 欄位。然後由 cost_to_customer_per_qty 欄位推測也許不同的顧客拿到的價格不一定相同，這也是為何要在 vendor_inventory 表格中記錄 original_price（原價）的原因。我們也注意到 quantity 和 cost_to_customer_per_qty 的欄位值都是帶有兩位小數的數值。

此外，除了 market_time 的日期以外，連交易時間 transaction_time 也被記錄下來，這可以讓我們根據一天中的不同時段來製作客流報表，或者透過查找各顧客在當日最早和最晚的購買時間，可估計每位顧客在市集停留的時間。

由於 vendor_id 與 product_id 欄位都在此表格中，就可用來仔細觀察供應商 7 提供的產品 4 的銷售狀況：

```
SELECT * FROM farmers_market.customer_purchases
WHERE vendor_id = 7 AND product_id = 4
ORDER BY market_date, transaction_time
```

product_id	vendor_id	market_date	customer_id	quantity	cost_to_customer	transaction_time
4	7	2019-04-03	7	5.00	4.00	17:59:00
4	7	2019-04-03	4	1.00	4.00	18:09:00
4	7	2019-04-03	12	3.00	4.00	18:35:00
4	7	2019-04-03	3	1.00	4.00	18:44:00
4	7	2019-04-03	5	3.00	4.00	18:54:00
4	7	2019-04-03	16	2.00	4.00	18:58:00
4	7	2019-04-06	12	5.00	4.00	08:12:00
4	7	2019-04-06	12	5.00	4.00	08:41:00
4	7	2019-04-06	2	5.00	4.00	09:34:00
4	7	2019-04-06	5	1.00	4.00	11:51:00
4	7	2019-04-06	16	5.00	4.00	13:12:00
4	7	2019-04-06	16	3.00	4.00	13:34:00

圖 9.14

探索某位顧客購買某樣產品的習性

由圖 9.14 看到在 2019-04-03 與 2019-04-06 這兩個市集日期中,每位顧客購買產品 4 的每筆交易數量 (quantity) 都在 1 到 5 之間,交易單價都是 4 元。而且發現顧客 12 在這兩天共買了 3 次,我們出於好奇再執行一次相同的查詢,並增加以 customer_id = 12 篩選並做排序,來了解此位顧客對購買某件產品的更多細節:

```
SELECT * FROM farmers_market.customer_purchases
WHERE vendor_id = 7 AND product_id = 4 AND customer_id = 12
ORDER BY customer_id, market_date, transaction_time
```

product_id	vendor_id	market_date	customer_id	quantity	cost_to_customer	transaction_time
4	7	2019-04-03	12	3.00	4.00	18:35:00
4	7	2019-04-06	12	5.00	4.00	08:12:00
4	7	2019-04-06	12	5.00	4.00	08:41:00
4	7	2019-04-10	12	4.00	4.00	16:45:00
4	7	2019-04-10	12	2.00	4.00	16:58:00
4	7	2019-04-20	12	1.00	4.00	11:51:00
4	7	2019-04-27	12	3.00	3.50	13:32:00
4	7	2019-05-08	12	1.00	4.00	17:30:00
4	7	2019-05-11	12	2.00	4.00	09:32:00
4	7	2019-05-11	12	4.00	4.00	09:40:00
4	7	2019-05-15	12	1.00	4.00	17:06:00
4	7	2019-05-15	12	1.00	4.00	17:27:00

圖 9.15

看起來顧客 12 很喜歡產品 4,他首次在 4 月 3 日買了 3 個,三天後的 4 月 6 日再買了 5 個,過了約半小時又買了 5 個,後續的市集日期也持續購買,或許以後有類似的產品可以主動推薦給他。

你可以用類似的方式透過市集日期與交易時間,還有 vendor_id、customer_id 等欄位組合,藉此大致了解這份資料能帶來哪些用途,同時也察看是否有任何奇怪之處,以便協同領域專家跟進處理。

彙總各市集日期某產品的銷量與營業額

仔細觀察 customer_purchases 表格的資料，可看到每個供應商在每個市集日期中的每個產品有多次銷售記錄，但我們想看經過彙總後的資料長什麼樣子。而且，既然我們想比較每個市集日期的銷量與供應商帶到市場的存貨量，就要先依市集日期彙總銷售資料。所以說，我們可將 market_date、vendor_id、product_id 欄位做分組，再計算各分組的加總銷售量（取欄位別名 quantity_sold）與加總銷售額（用 ROUND 函數取小數兩位，欄位別名 total_sales）。查詢與輸出如下所示：

```
SELECT
    market_date,
    vendor_id,
    product_id,
    SUM(quantity) AS quantity_sold,
    ROUND(SUM(quantity * cost_to_customer_per_qty), 2)
        AS total_sales
FROM farmers_market.customer_purchases
WHERE vendor_id = 7 and product_id = 4
GROUP BY market_date, vendor_id, product_id
ORDER BY market_date, vendor_id, product_id
```

market_date	vendor_id	product_id	quantity_sold	total_sales
2019-04-03	7	4	15.00	60.00
2019-04-06	7	4	24.00	96.00
2019-04-10	7	4	23.00	92.00
2019-04-13	7	4	14.00	56.00
2019-04-17	7	4	24.00	84.00
2019-04-20	7	4	11.00	44.00
2019-04-24	7	4	18.00	72.00
2019-04-27	7	4	23.00	80.50
2019-05-01	7	4	21.00	84.00
2019-05-04	7	4	16.00	64.00
2019-05-08	7	4	17.00	68.00
2019-05-11	7	4	13.00	52.00

圖 9.16

從圖 9.16 即可看出供應商 7 的產品 4 在每個市集日期的實際銷量與營業額。

至此已經準備好可以回答問題的資料了，接下來在第 9.6 節就來看看如何將產品銷售資料與存貨資料進行比對！

9.6 探索多個表格 (2) - 存貨量 vs. 銷售量

到目前為止的資料探索階段，我們已大概了解表格與表格之間的關聯性，現在就試著將這些資料進行合併，以利對實體關係有更進一步的了解。比如說，在第 9.5 節已經將 customer_purchases 表格整理成與 vendor_inventory 表格可直接進行連結的程度，也就是每列資料都有 market_date、vendor_id、product_id 這三個欄位，只要將這兩個表格連結起來，就能從輸出中同時看到存貨資料與銷售資料了。

連結 vendor_inventory 與 customer_purchases 表格

要連結這兩個表格，主要有以下幾個重點：

1. 將圖 9.16 的查詢做為子查詢，也就是先從 customer_purchases 表格中彙總每個市集日期的銷售量與銷售額的結果，以表格別名 sales 稱之。請注意！我們還沒有用 WHERE 子句設定篩選條件。

2. 在外部查詢用 vendor_inventory（取別名為 vi）做為 LEFT JOIN 的主表格，而子查詢得到的 sales 表格為從表格，兩個表格在 ON 子句中用 market_date、vendor_id、product_id 欄位做連結。

3. 然後在 SELECT 將連結後的表格所有欄位列出來，並以 market_date、vendor_id、product_id 依序排序。最後限制輸出 10 筆資料。

```
SELECT *
FROM farmers_market.vendor_inventory AS vi
    LEFT JOIN
        (
        SELECT
            market_date,
            vendor_id,
            product_id,
            SUM(quantity) AS quantity_sold,
            ROUND(SUM(quantity * cost_to_customer_per_qty), 2)
                AS total_sales
        FROM farmers_market.customer_purchases
        GROUP BY market_date, vendor_id, product_id
        ) AS sales
    ON vi.market_date = sales.market_date
        AND vi.vendor_id = sales.vendor_id
        AND vi.product_id = sales.product_id

ORDER BY vi.market_date, vi.vendor_id, vi.product_id
LIMIT 10
```

market_date	quantity	vendor_id	product_id	original_price	market_date	vendor_id	product_id	quantity_sold	total_sales
2019-04-03	40.00	7	4	4.00	2019-04-03	7	4	15.00	60.00
2019-04-03	16.00	8	5	6.50	2019-04-03	8	5	3.00	19.50
2019-04-03	8.00	8	7	18.00	2019-04-03	8	7	4.00	72.00
2019-04-03	10.00	8	8	18.00	2019-04-03	8	8	9.00	162.00
2019-04-06	40.00	7	4	4.00	2019-04-06	7	4	24.00	96.00
2019-04-06	23.00	8	5	6.50	2019-04-06	8	5	22.00	143.00
2019-04-06	8.00	8	7	18.00	2019-04-06	8	7	3.00	54.00
2019-04-06	8.00	8	8	18.00	2019-04-06	8	8	5.00	90.00
2019-04-10	30.00	7	4	4.00	2019-04-10	7	4	23.00	92.00
2019-04-10	23.00	8	5	6.50	2019-04-10	8	5	17.00	110.50

圖 9.17

在圖 9.17 可看到前 5 個欄位來自 vendor_inventory 表格，後 5 個欄位來自子查詢的 sales 表格。而且兩個表格的 vendor_id、product_id、market_date 欄位確實互相匹配到，經過與 customer_purchases 表格的資料比對後，就可以確認表格連結無誤。然後將不需要的欄位移除，只輸出需要的欄位即可。

讓庫存量與銷售量直接對照

在外部查詢的 SELECT 不要使用星號，而是一一列舉需要輸出的欄位名稱，例如將上面查詢的 SELECT * 改為下面這樣，就可以讓 quantity（供應商帶來的數量）與 quantity_sold（實際銷售量）兩個欄位直接對比了：

```
SELECT vi.market_date, vi.vendor_id, vi.product_id,
       vi.original_price, vi.quantity,
       sales.quantity_sold, sales.total_sales
```

market_date	vendor_id	product_id	original_price	quantity	quantity_sold	total_sales
2019-04-03	7	4	4.00	40.00	15.00	60.00
2019-04-03	8	5	6.50	16.00	3.00	19.50
2019-04-03	8	7	18.00	8.00	4.00	72.00
2019-04-03	8	8	18.00	10.00	9.00	162.00
2019-04-06	7	4	4.00	40.00	24.00	96.00
2019-04-06	8	5	6.50	23.00	22.00	143.00
2019-04-06	8	7	18.00	8.00	3.00	54.00
2019-04-06	8	8	18.00	8.00	5.00	90.00
2019-04-10	7	4	4.00	30.00	23.00	92.00
2019-04-10	8	5	6.50	23.00	17.00	110.50

圖 9.18

我們在這個查詢之所以將 vendor_inventory 做為 LEFT JOIN 的主表格，是因為顧客無法購買不在貨存資料中的產品（理論上如此，但還是必須從資料確認無庫存卻可購買的情況絕對不應發生，萬一有的話，表示供應商在輸入可用庫存時有誤）。

此外，可能有些產品有存貨卻並未有交易記錄，將 vendor_inventory 做為主表格，我們仍然能看到這些庫存，但如果換成 RIGHT JOIN，該些庫存資料會因為沒有交易記錄，經過連結後就看不到了。

將供應商名稱與產品名稱都放進輸出中

單單看到 vendor_id、product_id 其實並沒有感覺，我們可以將這些編號轉換為可閱讀的名稱，也就是轉換成 vendor_name（供應商名稱）以及 product_name（產品名稱），而這兩個名稱分別存放在 vendor 表格與 product 表格中。

> **編註：** 這表示接下來的查詢除了原本的 vendor_inventory、customer_purchases 表格外，還會再將 vendor、product 表格一併連結進來，如此才能取得 vendor_name 與 product_name 欄位的值。這會是本書到目前為止最長的查詢，但並不難懂，小編也將執行順序整理成步驟來說明。

以下查詢一樣以供應商 7 與產品 4 為例（寫在 WHERE 子句中），有以下幾個重點：

1. 如同前面的範例，彙總 customer_purchases 表格的銷售量與銷售額，並將此做為子查詢，查詢結果取別名 sales。

2. 於外部查詢以 vendor_inventory（取別名 vi）做為 LEFT JOIN 的主表格，在 ON 子句中以 market_date、vendor_id、product_id 欄位與 sales 表格連結。至此都與圖 9.7 的查詢相同。

3. 接下來要取得 vendor_name，用 LEFT JOIN 將 vendor 表格（取別名 v）附加進來，在 ON 子句以 vendor_id 相連結，如此輸出就可顯示 vendor_name。

4. 再來要取得 product_name，繼續用 LEFT JOIN 將 product 表格（取別名 p）附加進來，在 ON 子句以 product_id 連結，輸出就可顯示 product_name。

5. 在外部查詢的 SELECT 中列出想要看到的欄位，其中當然要包括 vendor_name 與 product_name（程式落落長就是為了它倆）。

6. 最後再用 ORDER BY 子句依序對 market_date、vendor_id、product_id 做排序。其實並不難，對吧！

```
SELECT
    vi.market_date,
    vi.vendor_id, v.vendor_name,
    vi.product_id, p.product_name,
    vi.quantity AS quantity_available,
    sales.quantity_sold, vi.original_price,
    sales.total_sales
FROM farmers_market.vendor_inventory AS vi
    LEFT JOIN
        (
        SELECT market_date,
                vendor_id,
                product_id,
                SUM(quantity) AS quantity_sold,
                SUM(quantity * cost_to_customer_per_qty)
                    AS total_sales
        FROM farmers_market.customer_purchases
        GROUP BY market_date, vendor_id, product_id
        ) AS sales
    ON vi.market_date = sales.market_date
        AND vi.vendor_id = sales.vendor_id
        AND vi.product_id = sales.product_id
    LEFT JOIN farmers_market.vendor v
        ON vi.vendor_id = v.vendor_id
    LEFT JOIN farmers_market.product p
        ON vi.product_id = p.product_id

WHERE vi.vendor_id = 7 AND vi.product_id = 4
ORDER BY vi.market_date, vi.vendor_id, vi.product_id
```

market_date	vendor_id	vendor_name	product_id	product_name	quantity_avai	quantity_sold	original_price	total_sales
2019-04-03	7	Marco's Peppers	4	Banana Peppe...	40.00	15.00	4.00	60.0000
2019-04-06	7	Marco's Peppers	4	Banana Peppe...	40.00	24.00	4.00	96.0000
2019-04-10	7	Marco's Peppers	4	Banana Peppe...	30.00	23.00	4.00	92.0000
2019-04-13	7	Marco's Peppers	4	Banana Peppe...	30.00	14.00	4.00	56.0000
2019-04-17	7	Marco's Peppers	4	Banana Peppe...	40.00	24.00	4.00	84.0000
2019-04-20	7	Marco's Peppers	4	Banana Peppe...	40.00	11.00	4.00	44.0000
2019-04-24	7	Marco's Peppers	4	Banana Peppe...	40.00	18.00	4.00	72.0000
2019-04-27	7	Marco's Peppers	4	Banana Peppe...	30.00	23.00	4.00	80.5000
2019-05-01	7	Marco's Peppers	4	Banana Peppe...	40.00	21.00	4.00	84.0000
2019-05-04	7	Marco's Peppers	4	Banana Peppe...	30.00	16.00	4.00	64.0000

圖 9.19

加入供應商名稱與產品名稱之後，我們能更容易了解這些資料的意思。由圖 9.19 可以看出 Marco's Peppers（供應商 7），他每次都會帶 30-40 罐 Banana Peppers –Jar（產品 4：罐裝香蕉椒。 編註 這種辣椒形狀類似香蕉，辣度低且稍甜）。

畫出存貨量與銷售量對照圖

若想更仔細觀察各市集日期的存貨量與銷售量，就可以將 SQL 查詢的結果匯出，並藉助 Tableau 或 Power BI 之類的商業智慧軟體繼續探索，產出視覺化的報表。 編註 小編在此是用 Excel 簡單製作出 2020 年 6、7 月各市集日期的存貨（Inventory）與銷售量（Sales）對照直條圖。在 Excel 建立圖表可參考《Excel 儀表板與圖表設計＋ Power BI 資料處理》一書，由旗標科技出版。

將前面查詢的結果匯出成 Excel 可讀取的格式（例如 .CSV）。請注意！如果某數值欄位中有 NULL 值存在，該欄位匯入 Excel 後會全部變成文字，需將包含 NULL 的列資料刪除或填補，並將該欄位轉換為數值格式才行。接著就可以在 Excel 建立樞紐分析圖表了，圖 9.20 就是產生的直條圖：

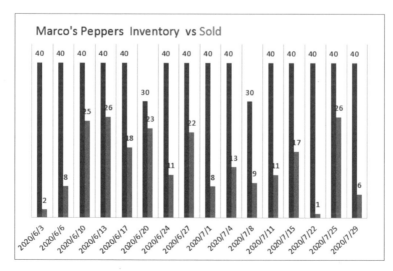

圖 9.20

編註 可下載本書補充資源的『CH09 圖 9.20 範例資料.xlsx』檔案。

由圖 9.20 視覺化的呈現方式，更容易看出 Marco's Peppers 每次帶來 30-40 罐香蕉椒，實際銷量 1~26 罐不等。

要深入調整並察看各供應商與產品的組合，可以放寬（或刪除）SQL 查詢 WHERE 子句的篩選條件，並將生成的資料集匯入分析軟體中建立儀表板或報表。

編註: **ChatGPT 來幫忙**

ChatGPT Plus 的訂閱者可以使用 Code Interpreter 跑程式（Python），也可以讀取上傳的檔案內容，這確實挺神奇的。小編將上面用於繪製直條圖的範例 Excel 檔在 ChatGPT 的 Code Interpreter 模式當作附件，並且請它讀取並計算 Excel 裡面的資料，它真的可以做到（提醒：機密文件不建議上傳給 ChatGPT）：

> SU　請幫我加總這個 Excel 檔案中 total_sales 欄位的值, 並顯示 market_date 欄位最早與最晚的日期
>
> 　📄 CH09 圖9.20範例資料.xlsx　◀── 將檔案附加上去

> 🤖　Finished working　Show work ⌄
>
> 在 Excel 檔案中，"total_sales" 欄位的加總為 8324。
>
> 而 "market_date" 欄位最早的日期為 2019-04-03，最晚的日期為 2020-10-10。

Code Interpreter 目前可以執行 Python 程式，對於 SQL 程式碼會自動轉換成 Python 執行。以下我們同樣將這個範例 Excel 檔當作附件傳給 ChatGPT。此 Excel 檔會被視為一個資料庫，裡面的每個工作表視為資料庫的表格，如此我們就可以用 SQL 查詢直接找出 data 工作表內符合篩選條件的記錄了，請看下面的例子：

 請幫我從檔案中用以下 SQL 語法查詢資料：
SELECT market_data, vendor_name, product_name, total_sales
From data
WHERE market_date BETWEEN '2020-08-15' AND '2020-08-30'

  📄 CH09 圖9.20範例資料.xlsx ◄── 將檔案附加上去

Finished working   Show work ∨

以下是從 "data" 工作表中，選取 "market_date" 介於 2020-08-15 和 2020-08-30 之間的資料結果：

market_date	vendor_name	product_name	total_sales
2020-08-15	Marco's Peppers	Banana Peppers - Jar	48
2020-08-19	Marco's Peppers	Banana Peppers - Jar	40
2020-08-22	Marco's Peppers	Banana Peppers - Jar	32
2020-08-26	Marco's Peppers	Banana Peppers - Jar	42
2020-08-29	Marco's Peppers	Banana Peppers - Jar	48

這些資料均為 'Marco's Peppers' 供應商的 'Banana Peppers - Jar' 產品在上述日期區間的總銷售量。

練習

1. 在連結 customer_purchases 與 vendor_inventory 表格之前，我們應該先確認兩者資料的時間範圍相同。在圖 9.9 已經看過 vendor_purchases 表格中最早與最近日期，這裡請撰寫一個查詢獲取 customer_purchases 表格中最早和最近的日期。

2. MySQL 中有一個 DAYNAME 函數，可以回傳日期對應的星期名稱。請在 customer_purchases 表格上使用 DAYNAME，按照星期和小時分組，計算 Wednesday 和 Saturday 每小時內有多少顧客。可參考第 6 章聚合函數的 COUNT DISTINCT 和第 8 章 EXTRACT 函數的用法。

3. 試著以探索資料的角度，有哪些問題是你想從資料中得知的？請試著寫兩個探索或彙總 product、vendor_inventory 或 customer_purchases 表格資料的查詢。

MEMO

10

—

打造可重複分析用的
自訂資料集

在前面各章介紹過許多種 SQL SELECT 語法，並建構資料集以回答問題。在資料分析領域中，接受特定提問、探索資料庫、撰寫 SQL 提取所需的資料，進行分析得到問題的答案，這一個過程稱為『ad-hoc reporting』。

> 編註： 例行報表是預先排定產出的時間與一致的格式，而 ad-hoc reporting 是因一次性、特殊目的、或臨時性的需求而產生的報表。譯名有即席報表、臨時報表或特定報表等，一般直接用原文即可。ad-hoc reporting 可被視為分析的過程，也需要能支援 ad-hoc reporting 的商業智慧工具。

我經常在自己舉行的資料科學會議中說到，如圖 10.1 的過程是對每位資料分析師或資料科學家的期望：能夠聆聽來自業務相關者的問題，提取資料庫的資料，經過計算後輸出可以回答問題的資料，並以對方容易理解的形式呈現，以便他們依此做出決策：

Business Question	← 問題的起點，通常源於業務需求
Data Question	← 將業務問題轉化為可以用資料回答的問題
Data Answer	← 透過資料分析得到可以回答問題的結果
Business Answer	← 將資料答案轉化為業務決策者能理解的訊息

圖 10.1

由前面學到的 SQL 語句，我們已經有能力透過篩選、連結、彙總等功能，回答農夫市集經理提出的一些臨時性問題。接下來，我們會將這些技能再提升，呈現解決問題的思考脈絡，並模擬回答業務相關者的問題。我們會設計並定制出可重複利用的分析資料集，來加強 ad-hoc reporting 的內容、建構儀表板，並作為預測模型的輸入資料集之用。

10.1　思考自訂資料集的需求

我們在本章會看幾個範例，了解如何設計可重複利用的定制資料集，而這份資料集可以依預期的問題用來產生不同的報表。經驗豐富的分析師撰寫 SQL 查詢時，當然不會只考慮回答當前的單一問題，而會想得更多一點，思考『如何打造分析用的資料集』，並設計 SQL 查詢去合併與彙總所需的資料，以回答未來類似或延伸性的問題。

考慮需要用到的度量值與維度

你可以將資料集視為一個已經在所需的細節層次上進行彙總的表格，其中包含多個**度量值**（measures）和**維度**（dimensions），以便按這些度量值和維度進行拆解分析。分析資料集是專為報表和預測模型設計的，通常結合來自多個表格的資料，並以適合進行多種分析的粒度（詳細程度）進行彙總。

> 編註： **度量值**是指可被量化與分析的資料（例如銷售額），我們可以將度量值衍生或轉換出評估用的**指標**（metrics），並以各種**維度**（例如從月份、地區等）做分析，如同從不同角度與視野去觀察這些資料。

如果資料集是為了視覺化報表或儀表板準備的，那麼將所有供閱讀之用的欄位（例如供應商名稱要比供應商編號來得好懂）也一併連結進來會是個明智之舉。此外還包括指標（要加總的一些數值欄位，例如銷售額）以及維度（用於分組以及從不同角度深入分析的類別，例如產品分類）。

我知道業務通常一旦開始問問題，就幾乎不會只有一個問題，所以我會利用時間預期後續可能被問到的問題，並製作出可以回答這些問題的資料集。預期未來可能的問題是每個分析師隨著時間與經驗慢慢培養出來的能力。例如，農夫市集的經理問我：『上週市集的總營業額是多少？』我不會只準備這個問題的答案，還會預期他接下來可能也會問『上個星期三與星期六的營業額相比如何？』、『某一段時間的總營業額？』、『針對每週市集的營業額進行定期追蹤』等等。只要時間允許，我可以自訂一個資料集，並將此資料集匯入商業智慧分析軟體的報表系統，就可以回答各種臨時性的提問。

由於業務一定會討論銷售和時間的彙總資料，我首先會思考各種可能的時間粒度，以便根據這些粒度進行市場銷售的多維分析。有可能需要按分鐘、小時、日、週、月、年等不同時間粒度來彙總銷售資料。隨後，我會考慮除時間以外的其他潛在維度，這些維度可能被用來篩選或摘要總結銷售資料，例如供應商或顧客的郵遞區號（ 編註： 居住區域也可做為維度）。

打造這個資料表時選擇的資料粒度，會影響後續篩選或彙總資料。例如，在建資料集時是以『週』來彙總，那就沒辦法從這個資料集中得到『日』銷售，因為兩者的粒度不一樣（□編註: 日的粒度要比週的粒度來得細）。

反之，如果我選擇以『分鐘』（粒度比『日』更細）來彙總銷售的資料集。那麼當問題是詢問日或週銷售時，我就可以在查詢中使用 GROUP BY 子句將同一日或同一週的所有分鐘資料聚合起來。

若你要建立一個供商業智慧工具使用的資料集，且該工具（例如 Tableau、Power BI）能自動簡化聚合過程，那麼保持資料集的粒度越細越好，以便能深入挖掘資料中最小的時間單位。在這類軟體中創建報表時，指標（measures）會被自動預設為聚合的形式，必須加入各種維度（dimensions）拆分這些指標。依日期進行彙總極為簡便，只需將任何日期時間欄位拖曳到報表中，並選擇呈現該日期欄位的時間尺度，無論底層的資料集是以每日或每秒為單位都可自動處理。

然而，如果你主要是用 SQL，那就需要用 GROUP BY 進行分組，以便每次在建立報表時能按照所需的資料層級進行彙總。如果你預期之後會一直被問到『日』層級的銷售，就可以將資料粒度彙總到日的層級。要是遇到極少數情況要求你提供以小時為單位的銷售額時，那也只好另外撰寫 SQL 到原始表格中查詢了。

在此例中，我大膽假設絕大多數的報表都會以每日或每週為層級，所以我可以建立每日一列的資料集。在每一列中，不僅可以彙總每日的總銷售額，還包括其他彙總後的資訊。

不過，在經過深思熟慮之後，意識到被要求提供的報表通常會依供應商區分，因此需要修改設計從以每日一列的資料，改為以每個供應商每日一列的形式，如此更方便我們篩選出特定供應商或數個供應商在任何指定時間範圍內的銷售資料。

在農夫市集資料庫中，銷售資料記錄在 customer_purchases 表格中，也就是每一列就是一筆消費記錄。此表格中的每一列資料有購買的產品編號、供應商編號，以及購買的顧客編號，交易日期與時間，還有購買量及單位價格。由於我在設計資料集時，設定是每一個供應商與日期為一列資料，並不需要納入其他有關顧客及產品更詳細的資訊。而且因為粒度最細的欄位是 market_date，就不需要考慮追蹤其他的時間欄位。

我會從 SELECT 敘述開始，只將需要的欄位提取出來，並排除不需要的資料。接著將資料以我想要的粒度進行彙總。我在此資料集中不需要納入 quantity 欄位，只需要最後的銷售額即可（也就是將數量與成交單價相乘）：

```
SELECT
    market_date,
    vendor_id,
    quantity * cost_to_customer_per_qty
FROM farmers_market.customer_purchases
```

在聚合資料前先仔細檢視上面查詢的輸出結果，確保輸出的是想看到的欄位。

我打算用市集日期（market_date）欄位與供應商編號（vendor_id）欄位分組，再將銷售額加總，且用 ROUND 函數將數值取到兩位小數，並賦予欄位別名 sales。輸出如圖 10.2：

```
SELECT
    market_date,
    vendor_id,
    ROUND(SUM(quantity * cost_to_customer_per_qty),2) AS sales
FROM farmers_market.customer_purchases
GROUP BY market_date, vendor_id
ORDER BY market_date, vendor_id
```

market_date	vendor_id	sales
2019-04-03	7	60.00
2019-04-03	8	253.50
2019-04-06	7	96.00
2019-04-06	8	287.00
2019-04-10	7	92.00
2019-04-10	8	308.50
2019-04-13	7	56.00
2019-04-13	8	183.00
2019-04-17	7	84.00
2019-04-17	8	256.50

圖 10.2

檢視資料集是否足以回答預期的問題

現在是檢視這個輸出結果的好時機,看看它能否回答預期的問題?加入其他哪些資訊對報表會有價值?讓我們一項一項來探討:

- **上週市集的總營業額是多少?** 這有很多種解決方法,一個比較簡單的做法是將上週日期的資料篩選出來,並將該期間的所有銷售額加總。如果有新的日期銷售資料加入,報表可以隨著資料動態更新,也就是固定將『上週的資料』加總。我們只需在查詢中將現今日期往回七天,計算這七天的銷售額即可。

- **上個星期三與星期六的營業額相比如何?** 我們可以使用 DAYNAME 函數回傳每個市場日期的星期名稱。加入這些星期名稱的資料在後續分組時就可以用到。如果我們探索 market_date_info 表格,會發現其中有個欄位 market_day 就已經有每個市集日期的星期名稱,所以也可以考慮將該表格 JOIN 進來。

- **想知道某一段時間的總營業額?** 我們只要將現有的查詢,設定篩選的時間範圍後再加總即可。

- **針對每週市集的營業額進行定期追蹤:** 我們可以從 market_date 欄位用 WEEK、YEAR 函數取出週與年份納入資料集,並以週做分組(如此可做年度間的比較)或同時以年與週分組都是常見的做法。當然,這兩個值已經在 market_date_info 表格裡了,所以也可以將此表格 JOIN 進來。

- **我們可以將每週銷售額以供應商為單位彙總嗎？**因為我們有納入 vendor_id 欄位，所以可對供應商進行分組或篩選來回答類似的問題。當然，我更建議要將供應商名稱（vendor_name）與供應商類型（vendor_type）欄位也連結進來，以因應後續對供應商分組時，不會只看到供應商的編號而已。

從以上評估資料集是否已納入足夠回答預期問題的探討中，我們發現有些表格裡的欄位很有價值，包括來自 market_date_info 表格的 market_day、market_week、market_year 欄位（也就是在各該市集日期的屬性，例如是否下雨，這或許也可以當做分析的一個維度），以及 vendor 表格的 vendor_name、vendor_type 欄位。

這些有用的欄位資料，我們就用 LEFT JOIN 一併納入資料集中吧。這段查詢與輸出見圖 10.3：

```sql
SELECT
    cp.market_date,
    md.market_day,
    md.market_week,
    md.market_year,
    cp.vendor_id,
    v.vendor_name,
    v.vendor_type,
    ROUND(SUM(cp.quantity * cp.cost_to_customer_per_qty),2)
      AS sales
FROM farmers_market.customer_purchases AS cp
    LEFT JOIN farmers_market.market_date_info AS md
      ON cp.market_date = md.market_date
    LEFT JOIN farmers_market.vendor AS v
      ON cp.vendor_id = v.vendor_id
GROUP BY cp.market_date, cp.vendor_id
ORDER BY cp.market_date, cp.vendor_id
```

market_date	market_day	market_week	market_year	vendor_id	vendor_name	vendor_type	sales
2019-04-03	Wednesday	14	2019	7	Marco's Peppers	Fresh Focused	60.00
2019-04-03	Wednesday	14	2019	8	Annie's Pies	Prepared Foods	253.50
2019-04-06	Saturday	14	2019	7	Marco's Peppers	Fresh Focused	96.00
2019-04-06	Saturday	14	2019	8	Annie's Pies	Prepared Foods	287.00
2019-04-10	Wednesday	15	2019	7	Marco's Peppers	Fresh Focused	92.00
2019-04-10	Wednesday	15	2019	8	Annie's Pies	Prepared Foods	308.50
2019-04-13	Saturday	15	2019	7	Marco's Peppers	Fresh Focused	56.00
2019-04-13	Saturday	15	2019	8	Annie's Pies	Prepared Foods	183.00
2019-04-17	Wednesday	16	2019	7	Marco's Peppers	Fresh Focused	84.00
2019-04-17	Wednesday	16	2019	8	Annie's Pies	Prepared Foods	256.50
2019-04-20	Saturday	16	2019	7	Marco's Peppers	Fresh Focused	44.00

圖 10.3

現在，我們就可以使用這個自訂資料集，來創建報表並做進一步的分析工作了。

10.2 可重複使用自訂資料集的方法： CTEs 和 Views

有幾種方法可以儲存 SQL 查詢程式（以及查詢的結果），以便在報表和其他分析中重複使用，比如在資料庫中建立新表格（我們會在第 14 章介紹）。在此，要介紹兩種更便於建立定制資料集的方法：CTEs（公共表達式，Common Table Expressions）和 Views（視圖）。

大多數資料庫系統，包括 MySQL 自 8.0 版開始都可用 CTEs，也就是可以使用『WITH 語句』。CTEs 允許你為一個查詢的結果建立別名，如此就能在後續查詢中引用別名去取得該查詢的結果集。

建立 CTE 的 WITH 語句

建立 CTE 的 WITH 語法如下所述，其中 [query_alias] 是為查詢結果取的別名（一定要加 AS），該查詢的程式則放入 [query] 區段，並用小括號前後括起來。如果還有第二個查詢的結果集要取別名，就放在 [query_2_alias] 區段。兩兩 CTE 的區段間用逗號分隔，依此類推：

```
WITH [query_alias] AS
(                              ┐
    [query]                    ├── 第一個 CTE
),                             ┘
[query_2_alias] AS
(                              ┐
    [query_2]                  ├── 第二個 CTE
)                              ┘

SELECT [ 欄位列表 ]
FROM [query_alias]      ◄── 引用 CTE
... [ 引用上面別名的查詢結果集 ]
```

WITH 語句內的查詢（如同子查詢一樣）會先執行，每個查詢的結果都會有一個暫存的臨時結果集，我們分別為這些臨時結果集取查詢別名。然後位於 WITH 語句之後的主查詢 SELECT 敘述就可以透過別名引用各該臨時結果集。

例如，我們想重複使用在圖 10.3 的查詢程式，就可以將該段查詢放入 WITH 語句中，並在 WITH 後面取查詢別名為 salses_by_day_vendor（為這個臨時結果集命名）並加上 AS，再用小括號將此查詢包起來。接著在後面主查詢的 SELECT FROM 就可以像取用表格一樣取用此臨時結果集中的資料。輸出如圖 10.4：

```
WITH sales_by_day_vendor AS
(            ▲
             └── CTE 別名
    SELECT
        cp.market_date,
        md.market_day,
        md.market_week,
        md.market_year,
        cp.vendor_id,
        v.vendor_name,
        v.vendor_type,
```

```
        ROUND(SUM(cp.quantity * cp.cost_to_customer_per_qty),2)
          AS sales
    FROM farmers_market.customer_purchases AS cp
      LEFT JOIN farmers_market.market_date_info AS md
        ON cp.market_date = md.market_date
      LEFT JOIN farmers_market.vendor AS v
        ON cp.vendor_id = v.vendor_id
    GROUP BY cp.market_date, cp.vendor_id
    ORDER BY cp.market_date, cp.vendor_id
)


SELECT s.market_year,
       s.market_week,
       SUM(s.sales) AS weekly_sales
FROM sales_by_day_vendor AS s          ◀── 引用 CTE 別名產生的臨時結果集
GROUP BY s.market_year, s.market_week
```

market_year	market_week	weekly_sales
2019	14	696.50
2019	15	639.50
2019	16	657.00
2019	17	590.00
2019	18	897.50
2019	19	737.00
2019	20	672.00
2019	21	676.00
2019	22	857.10
2019	23	448.50
2019	24	945.20

圖 10.4

我們可以看到在查詢最下方的 SELECT 語句中，用 FROM 引用 sales_by_day_
vendor 這個臨時結果集（視為表格），甚至還為它又取了一個更簡短的表格別名 s。
然後就可以對它的欄位進行篩選、計算與任何平常可對表格做的動作。有了 WITH
語句，可以將原本結構較複雜的查詢簡化（特別是包含多個子查詢時），讓程式碼
變得更簡潔並提高可讀性。

在大部分的 SQL 編輯器中,可以用滑鼠將 WITH 語句裡面的查詢反白(不包括前後的小括號),執行反白的部分查看臨時結果集中的欄位與資料,用於檢查後面 SELECT 主查詢的輸出是否符合預期。

編註: **ChatGPT 來幫忙**

如果有訂 ChatGPT Plus,可在 ChatGPT 納入『Show Me Diagram』插件(plugin),可以讓 ChatGPT 具有直接畫流程圖的功能,因此就將上面的查詢請 ChatGPT 依照實際執行順序畫出流程圖,讓我們更容易理解:

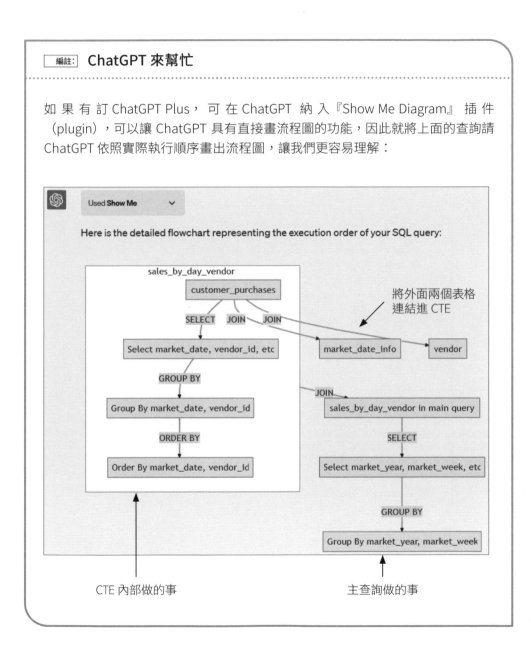

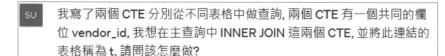

編註: ChatGPT 來幫忙

如果要使用兩個 CTE 的結果集,該怎麼寫呢,請 ChatGPT 好好發揮?

 我寫了兩個 **CTE** 分別從不同表格中做查詢, 兩個 **CTE** 有一個共同的欄位 vendor_id, 我想在主查詢中 INNER JOIN 這兩個 CTE, 並將此連結的表格稱為 t, 請問該怎麼做?

要在主查詢中使用 INNER JOIN 來連接兩個具有共同欄位 vendor_id 的 CTE,並將該連接的結果表格稱為 t,你可以在主查詢中將兩個 CTE 引用為子查詢,然後使用 INNER JOIN 連接它們,並將結果指定為表格別名 t。以下是一個示例:

```
WITH cte1 AS (
    SELECT vendor_id, col, col2
    FROM table1
),
cte2 AS (
    SELECT vendor_id, col3, col4
    FROM table2
)

SELECT t.col1, t.col2, t.col3, t.col4
FROM (
    SELECT cte1.col1, cte1.col2, cte2.col3, cte2.col4
    FROM cte1
    INNER JOIN cte2 ON cte1.vendor_id = cte2.vendor_id
    ) AS t
```

在這個示例中,我們定義了兩個 CTE(cte1、cte2),並將它們作為子查詢引用到主查詢中。然後在子查詢中,使用 INNER JOIN 將兩個 CTE 通過 vendor_id 欄位連接起來,並選擇要使用的列名(例如 cte1. col1、cte1.col2、cte2.col3 和 cte2.col4)。最後,將子查詢的結果指定為表格別名 t,並在主查詢的 SELECT 中用 t 指定需要的欄位名稱。

編註: **ChatGPT 來幫忙**

上面 ChatGPT 給的例子裡，仍然用到了子查詢，使得程式沒有那麼容易閱讀，因此請 ChatGPT 調整一下：

> SU   上面的查詢中還是有包括子查詢, 可以將子查詢也寫成 **CTE** 嗎?

對於上面查詢中的子查詢，你可以將它轉換為 CTE，進一步改善查詢結構和可讀性。以下是將子查詢轉換為 CTE 的示例：

```sql
WITH cte1 AS (
    SELECT vendor_id, col1, col2
    FROM table1
),
cte2 AS (
    SELECT vendor_id, col3, col4
    FROM table2
),
t AS (
    SELECT cte1.col1, cte1.col2, cte2.col3, cte2.col4
    FROM cte1
        INNER JOIN cte2 ON cte1.vendor_id = cte2.vendor_id
)
SELECT t.col1, t.col2, t.col3, t.col4
FROM t
```

多個 CTE 的執行順序是由上而下，因此可將原本主查詢中的子查詢寫成第三個 CTE（它會認得前面先執行的 cte1 與 cte2）並命名為 t，如此可以讓程式更容易維護，也讓主查詢更為簡潔。

將查詢儲存為視圖（Views）

除了用 WITH 語句建立 CTE 結果集的方法之外，還可以將查詢建成視圖（View）存放在資料庫中。視圖是資料庫的一種物件，其本身存放的是 SQL 語句。當引用一個視圖時，實際上是執行該視圖所定義的 SQL 語句，動態產生一個結果集（即虛擬表格），因此視圖的內容能動態查出底層表格的當前資料。

在 SQL 中使用視圖與使用表格的方式一樣，兩者唯一的區別在於：

- **表格（table）**：實際存放資料之處（靜態存放）。
- **視圖（view）**：存放 SQL 語句，沒有實際資料。引用時才動態產生結果集，因此引用視圖的查詢，會比引用表格的查詢花較長的時間執行。

要將 SQL 語句儲存成視圖，只要如下在該 SQL 語句前面增加建立視圖的 CREATE VIEW 語句，表示要在指定的資料庫結構（schema_name）中建立一個視圖：

```
CREATE VIEW [ 資料庫結構名稱 ].[ 視圖名稱 ] AS
```

> **編註：** 要在資料庫中建立視圖，你必須先請資料庫管理者授予權限，此處因為是自己架設的 MySQL，因此所有權限都已取得。如果讀者取得的 farmers_market 資料中已經有視圖了，可在 Workbench 左上窗格依序按各視圖名稱，按滑鼠右鈕執行『Drop View』命令刪除。

這裡就不使用 CTE，而是回到前面圖 10.3 自訂資料集的查詢，在此查詢最前面加上 CREATE VIEW 語句，並將新增的視圖取名為 vw_sales_by_dat_vendor。視圖名稱最前面的 vw 是方便我們記得這是一個視圖（view）而不是表格。寫法如下所示：

```
CREATE VIEW farmers_market.vw_sales_by_day_vendor AS
SELECT
    cp.market_date,         ┗━ 視圖名稱
    md.market_day,
```

```
    md.market_week,
    md.market_year,
    cp.vendor_id,
    v.vendor_name,
    v.vendor_type,
    ROUND(SUM(cp.quantity * cp.cost_to_customer_per_qty),2)
        AS sales
FROM farmers_market.customer_purchases AS cp
  LEFT JOIN farmers_market.market_date_info AS md
    ON cp.market_date = md.market_date
  LEFT JOIN farmers_market.vendor AS v
    ON cp.vendor_id = v.vendor_id
GROUP BY cp.market_date, cp.vendor_id
ORDER BY cp.market_date, cp.vendor_id
```

執行這個 SQL 語句之後不會有任何輸出結果，只會在最下方顯示一段訊息表示此視圖已建立（如果重複執行則會出現錯誤訊息，表示該視圖已經存在，可先用滑鼠將該視圖刪除後再試）。此時在 MySQL Workbench 左上角的 SCHEMAS 窗格中，點一下 farmers_market 資料庫的 Views（視圖），按滑鼠右鈕執行『Refresh All』命令，在 Views 中就會出現剛才建立的視圖：

圖 10.5

現在我們就可以如同取用表格一樣來引用這個視圖。下面的例子要從此視圖查詢資料，先在 FROM 子句中將其取一個短的別名 s，並於 WHERE 子句中設定 market_date 介於 2020-04-01 與 2020-04-30 之間，且供應商編號為 7 的條件做篩選，其輸出如圖 10.6：

```
                                          ┌─ 引用視圖
SELECT *
FROM farmers_market.vw_sales_by_day_vendor AS s
WHERE s.market_date BETWEEN '2020-04-01' AND '2020-04-30'
      AND s.vendor_id = 7
ORDER BY market_date
```

market_date	market_day	market_week	market_year	vendor_id	vendor_name	vendor_type	sales
2020-04-01	Wednesday	14	2020	7	Marco's Peppers	Fresh Focused	76.00
2020-04-04	Saturday	14	2020	7	Marco's Peppers	Fresh Focused	28.00
2020-04-08	Wednesday	15	2020	7	Marco's Peppers	Fresh Focused	64.00
2020-04-11	Saturday	15	2020	7	Marco's Peppers	Fresh Focused	120.00
2020-04-15	Wednesday	16	2020	7	Marco's Peppers	Fresh Focused	76.00
2020-04-18	Saturday	16	2020	7	Marco's Peppers	Fresh Focused	144.00
2020-04-22	Wednesday	17	2020	7	Marco's Peppers	Fresh Focused	77.00
2020-04-25	Saturday	17	2020	7	Marco's Peppers	Fresh Focused	91.00
2020-04-29	Wednesday	18	2020	7	Marco's Peppers	Fresh Focused	72.00

圖 10.6

無論是用 CTE 或視圖，其結果集都是臨時性的，只在被引用時動態從靜態表格中提取資料。所以，我們在設計可重複使用的 SQL 語句時，只要將篩選的日期改為當前日期回算 7 日，每次執行時就會將最近一週的資料納入。

編註： 要計算最近一週的資料，可以用下面的篩選條件，表示包含今日在內的 7 日：

```
WHERE cp.market_date >= CURDATE() - INTERVAL 7 DAY
```

編註： 如果想將建立的視圖刪除（需要可刪除的權限），可執行下面的語句：

```
DROP VIEW vw_sales_by_day_vendor
```

10.3 SQL 為資料集增加更多可用性

現在你已經了解如何打造一份可重複利用的自訂資料集，現在讓我們延續第 9 章的例子，每一列以 market_date、vendor_id、product_id 這三個欄位分組，並加入供應商與產品的相關資料，例如供應商帶到市集的總存貨資料以及當日銷售總和資料等等。這有助於打造可重複用來分析的自訂資料集。

該資料集應該要能回答類似下面的這些問題：

- 每個供應商在每個市集日期 / 週 / 月 / 年賣出的每個產品的數量是多少？

- 某些產品的上市季節為何？

- 每個供應商的存貨在各時段內的銷售佔比為何？

- 產品的價格是否隨著時間的推移而變化？

- 每一季各供應商的總銷售額是多少？

- 供應商下折扣的頻率如何？

- 前一週哪個供應商賣出的番茄最多？

由於銷售的時間戳記（timestamp）未包含在內，我們無法回答任何比一日更短的時間區段問題。我們也沒有顧客的詳細資料，不過因為我們有日期、供應商和產品這幾個**維度**（dimensions），就可以對不同**指標**（metrics）依特定的條件來組織和分析資料，以從資料集中提取有價值的訊息。

編註： 這樣的分析能讓我們更深入瞭解資料的不同面向與彼此的關係，進而分析和解釋資料，這對找出是否具有特定模式或趨勢存在很有幫助。

建立供應商與顧客購買資料的視圖

我們基於建立報表所需，還可以再加入幾個經過計算的欄位。以下查詢就是利用第 9.6 節的例子再加入『產品銷售比例（percent_of_available_sold）』欄位與『潛在損失金額（discount_amount）』欄位，並將此查詢儲存成視圖供以後重複使用。

執行下面的 SQL 語句會建立一個 vw_sales_per_date_vendor_product 視圖：

```
CREATE VIEW farmers_market.vw_sales_per_date_vendor_product AS
SELECT
    vi.market_date,
    vi.vendor_id,
    v.vendor_name,
    vi.product_id,
    p.product_name,
    vi.quantity AS quantity_available,
    sales.quantity_sold,
    ROUND((sales.quantity_sold / vi.quantity) * 100, 2)
        AS percent_of_available_sold,
    vi.original_price,
    (vi.original_price * sales.quantity_sold) - sales.total_sales
        AS discount_amount,
    sales.total_sales
FROM farmers_market.vendor_inventory AS vi
    LEFT JOIN
    (
        SELECT market_date,
               vendor_id,
               product_id,
               SUM(quantity) quantity_sold,
               SUM(quantity * cost_to_customer_per_qty)
                   AS total_sales
        FROM farmers_market.customer_purchases
        GROUP BY market_date, vendor_id, product_id
    ) AS sales
    ON vi.market_date = sales.market_date
        AND vi.vendor_id = sales.vendor_id
```

```
      AND vi.product_id = sales.product_id
   LEFT JOIN farmers_market.vendor v
      ON vi.vendor_id = v.vendor_id
   LEFT JOIN farmers_market.product p
      ON vi.product_id = p.product_id
ORDER BY vi.vendor_id, vi.product_id, vi.market_date
```

大部分的內容都已經在第 9 章看過，此處僅說明兩個新產生的欄位：

- **產品銷售比例（percent_of_available_sold）欄位**：此欄位是用銷售量（sales.
  quantity）除以存貨量（vi.quantity），再用 ROUND 函數取兩位小數以得到銷
  售比例。

- **潛在損失金額（discount_amount）欄位**：此欄位是將產品的原價（vi.
  original_price）乘以銷售量（sales.quantity_sold）即為售出產品的總價值，
  減去實際銷售額（sales.total_sales）就是潛在損失金額。

> **NOTE** 此資料集中每一列資料都是以 market_date、vendor_id、product_
> id 分組。

供應商每個產品在各市集日期的銷售額佔比

如果某供應商想知道：『我在每次市集的實際銷售額中，各產品的佔比是多少？』
因為這份資料集中的每列資料是每個供應商在每個市集日期的產品銷售彙總資料，
當然可以用來回答此問題。這裡的計算有兩個重點：

1. 計算各供應商在每個市集日期的總銷售額。需要將各市集日期、各供應商的銷
   售額（total_sales）加總，這會跨多列資料加總，因此需要用到窗口函數（第 7
   章介紹過）以 market_date 與 vendor_id 做分區。在下面的查詢中取欄位別名
   為 vendor_total_sales_on_market_date。

2. 將供應商在各市集日期的各產品銷售額（total_sales）除以該供應商在該市集日期的總銷售額，就是各供應商每個產品的銷售佔比了。在下面的查詢中取欄位別名為 product_percent_of_vendor_sales。

> **編註：** 作者取的許多欄位別名都特別長，其優點是不論是給別人看或日後維護，都很容易理解每個欄位的意義。

要產生供應商所需報表，我們從 FROM 子句引用 vw_sales_per_date_vendor_product 視圖時，會執行視圖中的查詢即時產生結果集，將之命名為 s。然後在 SELECT 中用 market_date 與 vendor_id 做分區（PARTITION BY）並做聚合運算：

```
SELECT
    s.market_date,
    s.vendor_id,
    s.vendor_name,
    s.product_id,
    s.product_name,
    ROUND(s.total_sales, 2)
        AS vendor_product_sales_on_market_date,
    ROUND(SUM(s.total_sales) OVER (PARTITION BY market_date,
            vendor_id), 2) AS vendor_total_sales_on_market_date,
    ROUND((s.total_sales / SUM(s.total_sales) OVER (PARTITION BY
            market_date, vendor_id)) * 100, 1)
            AS product_percent_of_vendor_sales
FROM farmers_market.vw_sales_per_date_vendor_product AS s
ORDER BY market_date, vendor_id
```

由於欄位別名比較長，因此將此查詢的輸出拆成兩張圖以方便察看：

market_date	vendor_id	vendor_name	product_id	product_name
2019-04-03	7	Marco's Peppers	4	Banana Peppers - Jar
2019-04-03	8	Annie's Pies	5	Whole Wheat Bread
2019-04-03	8	Annie's Pies	7	Apple Pie
2019-04-03	8	Annie's Pies	8	Cherry Pie
2019-04-06	7	Marco's Peppers	4	Banana Peppers - Jar
2019-04-06	8	Annie's Pies	5	Whole Wheat Bread
2019-04-06	8	Annie's Pies	7	Apple Pie
2019-04-06	8	Annie's Pies	8	Cherry Pie

vendor_product_sales_on_market_date	vendor_total_sales_on_market_date	product_percent_of_vendor_sales
60.00	60.00	100.0
19.50	253.50	7.7
72.00	253.50	28.4
162.00	253.50	63.9
96.00	96.00	100.0
143.00	287.00	49.8
54.00	287.00	18.8
90.00	287.00	31.4

圖 10.7

我們來看看這個輸出：

1. vendor_product_sales_on_market_date 欄位是各供應商的每項產品在各市集日期的銷售額。以 2019-04-03 來說，供應商編號 7 只有一項產品，銷售額為 60.00；供應商編號 8 有三項產品，銷售額分別為 19.50、72.00、162.00。

2. vendor_total_sales_on_market_date 欄位是各供應商在各市集日期的總銷售額。同樣看 2019-04-03 這一日，供應商編號 7 只有一項產品，其總銷售額就是 60.00；供應商編號 8 的總銷售額是三項產品銷售額加總，也就是 19.50+72.00+162.00=253.50，因此三個欄位都放同樣的值。

3. product_percent_of_vendor_sales 欄位是每個市集日期每項產品佔各供應商總銷售額的百分比。以 2019-04-03 來看，供應商編號 7 一項產品的銷售額就是總銷售額，因此是 100.0，也就是佔比 100.0% 的意思；供應商 8 有三項產品，各自佔比為 7.7%、28.4%、63.9%。

除了前面的問題已獲得解決之外，我們還可以重複利用這個資料集，產生供應商在各市集日期銷售的產品有哪些，並包括存貨量與實際銷售量的輸出。下面的查詢同

樣引用 vw_sales_per_date_vendor_product 視圖，在 WHERE 子句設定篩選的日
期區間、供應商名稱以及產品編號：

```
SELECT
    market_date,
    vendor_name,
    product_name,
    quantity_available,
    quantity_sold
FROM farmers_market.vw_sales_per_date_vendor_product AS s
WHERE market_date BETWEEN '2020-06-01' AND '2020-07-31'
        AND vendor_name = 'Marco''s Peppers'
        AND product_id IN (2, 4)
ORDER BY market_date, product_id
```

market_date	vendor_name	product_name	quantity_available	quantity_sold
2020-07-01	Marco's Peppers	Jalapeno Peppers - Organic	24.17	19.88
2020-07-01	Marco's Peppers	Banana Peppers - Jar	40.00	8.00
2020-07-04	Marco's Peppers	Jalapeno Peppers - Organic	31.82	12.03
2020-07-04	Marco's Peppers	Banana Peppers - Jar	40.00	13.00
2020-07-08	Marco's Peppers	Jalapeno Peppers - Organic	28.19	14.89
2020-07-08	Marco's Peppers	Banana Peppers - Jar	30.00	9.00
2020-07-11	Marco's Peppers	Jalapeno Peppers - Organic	28.49	13.25
2020-07-11	Marco's Peppers	Banana Peppers - Jar	40.00	11.00

圖 10.8

練習

1. 使用本章建立的 vw_sales_by_day_vendor 視圖，撰寫一個可以輸出每個供
   應商每週銷售額的查詢，最後以供應商編號排序。

2. 請將第 7 章圖 7.15 的查詢，用 WITH 語句改寫。

3. 如果預期未來可能會被要求依照供應商的攤位號碼（booth_number）或攤
   位類型（booth_type）分析總銷售額和平均銷售額，該如何將這兩個欄位的
   資料合併到圖 10.3 的查詢中？

11

進階查詢語法結構

SQL 是一個強大的工具,可以將資料進行整理和彙總成多種形式供後續分析之用。雖然本書大部分內容都是為資料科學入門者而寫,但由於學習 SQL 很容易就會聯想到更複雜的需求,所以在本章會突破基本查詢語法,介紹一些進階語法。

11.1 將兩個查詢結果聯集的 UNION

使用 UNION 關鍵字可以將兩個查詢的結果做聯集,只要兩者的欄位資料型別、欄位數與欄位排列順序相同即可,這樣的作法如同將兩個查詢結果合併。使用方法很簡單,就是將 UNION 關鍵字放在兩個查詢的中間。

用 UNION 聯集只保留不重複的列資料

聯集的意思就是將兩個集合中的所有元素放在一起,並將重複的元素只保留一個。例如以下範例,我們用兩個 SELECT 語句分別查出市集年份是 2019 與 2020 年的首次市集日期,然後將這兩個查詢的輸出結果合併起來,就可以在兩者間放 UNION 關鍵字。且因為第一個查詢與第二個查詢的輸出不重複, 都會被放進聯集的輸出中:

```
SELECT market_year, MIN(market_date) AS first_market_date
FROM farmers_market.market_date_info
WHERE market_year = '2019'

UNION

SELECT market_year, MIN(market_date) AS first_market_date
FROM farmers_market.market_date_info
WHERE market_year = '2020'
```

	market_year	first_market_date	
▶	2019	2019-03-02	← 來自第一個查詢
	2020	2020-03-04	← 來自第二個查詢

圖 11.1

你可能會想，這麼簡單的查詢只要用 GROUP BY 與 IN 關鍵字（如下程式）就能得到相同答案，有需要分成兩個查詢再用 UNION 合併嗎？

```
SELECT market_year, MIN(market_date) AS first_market_date
FROM farmers_market.market_date_info
WHERE market_year IN ('2019','2020')
GROUP BY market_year
```

當然，SQL 可以用不同的寫法達到相同的目的，多學一種寫法在將來遇到複雜的查詢時就可以派上用場。

編註: 如果有三個查詢結果集要 UNION，那就在兩兩查詢敘述之間都加上 UNION。

用 UNION ALL 直接合併

UNION 的聯集運算需要花時間檢查兩個結果集中重複的列資料並排除，如果我們事先能確定兩個結果集不會有重複的列資料，那可以用 UNION ALL 關鍵字直接合併，就不用額外時間檢查重複的列資料了。

在農夫市集 product 表格中的 product_qty_type 欄位是產品的計量單位（有 unit 與 lbs 兩種），如果我們想對這兩種單位分別做查詢（可能做不同的處理），最後再合併起來，就可以用到 UNION，因為兩種單位得到的結果必然互斥，因此可以直接用 UNION ALL 避免多餘的檢查。

在下面的例子中，我們結合前一章學會的 CTE，打造一份能展示每次市集供應量最大的產品：包括以個數計算的產品以及以重量計算的產品。以下是幾個重點：

1. 將 vendor_inventory（供應商存貨）表格 LEFT JOIN product 表格，以 product_id 欄位連結。其目的是將 product 表格中的 product_name、product_qty_type（包括 unit、lbs）等欄位連結進來，如同打造一個自訂資料集，並用 WITH 語句寫成 CTE，取名為 product_quantity_by_date 供後續查詢使用。若單獨執行此 CTE 的輸出如下：

market_date	product_id	product_name	total_quantity_available	product_qty_type
2019-07-03	1	Habanero Peppers...	7.38	lbs
2019-07-06	1	Habanero Peppers...	10.96	lbs
2019-07-10	1	Habanero Peppers...	13.08	lbs
2019-07-13	1	Habanero Peppers...	10.22	lbs
2019-07-17	1	Habanero Peppers...	10.59	lbs
2019-07-20	1	Habanero Peppers...	9.04	lbs

圖 11.2

2. 接下來要用兩個 SELECT 語句從 product_quantity_by_date CTE 結果集分別對 product_qty_type 欄位中的 unit 與 lbs 做查詢。這兩個查詢都用 RANK 窗口函數作用在 market_date 的分區，並以 total_quantity_available 欄位做降冪排序，也就是讓數字最大的排在第一位，再用 RANK 函數賦予排名編號填入 quantity_rank 欄位。

3. 由於是分別對 unit 與 lbs 做查詢，兩個查詢的輸出本來就不會有交集，可直接用 UNION ALL 合併。其合併的結果如圖 11.3，可看到 quantity_rank 欄位在每個市集日期的所有產品數量排名：

market_date	product_id	product_name	total_quantity_available	product_qty_type	quantity_rank
2019-04-03	4	Banana Peppers - Jar	40.00	unit	1
2019-04-03	5	Whole Wheat Bread	16.00	unit	2
2019-04-03	8	Cherry Pie	10.00	unit	3
2019-04-03	7	Apple Pie	8.00	unit	4
2019-04-06	4	Banana Peppers - Jar	40.00	unit	1
2019-04-06	5	Whole Wheat Bread	23.00	unit	2
2019-04-06	7	Apple Pie	8.00	unit	3

圖 11.3

4. 由於我們想知道的是每個市集日期供貨量最大的產品（包括單位是 unit 與 lbs），因此只需要將所有 quantity_rank = 1 的產品篩選出來即可。為此，我們將兩個 SELECT 查詢以及 UNION ALL 改為子查詢，並取別名為 x。然後在外部查詢中用 WHERE 子句指定 x.quantity_rank = 1 的篩選條件，即可得到最後的輸出，如圖 11.4。

```
WITH product_quantity_by_date AS
(
  SELECT
    vi.market_date,
    vi.product_id,
    p.product_name,
```

```
      SUM(vi.quantity) AS total_quantity_available,
      p.product_qty_type
    FROM farmers_market.vendor_inventory AS vi
      LEFT JOIN farmers_market.product AS p
        ON vi.product_id = p.product_id
    GROUP BY vi.market_date, vi.product_id,
             p.product_name, p.product_qty_type
)

SELECT * FROM (
  SELECT
    market_date,
    product_id,
    product_name,
    total_quantity_available,
    product_qty_type,
    RANK() OVER (PARTITION BY market_date ORDER BY
      total_quantity_available DESC) AS quantity_rank
  FROM product_quantity_by_date
  WHERE product_qty_type = 'unit'

  UNION ALL

  SELECT
    market_date,
    product_id,
    product_name,
    total_quantity_available,
    product_qty_type,
    RANK() OVER (PARTITION BY market_date ORDER BY
      total_quantity_available DESC) AS quantity_rank
  FROM product_quantity_by_date
  WHERE product_qty_type = 'lbs'
) AS x

WHERE x.quantity_rank = 1
ORDER BY market_date
```

market_date	product_id	product_name	total_quantity_available	product_qty_type	quantity_rank
2019-04-03	4	Banana Peppers - Jar	40.00	unit	1
2019-04-06	4	Banana Peppers - Jar	40.00	unit	1
2019-04-10	4	Banana Peppers - Jar	30.00	unit	1
2019-04-13	4	Banana Peppers - Jar	30.00	unit	1
2019-04-17	4	Banana Peppers - Jar	40.00	unit	1
2019-04-20	4	Banana Peppers - Jar	40.00	unit	1
2019-04-24	4	Banana Peppers - Jar	40.00	unit	1

圖 11.4

如此一來,就能清楚看到每一個市集日期供貨量最大的是哪些產品以及數量。例如圖 11.5 中可看到 2020-07-04 以個數(unit)計價供貨最多的是甜玉米 250 個,而同一日以重量(lbs)計價最多的是有機墨西哥辣椒 31.82 磅:

market_date	product_id	product_name	total_quantity_available	product_qty_type	quantity_rank
2020-07-04	16	Sweet Corn	250.00	unit	1
2020-07-04	2	Jalapeno Peppers - Organic	31.82	lbs	1
2020-07-08	16	Sweet Corn	250.00	unit	1
2020-07-08	2	Jalapeno Peppers - Organic	28.19	lbs	1
2020-07-11	16	Sweet Corn	300.00	unit	1
2020-07-11	2	Jalapeno Peppers - Organic	28.49	lbs	1

圖 11.5

用 UNION 的時機

要輸出同樣的結果,可以有很多種不同的 SQL 寫法,當然上面的例子不用 UNION ALL 也可以做到,那是因為兩個查詢引用的表格來源都一樣的關係。那到底什麼時候需要 UNION 呢?

例如,當你擁有事件日誌(如網站流量日誌)分存於多個文件檔,當每個文件檔被加載到資料庫中需要合併資料時,就會有這種需求。或者,這些表格可能是來自不同時間點的同一動態資料集的靜態快照(編註: 比如說股票交易是動態進行,但我們每整點抓取所有股票當時的股價,這就是整點的靜態快照)。又或者,資料可能是從一個系統遷移到另一個系統,你需要從兩個不同系統的表格中提取資料,並將其合併到一個視圖中,以查看記錄的整個歷史。

| 編註: | **ChatGPT 來幫忙** |

上面作者只用文字寫出用到 UNION 的時機，我們請 ChatGPT 實際給個例子：

> **SU** 我有 t2021, t2022 的表格, 分別記錄 2021 與 2022 的銷售記錄, 我想查詢 2021-10-01 ~ 2022-03-31 跨年度的這半年銷售記錄, 要用到 SQL 的 UNION 關鍵字, 請給我個範例.

以下是一個範例查詢，展示如何使用 UNION 來合併來自 t2021 和 t2022 表格的資料，以查詢 2021-10-01 至 2022-03-31 這段時間的銷售記錄：

```sql
SELECT *
FROM
(
    SELECT sale_date, sale_amount
    FROM t2021
    WHERE sale_date >= '2021-10-01'
      AND sale_date <= '2021-12-31'

    UNION ALL

    SELECT sale_date, sale_amount
    FROM t2022
    WHERE sale_date >= '2022-01-01'
      AND sale_date <= '2022-03-31'
) AS combined_sales
ORDER BY sale_date
```

這個查詢中，我們使用 UNION ALL 來合併兩個查詢的結果。第一個查詢從 t2021 表格中選取 2021-10-01 日至 2021-12-31 日的銷售記錄，而第二個查詢則從 t2022 表格中選取 2022-01-01 至 2022-03-31 的銷售記錄。然後，外部查詢按 sale_date 對合併的結果進行排序。注意！此處使用 UNION ALL 是因為知道這兩個查詢不會有重複的資料。

ChatGPT 來幫忙

這裡介紹的是 UNION（聯集），那如果想要將兩個查詢結果做交集運算呢？在 Microsoft SQL Server 的 SQL 語法中可以用 INTERSECT（交集）關鍵字放兩個查詢中間做交集運算，但 MySQL 目前尚無此關鍵字，那怎麼做？來問問 ChatGPT：

> **SU** 　請問在 MySQL 中如何將兩個查詢的結果集做交集運算?

 在 MySQL 並不支持 INTERSECT 關鍵字，要將兩個查詢的結果集做交集運算，可以使用 INNER JOIN 或者使用 IN 子句來實現交集運算。

下面是使用 INNER JOIN 的一個示例，可將兩個查詢結果集（分別來自 table1、table2）共有的資料查出來：

```
SELECT a.*
FROM
    ( SELECT col1, col2, ...
      FROM table1
      WHERE conditions) AS a
    INNER JOIN
    ( SELECT col1, col2, ...
      FROM table2
      WHERE conditions) AS b
ON a.column1 = b.col1 AND a.col2 = b.col2 ...
```

下面是使用 IN 子句的另一個示例，利用 WHERE 子句指定 table1 中的資料只保留子查詢也有的資料（來自 table2）：

```
SELECT col1, col2, ...
FROM table1
WHERE conditions
    AND (col1, col2, ...)
      IN ( SELECT col1, col2, ...
           FROM table2
           WHERE conditions
         )
```

11.2 自我連結（Self-Join）找出最大值

自我連結（Self-Join）是讓表格與自己做連結，可藉此比較自身列資料間的異同。SQL 寫法就跟一般 JOIN 一模一樣，差別只在於是同一個表格與自己（如同副本）連結。為了區別兩個表格，可以各自取一個表格別名。

下例 LEFT JOIN 的左表格與右表格都是 mytable，但左表格取別名為 t1，右表格取別名為 t2，兩者在 ON 條件中用同樣的 id1 欄位連結：

```
SELECT t1.id1, t1.field2, t2.field2, t2.field3
FROM mytable AS t1
  LEFT JOIN mytable AS t2
  ON t1.id1 = t2.id1
```

這個特別的案例是為了展示寫法而已，並非實際應用中的寫法，因為通常不會透過主鍵連結之後再與副本比較列資料。比較實際的使用情境是用等號之外的比較算符來完成某些任務，例如將每一列與其前一列的銷售資料連結到同一列資料中，再將兩個銷售額欄位比較大小（稍後會在圖 11.7~11.9 演示）。

我們可以產生一個隨時間推移變化的指標，用新資料與之前的資料比較大小，判斷新資料是否為『迄今最高記錄』。比如說，判斷某區域 Covid-19 新增確診數是否創新高，就可以在追蹤儀表板上設置一個視覺指標，只要新增確診數超過指標，該指標就會出現警示。只要將此指標也納入資料集中，爾後在回溯過去任何時間點的資料時，就可以得知當天的確診數是否是當時的歷史新高。

在此，我們試著用農夫市集資料庫示範，找出任一市集日期的總銷售額是否是當時的歷史新高。在這個案例中，我們想知道每個市集日期之前有哪一天營業額最高，這就可以利用自我連結來進行比較。

將某一市集日期銷售額與之前銷售額並列

首先，我們需要透過 market_date 欄位來彙總 customer_purchases 表格中每日的總銷售額，將其寫入 WITH 語句中並命名為 sales_per_market_date，然後如下將結果集的內容列出前十筆（欄位就是 market_date 與該日的總銷售額 sales），輸出見圖 11.6：

```
WITH
sales_per_market_date AS
(
  SELECT
    market_date,
    ROUND(SUM(quantity * cost_to_customer_per_qty),2) AS sales
  FROM farmers_market.customer_purchases
  GROUP BY market_date
  ORDER BY market_date
)

SELECT *
FROM sales_per_market_date
LIMIT 10
```

market_date	sales
2019-04-03	313.50
2019-04-06	383.00
2019-04-10	400.50
2019-04-13	239.00
2019-04-17	340.50
2019-04-20	316.50
2019-04-24	251.50
2019-04-27	338.50
2019-05-01	503.50
2019-05-04	394.00

圖 11.6

假設我們要以 2019-04-13 這一個市集日期為準，比較此日期與之前各市集日期的
總銷售額，我們可以利用自我連結的方式，將副本中小於 2019-04-13 的日期與總
營業額合併到 2019-04-13 列資料的後面。這裡要注意的是：

1. 我們要從已經彙總銷售額的 sales_per_market_date CTE（別名 cm）連結自己
   的副本（別名 pm），連結條件是 "pm.market_date < cm.market_date"。

2. WHERE 子句中指定的比較基準日是 2019-04-13，因此 ON 條件中只有早於
   2019-04-13 的日期才會被連結到 cm 的後面。

```
WITH
sales_per_market_date AS
(
    SELECT
      market_date,
      ROUND(SUM(quantity * cost_to_customer_per_qty),2)
        AS sales
    FROM farmers_market.customer_purchases
    GROUP BY market_date
    ORDER BY market_date
)

SELECT cm.market_date, cm.sales, pm.market_date, pm.sales
FROM sales_per_market_date AS cm
  LEFT JOIN sales_per_market_date AS pm
    ON pm.market_date < cm.market_date
WHERE cm.market_date = '2019-04-13'
```

market_date	sales	market_date	sales
2019-04-13	239.00	2019-04-10	400.50
2019-04-13	239.00	2019-04-06	383.00
2019-04-13	239.00	2019-04-03	313.50

圖 11.7

從輸出可看出只有三個市集日期早於 2019-04-13，所以會將該三個日期與總銷售額一一連結（JOIN）到 2019-04-13 欄位的後面。我們可以清楚看出 2019-04-13 總營業額（239.00）比前三個營業日都來得小，顯然當日總營業額並非歷史新高。

NOTE　在進行表格連結時較容易出錯，所以要小心確認輸出的正確性，特別是還有其它表格也連結進來時更為複雜。

算出過去市集日期的最高銷售額

再進一步，我們希望跟在每個市集日期之後的是當日營業額與之前的歷史新高，不需要把過去每一日的營業額都一一列出，那就可以為 pm.sales 欄位用 MAX 函數取得之前的最高銷售額，取欄位別名 previous_max_sales，同時用 GROUP BY 以 cm.market_date、cm.sales 分組，其輸出如圖 11.8：

```
WITH
sales_per_market_date AS
(
    SELECT
      market_date,
      ROUND(SUM(quantity * cost_to_customer_per_qty),2)
        AS sales
      FROM farmers_market.customer_purchases
      GROUP BY market_date
      ORDER BY market_date
)

SELECT
   cm.market_date,
   cm.sales,
   MAX(pm.sales) AS previous_max_sales
FROM sales_per_market_date AS cm
  LEFT JOIN sales_per_market_date AS pm
    ON pm.market_date < cm.market_date
WHERE cm.market_date = '2019-04-13'
GROUP BY cm.market_date, cm.sales
```

market_date	sales	previous_max_sales
▸ 2019-04-13	239.00	400.50

圖 11.8

將圖 11.7 與圖 11.8 比較，顯然後者更符合我們的需要：從任何一個市集日與過去歷史新高做比較。如此一來，只要移除限制市集日期的 WHERE 子句，就能得到每個市集日期的 previous_max_sales 欄位值。

設定是否創歷史新高的指標

此外，為了更清楚識別某市集日期的銷售額是否打破歷史最高記錄，我們可以用 CASE WHEN 子句判斷本次銷售額是否大於歷史記錄，並建一個識別用的指標欄位 (sales_record_set)，當創下歷史新高時，此欄位的值會標示 『YES』，否則標示 『NO』。此查詢的輸出如圖 11.9：

```
WITH
sales_per_market_date AS
(
   SELECT
     market_date,
     ROUND(SUM(quantity * cost_to_customer_per_qty),2)
       AS sales
   FROM farmers_market.customer_purchases
   GROUP BY market_date
   ORDER BY market_date
)

SELECT
   cm.market_date,
   cm.sales,
   MAX(pm.sales) AS previous_max_sales,
   CASE WHEN cm.sales > MAX(pm.sales)
     THEN "YES" ELSE "NO"
   END sales_record_set
FROM sales_per_market_date AS cm
  LEFT JOIN sales_per_market_date AS pm
    ON pm.market_date < cm.market_date
GROUP BY cm.market_date, cm.sales
```

market_date	sales	previous_max_sales	sales_record_set
2019-04-03	313.50	NULL	NO
2019-04-06	383.00	313.50	YES
2019-04-10	400.50	383.00	YES
2019-04-13	239.00	400.50	NO
2019-04-17	340.50	400.50	NO
2019-04-20	316.50	400.50	NO
2019-04-24	251.50	400.50	NO
2019-04-27	338.50	400.50	NO
2019-05-01	503.50	400.50	YES
2019-05-04	394.00	503.50	NO
2019-05-08	327.50	503.50	NO
2019-05-11	409.50	503.50	NO
2019-05-15	366.50	503.50	NO

圖 11.9

由圖 11.9 可看出：

1. 第一次市集日期 2019-04-03 因為沒有前一次的銷售額，故在 previous_max_sales 欄位是 NULL，也因為 NULL 無法比較，故 WHEN 子句條件判斷為 FALSE，因此在 sales_record_set 欄位填入『NO』。

2. 第二次市集日期 2019-04-06 銷售額 383.00 大於過去歷史記錄 313.50，因此在 sales_record_set 欄位填入『YES』，依此類推。

11.3 統計每週的新顧客與回頭客

在製作報表時，一種常見的要求是為某個時間範圍內的顧客做摘要總結。假設農夫市集經理想了解每週造訪市集的顧客人數，以及其中有多少是首次消費的新顧客。提醒！在農夫市集資料庫中只有曾經買過產品的顧客才有交易記錄，我們無法得知並追蹤來參觀卻沒有交易的訪客有多少。

將顧客每次購買日期與首次購買日期並列

我們曾經彙總過每週的顧客資料，但怎麼區別新顧客與回頭客呢？有個方法是比較每位顧客的最早購買日期。如果顧客的最早購買日期是『今天』，那麼這位顧客就是今天的新顧客。我們來彙總每次市集日期與顧客資料，這段查詢是用 MIN 函數作為窗口函數，以 customer_id 分區找到該顧客首次購買日期（最早的日期），取名為 first_purchase_date 欄位：

```
SELECT DISTINCT
    customer_id,
    market_date,
    MIN(market_date) OVER(PARTITION BY cp.customer_id)
        AS first_purchase_date
FROM farmers_market.customer_purchases cp
```

customer_id	market_date	first_purchase_date
2	2020-10-07	2019-04-06
2	2019-06-05	2019-04-06
2	2019-07-27	2019-04-06
3	2019-07-10	2019-04-03
3	2019-07-31	2019-04-03
3	2019-09-25	2019-04-03

圖 11.10

上面用 SELECT DISTINCT 是不管顧客在某個市集日期購買過幾次，只需要在該日期有購買過一次就夠了。由上圖可看出顧客編號 2 的首次購買日期是 2019-04-06，並放在後續每次購買日期的後面。

計算每週的顧客數與不重複顧客數

在此將上面的查詢放入 WITH 語句，並取名為 customer_markets_attended（顧客參與市集記錄）供下面的查詢用。

我們的目的是統計每週的新顧客與回頭客，所以還需要連結 market_date_info 表格將每個市集日期的 market_year 與 market_week 欄位納入。以下是此查詢的幾個重點：

1. 將 customer_markets_attended（取別名 cma）CTE 做為左表格，用 LEFT JOIN 將 market_date_info（取別名 md）表格在 ON 條件中以 market_date 欄位連結。

2. 因為要得到每週的顧客數，需要用 GROUP BY 將 md 的 market_year、market_week 欄位做每年每週的分組。

3. 如果一位顧客在該週兩個市集日期都有購買，那麼這兩次都會被分到同一個每年每週分組。所以我們要增加兩種類型的計數欄位：

   • **customer_visit_count**：在當週兩個市集日期的顧客數加總。若一位顧客在當週兩個市集都有購買就計數為 2，只在其中一個市集購買就計數為 1。用 COUNT(customer_id) 函數計數。

   • **distinct_customer_count**：在當週兩個市集日期不重複的顧客數加總。用 COUNT(DISTINCT customer_id) 函數計數。

此查詢如下，輸出結果如圖 11.11：

```
WITH
customer_markets_attended AS
(
    SELECT DISTINCT
        customer_id,
        market_date,
        MIN(market_date) OVER(PARTITION BY cp.customer_id)
            AS first_purchase_date
    FROM farmers_market.customer_purchases cp
)

SELECT
```

```
    md.market_year,
    md.market_week,
    COUNT(customer_id) AS customer_visit_count,
    COUNT(DISTINCT customer_id) AS distinct_customer_count
FROM customer_markets_attended AS cma
  LEFT JOIN farmers_market.market_date_info AS md
    ON cma.market_date = md.market_date
GROUP BY md.market_year, md.market_week
ORDER BY md.market_year, md.market_week
```

market_year	market_week	customer_visit_count	distinct_customer_count
2019	14	19	14
2019	15	17	11
2019	16	20	13
2019	17	22	16
2019	18	21	16
2019	19	19	14
2019	20	17	15
2019	21	18	13
2019	22	20	14
2019	23	21	15
2019	24	22	16

圖 11.11

以上可看出 2019 年第 14 週兩個市集日期的顧客數加總是 19，不重複顧客數是 14，表示本週有 5 位（19 減 14）顧客在兩個市集日期都有購買記錄。

找出新顧客的人數與佔比

現在我們想要找出每週有多少首次購買的新顧客，以及他們佔所有不重複顧客的比例有多少，這就需要用到圖 11.10 first_purchase_date 欄位的資料，而且還需要增加兩個欄位：

- **new_customer_count**：每週新顧客數。

- **new_customer_percent**：每週新顧客數佔比。用每週新顧客數除以該週不重
  複顧客數。

要計算新顧客數，就需要比對該顧客的購買日期是否為首次購買日期。如果兩個日
期相符，就表示該顧客是新顧客。我們在 COUNT 函數用上 CASE 分支處理，若購
買日期等於首次購買日期，則將該 customer_id 列入計數，並用 DISTINCT 排除重
複的記錄。若日期不符則指定為 NULL，COUNT 函數遇到 NULL 會忽略不計，最後
將此計數取名為 new_customer_count：

```
COUNT (
  DISTINCT
  CASE WHEN cma.market_date = cma.first_purchase_date
      THEN customer_id
      ELSE NULL
  END
) AS new_customer_count
```

上面這一段 COUNT 函數會在下面的查詢出現兩次，第一次是用於計算新顧客數，
第二次是計算新顧客數之後再除以不重複顧客數，即為新顧客數的佔比：

```
WITH customer_markets_attended AS
(
  SELECT DISTINCT
    customer_id,
    market_date,
    MIN(market_date) OVER(PARTITION BY cp.customer_id)
        AS first_purchase_date
  FROM farmers_market.customer_purchases cp
)

SELECT
  md.market_year,
  md.market_week,
```

```
    COUNT(customer_id) AS customer_visit_count,
    COUNT(DISTINCT customer_id) AS distinct_customer_count,

  COUNT(
    DISTINCT
    CASE WHEN cma.market_date = cma.first_purchase_date
        THEN customer_id
        ELSE NULL
     END
     ) AS new_customer_count,

  COUNT(
    DISTINCT
    CASE WHEN cma.market_date = cma.first_purchase_date
        THEN customer_id
        ELSE NULL
    END
    ) / COUNT(DISTINCT customer_id)
    AS new_customer_percent

FROM customer_markets_attended AS cma
   LEFT JOIN farmers_market.market_date_info AS md
      ON cma.market_date = md.market_date
GROUP BY md.market_year, md.market_week
ORDER BY md.market_year, md.market_week
```

market_year	market_week	customer_visit_count	distinct_customer_count	new_customer_count	new_customer_percent
2019	14	19	14	14	1.0000
2019	15	17	11	1	0.0909
2019	16	20	13	2	0.1538
2019	17	22	16	1	0.0625
2019	18	21	16	1	0.0625
2019	19	19	14	0	0.0000
2019	20	17	15	0	0.0000
2019	21	18	13	0	0.0000
2019	22	20	14	0	0.0000
2019	23	21	15	0	0.0000
2019	24	22	16	0	0.0000
2019	25	20	12	0	0.0000

圖 11.12

由上圖可看出 2019 年第 14 週的 14 位顧客都是新顧客，佔比是 1.0000（即 100%），第 15 週的 11 位顧客中有 1 位是新顧客，佔比 0.0909（即 9.09%），其它 10 位都是回頭客。而到了第 19 週就沒有新顧客，全都是回頭客。

希望透過以上這些簡單的案例，讓你利用學到的不同 SQL 語法結構，組合出各種分析用途的資料集。我們在下一章會重複利用這些觀念，生成設計給機器學習和預測模型用的資料集。

練習

1. 參考圖 11.9 的查詢，將原本主查詢的 SELECT 敘述放在 WITH 子句中的第 2 個位置，並撰寫一個查詢將創下銷售額歷史新高的日期與銷售額列出，並依市集日期降冪排序。

2. 在圖 11.12 計算每週新顧客與回頭客的報表中，我們只考慮每年每週的變化，但每週的新顧客與回頭客有多少是向各供應商購買呢？因此我們考慮找出每年每週、每供應商的新顧客與回頭客各有多少？ 編註: 提示：1. CTE 要改為以 customer_id、vendor_id 做分區，2. 在外部查詢用 market_year、market_week、vendor_id 分組。

3. 請利用 UNION 關鍵字聯集兩個查詢，一個查詢是找出銷售額最低的市集日期、銷售額與銷售額排名，另一個查詢是找出銷售額最高的市集日期、銷售額與銷售額排名。

12

—

建立機器學習
需要的資料集

前面的章節演示過了一些分析報表的例子，但尚未專注於為機器學習模型打造資料集。本章我們會討論兩種演算法的資料集開發，分別是**分類模型**（classification model）和**時間序列模型**（time series model）。

二元分類模型可以預測某筆資料屬於兩種類別的其中之一。例如，心臟病分類模型可以分析病患的病歷，預測『是否』會發展成心臟病。天氣模型會利用過去與當前的氣溫、降雨量、氣壓、風速測量，以及周圍地理環境的數據，來預測未來 24 小時內『是否』會下雨。對零售業來說，賣家想預測客戶『是否』會在一定的時間內回購。為了讓模型能夠進行預測，就必須輸入資料集去訓練模型。

二元分類器（binary classifier）是一種監督式學習（supervised learning）模型，使用的資料集包含特徵向量（feature vector）與經過標記的標準答案，然後將資料集分成兩個部分：訓練集（training set）與測試集（test set）。訓練集用於訓練模型，調整模型各參數以符合準確率的要求。另一部分是測試集，用於讓已訓練的模型做測試，再將預測值與已知標準答案計算誤差，來衡量模型的表現並試圖找出模型需要調整之處。

時間序列模型是對與時間相關資料的測量值做訓練，以預測未來某時間點的預測值。其資料集是來自於過去時間點的測量值，比如說利用過去股票每小時價格波動的歷史資料去預測當日交易結束後的投資損益；大學可以利用過去幾個學期的入學申請數、錄取人數、已入學學生數和每週收到的註冊訂金人數，來預測真正會來的新生人數。以本書的例子來說，農夫市場可以使用過去隨時間變化的購買量，偵測季節性產品銷售趨勢，例如預測下個月每週可以賣出多少甜玉米。

> 編註: 因國情不同，有的學校會要求被錄取學生在一定期限內繳交註冊訂金，以保留他們的入學資格，免得佔用錄取名額。這筆訂金將來會從註冊費中扣除。

> 編註: 想瞭解如何建立分類模型與時間序列模型，可參考旗標出版的《銷售 AI 化！看資料科學家如何思考, 用 Python 打造能賺錢的機器學習模型》一書，裡面有詳細的示範。

每種類型的模型需要的資料集有所不同，我們會針對這兩種模型，用 SQL 來設計所需的資料集。

12.1　時間序列模型的資料集

最簡單的時間序列預測，是用指定時間區間內測量到的單一變數，來預測該變數在未來某一時間點的值。訓練一個時間序列模型所需的資料集，最基本要包含兩個欄位：一個是日期或 datetime 值，另一個是被測量的值。

例如，要建立一個預測明天某地區最高溫度的模型，資料集中就必須包含該地區過去一段時間每日的日期與最高溫度測量值。時間序列模型演算法就可以利用此份資料集找出的季節性溫度模式、長期趨勢和最近每日最高溫度，用以預測明天可能的最高溫度。

我們現在要建立一個用以描述農夫市集每週銷售額隨著時間變動的資料集。請注意！這單純只是每週的銷售額趨勢，因為並沒有考慮到供應商數量變化、不同日期可調用的存貨，或其他外在經濟因素。 編註: 每一種可能性都是一個變數，而此處僅考慮每個市集日期銷售額這個單一變數。

我們在第 10 章創建了一個摘要總結各市集日期銷售額的資料集。因為我們已經將 customer_purchases 表格與 market_date_info 表格做了連結（JOIN），而且也有 market_week 欄位，就可以進一步將該資料集以每週做為彙總的層級。然而，要記得的是：market_week 欄位只是代表週次的數字，且每年的週次皆從 1 到 52，所以如果只透過 market_week 欄位分組，可能會將不同年份但相同週次的資料合併在一起。因此，我們會用 GROUP BY 將 market_year 與 market_week 欄位分組。然而，我們在資料集中只需要一個用來表示時間區間的欄位，所以沒必要在輸出中出現 market_year 與 market_week 這兩個欄位。

許多時間序列演算法是用日曆日（例如 2020 年 3 月 4 日）來表示事件發生或取得測量值的時間，因為我們要以週為彙總的層級，因此就將每週第一個市集日期做為每週日期。

下面的查詢用於產生兩個欄位，輸出的最後 13 列資料如圖 12.1：

1. **每週最早市集日期：** 用 MIN 函數選出各分組（以年與週分組）中最早的日期，取別名為 first_market_date_of_week。

2. **各週的營業額：** 將各分組的營業額加總，用 ROUND 函數取到小數兩位，取別名為 weekly_sales。

```
SELECT
  MIN(cp.market_date) AS first_market_date_of_week,
  ROUND(SUM(cp.quantity * cp.cost_to_customer_per_qty),2)
    AS weekly_sales
FROM farmers_market.customer_purchases AS cp
```

```
   LEFT JOIN farmers_market.market_date_info AS md
      ON cp.market_date = md.market_date
GROUP BY md.market_year, md.market_week
ORDER BY md.market_year, md.market_week
```

first_market_date_of_week	weekly_sales
2020-07-15	613.28
2020-07-22	535.37
2020-07-29	471.93
2020-08-05	650.67
2020-08-12	838.27
2020-08-19	647.41
2020-08-26	631.13
2020-09-02	818.71
2020-09-09	713.49
2020-09-16	720.96
2020-09-23	722.70
2020-09-30	755.02
2020-10-07	930.00

圖 12.1

NOTE 商業智慧軟體像是 Tableau、Power BI 中有內建的時間序列預測函數，只要將上面的資料集匯入，就可以繪製過去市集週次的銷售折線圖，還可以畫出未來市集週次的銷售預測趨勢。

將這些過去的資料摘要總結到一個資料集中，並以每週為單位作為一列資料，其中包含日期欄位以及每週銷售額的欄位，可以幫助我們找出過去每週銷售額的模式，並利用這種模式來預測未來每週的銷售額。

然而，這樣的資料集並不能預測每日銷售額，因為每週的銷售額實際上只有兩個市集日期的銷售額（而不是一週七天的銷售額）。這個資料集也沒辦法預測每個月的銷售額，因為有可能一週內的兩個市集日期跨到月份，那麼第二個市集日期的銷售額就會被歸到錯誤的月份，造成將錯誤的訓練資料餵入模型。

在設計資料集時，了解資料集後續的用途才能做出正確的決定。提供資料集的說明文件也非常重要，可以幫助其他人使用這個資料集之前先了解最初設計的目的，以及在使用它分析時需要留意之處。

12.2 二元分類模型的資料集

分類演算法會偵測訓練資料中的特性，也就是透過過去的記錄以及已知的分類答案找出分類的模式，並利用此模式對新資料進行分類。二元分類只能將輸入資料分到兩種類別之一，例如本章一開頭提到的是否會得心臟病與是否下雨。這些演算法通常會算出一個機率值，表示其對分類的確定性，也就是新資料與模型的配適程度。

編註： 例如分類模型預測下雨的機率為 60% 與 90%，這兩者雖然都分類到『會下雨』，但確定性就有差別。

資料集欄位的適用性

訓練資料的格式必須與之後輸入模型中要預測的新資料格式相同，包括資料的粒度（詳細程度以及摘要總結的級別）也要相同。比如說，想搜集過去病患的資料送入預測心臟病模型做訓練，每位病患各一列資料，其中包括生命體徵測量數據，你打算納入的特徵（欄位）包括年齡、生理性別、五年前膽固醇指數、一年前膽固醇指數、今日膽固醇指數（診斷日）、吸菸年數、五年前靜息血壓、一年前靜息血壓、今日靜息血壓、靜息心電圖結果、胸痛等級，以及其他摘要總結指標。看起來很合理對吧？

在這個例子裡，每一筆訓練資料（在資料科學中稱為特徵向量）都有診斷當日的測量值，以及一年前與五年前的體徵測量值，因此當模型訓練完成之後，要將新病患的資料輸入模型進行分類時，就需要包括一年前與五年前（或接近的時間間隔）的測量值。

然而，當面對新病患（或缺少過去五年病歷的病患時），就會有一些欄位的值缺少測量值，也就是 NULL，而模型很有可能無法有效處理 NULL 值，顯然當初訓練模型用的資料集格式並未考慮到新病患。相對地，如果要預測病患從現在起五年後是否有罹患心臟病的可能，那麼這個模型就會有幫助。

分類模型的目標變數

每個分類模型都需要有目標變數（target variable），也就是想要預測的變數。在二元分類中，通常會將目標變數的值設為 1 或 0，這兩個數字各代表一種結果。前面的案例中，目標變數為是否罹患心臟病，並且是透過膽固醇以及血壓來進行預測。

我們不會深入探討訓練集與測試集的資料量對訓練模型的影響，因為這取決於模型的類型、欄位數量、數值變化，以及許多超越本書範圍的種種因素，我們同樣也不會教導如何訓練分類模型。在此，我們會討論如何建構一個可以訓練二元分類模型與進行預測的資料集，這就要用到 SQL 來提取所需的資料。

要建構這些資料集，首先你要想到的是：哪個欄位是模型要預測的目標變數？通常，目標變數需要一個時間範圍，所以通常不會無邊無際地預測『這位病患將來會得心臟病嗎？』，預測的目標要比較明確，像是『這位病患在五年內會得心臟病嗎？』，設定的時間範圍長短會影響你如何設計資料集。

確定目標變數打造資料集

接下來我們要建構的資料集，可以用來訓練模型並預測『這位顧客在這次購買之後，是否會在一個月內回購』。這裡的二元目標變數是『一個月內是否回購』，變數值為 1 表示『是』，0 表示『否』。有了這個具備時間範圍的目標變數，我們就可以建構一個資料集包括每位顧客的購買日期，以及一個月內是否回購的標記（有回購為 1，未回購為 0）。現在我們要把以每位顧客一列資料，轉換成以每顧客、每購買日期一列資料。

讓同一位顧客有多筆資料的好處是：這樣模型有更多筆資料可以偵測其中的模式。另外，一個人的行為會隨著時間而改變，所以掌握他們每一次的購買活動，以及一個月內是否回購的資料，也可以幫助演算法找出影響顧客的特定行為模式。

要注意的是：經常光顧的顧客會佔資料集很大一部分，或許有可能造成模型對該顧客消費頻率有『過度適配（overfitting，過擬合）』的情形（依模型特性而定）。這是因為一次性顧客只會在訓練集中出現一筆記錄，但常客會出現相當多筆記錄。

透過 SQL 產生適當粒度的資料集，同時目標變數在時間範圍內，這雖然是設計查詢最複雜的步驟，但值得花這個時間以確保在提取任何欄位資料之前已經過正確計算。

當我在設計這個範例以及資料集的時候，本來將問題設計成顧客是否會在下個月回購，例如購買資料是在四月，那麼該顧客會在五月回購嗎？如果這是你想要進行的預測方式，這或許也是可行的方法。

但我馬上意識到，目標變數的時間長度會很不一致。比如說，顧客在 4 月 1 日購買，隔天就回購，顯然目標變數值會是 1。但如果顧客在 4 月 1 日購買，然後在接近兩個月後的 5 月 30 日回購，其目標變數值同樣是 1，但兩種情況的時間長度差異很大。因此，我改將每次購買後的 30 天作為判定顧客回購的基準。在以下的查詢中，目標變數 purchased_again_within_30_days 欄位代表在 30 天內是否回購，而且不考慮月份。

準備各顧客購買記錄的 CTE

確定好目標變數的時間範圍，就可以先撰寫一個 CTE 用來查出每位顧客所有的購買日期。之後可重複利用這個 CTE 來查詢顧客在每次購買日期後 30 天內是否回購。此 CTE 如下所示，並取別名為 customer_markets_attended：

```
WITH
customer_markets_attended AS
(
    SELECT DISTINCT
      customer_id,
      market_date
    FROM farmers_market.customer_purchases
    ORDER BY customer_id, market_date
)
```

如果單獨執行 CTE 中的查詢，輸出如圖 12.2：

customer_id	market_date
1	2019-04-06
1	2019-04-13
1	2019-04-17
1	2019-04-20
1	2019-04-24
1	2019-04-27
1	2019-05-01
1	2019-05-04
1	2019-05-08

會列出每位顧客有
購買記錄的所有日期

圖 12.2

資料集需要的欄位

為了建立二元分類模型需要的資料集，如前所述，我們會用到 customer_purchases 表格（取別名 cp），並用 customer_id 與 market_date 進行分組，然後整理出以下 8 個欄位的資料。其中有 6 個是經過計算的欄位，在機器學習中稱為特徵工程（feature engineering）後所得到的工程化特徵（engineered features），將這些特徵加入資料集中，就可以探索這些數值與目標變數之間的關係（ 編註: 由於這一個查詢內容有點多，小編將其拆開分段介紹）：

- **market_date（市集日期）**：可由 customer_purchases 表格中取得。

- **customer_id（顧客編號）**：可由 customer_purchases 表格中取得。

- **purchase_total（每顧客每市集日期的消費）**：用 SUM(cp.quantity * cp.cost_to_customer_per_qty) 可得。

- **vendors_patronized（被光顧的供應商數）**：對分組用 COUNT (DISTINCT cp.vendor_id) 可得。

- **different_products_purchased（購買的不同產品數）**：對分組用 COUNT(DISTINCT cp.product_id) 可得。

- **customer_next_market_date（顧客下次消費日期）**：顧客的購買日期資料可以從 customer_markets_attended（CTE）中取得，讓 CTE 的 customer_id 與 customer_purchases 表格的 customer_id 對應，查出比指定購買日期晚的所有購買日期，再用 MIN 函數得到最早回購的日期（ 編註: 請留意這一段查詢在後面兩個欄位會做為子查詢之用）：

```
SELECT MIN(cma.market_date)          ◀── 得到下次消費日期
FROM customer_markets_attended AS cma
WHERE cma.customer_id = cp.customer_id
  AND cma.market_date > cp.market_date
GROUP BY cma.customer_id
```

- **days_untill_customer_next_market_date（顧客距離下次購買的天數）**：既然要計算兩個日期差距的天數，就要用到 DATEDIFF 函數，兩個參數分別是顧客下次消費日期（也就是將上一個欄位 customer_next_market_date 的查詢當作子查詢，再與 cp.market_date 取差值：

```
DATEDIFF          ◀── 計算 2 個日期的差值
(
    ( SELECT MIN(cma2.market_date)
      FROM customer_markets_attended AS cma2
      WHERE cma2.customer_id = cp.customer_id
```

```
        AND cma2.market_date > cp.market_date
      GROUP BY cma2.customer_id
    ), cp.market_date
) AS days_until_customer_next_market_date
```

- **purchased_again_within_30_days（是否於 30 天內回購）**：如果在 30 天內回購則標示為 1，否則為 0。此欄位用 CASE 子句做分支判斷，如同上一個欄位先用 DATEDIFF 函數算出與下次購買日的差距天數，並判斷是否小於等於 30。請注意！purchased_again_within_30_days 欄位就是這個資料集的目標變數，也就是模型訓練完成後，用於預測顧客是否 30 天內回購的依據：

```
CASE WHEN
    DATEDIFF (
      ( SELECT MIN(cma3.market_date)
        FROM customer_markets_attended AS cma3
        WHERE cma3.customer_id = cp.customer_id
          AND cma3.market_date > cp.market_date
        GROUP BY cma3.customer_id
      ), cp.market_date) <= 30
    THEN 1        ◄── 小於等於 30 天為 1
    ELSE 0        ◄── 否則為 0
END AS purchased_again_within_30_days
```

建立資料集的查詢

這個資料集是來自 customer_purchases 表格，並以 customer_id 與 market_date 欄位分組，最後同樣依 customer_id 與 market_date 欄位排序。完整的查詢結合上面的 CTE，並在主查詢的 SELECT 中選取上面介紹的 8 個欄位，如下所示（記得兩兩欄位間用逗號分隔），輸出如圖 12.3：

```
WITH
customer_markets_attended AS
(
    SELECT DISTINCT
```

```
      customer_id,
      market_date
    FROM farmers_market.customer_purchases
    ORDER BY customer_id, market_date
)

SELECT
  cp.market_date,
  cp.customer_id,
  SUM(cp.quantity * cp.cost_to_customer_per_qty)
      AS purchase_total,

  COUNT(DISTINCT cp.vendor_id) AS vendors_patronized,
  COUNT(DISTINCT cp.product_id) AS different_products_purchased,

  ( SELECT MIN(cma.market_date)
      FROM customer_markets_attended AS cma
      WHERE cma.customer_id = cp.customer_id
       AND cma.market_date > cp.market_date
      GROUP BY cma.customer_id
  ) AS customer_next_market_date,

  DATEDIFF(
      ( SELECT MIN(cma2.market_date)
         FROM customer_markets_attended AS cma2
         WHERE cma2.customer_id = cp.customer_id
          AND cma2.market_date > cp.market_date
         GROUP BY cma2.customer_id
      ), cp.market_date)
    AS days_until_customer_next_market_date,

  CASE WHEN
      DATEDIFF (
        ( SELECT MIN(cma3.market_date)
          FROM customer_markets_attended AS cma3
          WHERE cma3.customer_id = cp.customer_id
            AND cma3.market_date > cp.market_date
          GROUP BY cma3.customer_id
```

```
        ), cp.market_date) <= 30
      THEN 1
      ELSE 0
    END AS purchased_again_within_30_days

FROM farmers_market.customer_purchases AS cp
GROUP BY cp.customer_id, cp.market_date
ORDER BY cp.customer_id, cp.market_date
```

market_date	customer_id	purchase_total	vendors_patronized	different_products_purchased
2019-04-06	1	6.5000	1	1
2019-04-13	1	6.5000	1	1
2019-04-17	1	53.5000	2	2
2019-04-20	1	32.5000	1	1
2019-04-24	1	49.5000	2	3
2019-04-27	1	3.5000	1	1
2019-05-01	1	32.0000	1	1
2019-05-04	1	6.5000	1	1
2019-05-08	1	72.0000	1	2

customer_next_market_date	days_until_customer_next_market_date	purchased_again_within_3(
2019-04-13	7	1
2019-04-17	4	1
2019-04-20	3	1
2019-04-24	4	1
2019-04-27	3	1
2019-05-01	4	1
2019-05-04	3	1
2019-05-08	4	1
2019-05-15	7	1

圖 12.3

第 6 與第 7 個欄位可以幫助我們驗證第 8 個欄位（也就是目標變數）的輸出是否正確，一旦確認都符合目標變數的標準答案，就可以從資料集中移除這兩個欄位。這是因為：不要在資料集中放入與目標變數（顧客 30 天內是否回購）直接相關的欄位，以避免**資料洩漏**（data leakage）的問題，否則會使模型在訓練階段表現出色，但真正進行預測時卻成效不佳。

| 編註: | **ChatGPT 來幫忙** |

在設計資料集時，可能因為一時不查而將與目標變數直接相關的欄位也放入資料集中，這樣的模型如同訓練階段人為放水。我們請 ChatGPT 舉一個更好理解資料洩漏問題的例子：

> SU　在訓練機器學習模型的資料集要避免資料洩漏，可以給一個例子說明嗎？

　當然可以。讓我們以一個常見的機器學習問題為例：預測一個人是否會在未來一年內患上某種疾病。

在這個問題中，我們的資料集可能有以下幾個特徵：

- 年齡
- 性別
- 體重
- 是否吸煙
- 是否有長期疾病（如糖尿病、高血壓等）
- 過去一年的醫療記錄
- 是否在未來一年內患病 **（目標變數）**

在此例中，如果我們在訓練模型時使用了 " 過去一年的醫療記錄 " 這個特徵，就可能會產生資料洩漏，因為這個特徵可能明示了目標變數的可能性。例如一個人在過去一年內已經被診斷出某種症狀，那麼他在未來一年內患病的可能性就會很高。在這種情況下，模型可能會過度依賴這個特徵來做出預測，而忽略了其他的特徵，如年齡、性別等。

編註: 模型會給此特徵很高的權重，而給其他特徵很低的權重。

為了避免這種情況，我們應該在訓練模型時要排除與目標變數直接相關的特徵，只使用其他的特徵（如年齡、性別、是否吸煙等）來預測目標變數。這樣，我們的模型就能真正『學習』如何從這些特徵中預測出一個人是否會在未來一年內患病。

擴增特徵欄位 – 供應商是否有交易、上次交易距今天數

捨棄上面查詢的第 6、7 個欄位之後，還有什麼其它特徵適合放入訓練模型的資料集呢？比如說，某供應商是否有經常回購的老主顧？顧客上次購買經過的天數也可能是指標之一，因為供應商賣出產品的頻率越高，也表示顧客回購的時間越短。

讓我們在這裡多加兩個欄位，分別是供應商（7 與 8）在各市集日期是否有顧客向其購買（ 編註: 也就是二元欄位），另外再加一個上次交易至今的天數欄位。增加的這 3 個欄位分述如下：

- **purchased_from_vendor_7（該日有顧客向供應商 7 購買）**：若 cp.vendor_id = 7，表示該日有顧客向供應商 7 購買，標示為 1，否則為 0：

  ```
  MAX(CASE WHEN cp.vendor_id = 7 THEN 1 ELSE 0 END)
      AS purchased_from_vendor_7
  ```

- **purchased_from_vendor_8（該日有顧客向供應商 8 購買）**：若 cp.vendor_id = 8，表示該日有顧客向供應商 8 購買，標示為 1，否則為 0：

  ```
  MAX(CASE WHEN cp.vendor_id = 8 THEN 1 ELSE 0 END)
      AS purchased_from_vendor_8
  ```

- **days_since_last_customer_market_date（上次交易至今的天數）**：從 markets_attended CTE 中比對所有小於（早於）此次購買日期的最大購買日（用 MAX 函數，也就是離這次最近的上次購買日），再用 DATEDIFF 函數算出兩個日期的差距：

```
DATEDIFF(cp.market_date,
    (SELECT MAX(cma.market_date)
     FROM customer_markets_attended AS cma
     WHERE cma.customer_id = cp.customer_id
        AND cma.market_date < cp.market_date
     GROUP BY cma.customer_id))
AS days_since_last_customer_market_date,
```

以下是完整的查詢程式碼，輸出如圖 12.4：

```
WITH
customer_markets_attended AS
(
    SELECT DISTINCT
        customer_id,
        market_date
    FROM farmers_market.customer_purchases
    ORDER BY customer_id, market_date
)

SELECT cp.market_date,
    cp.customer_id,
    SUM(cp.quantity * cp.cost_to_customer_per_qty)
      AS purchase_total,

    COUNT(DISTINCT cp.vendor_id) AS vendors_patronized,
    MAX(CASE WHEN cp.vendor_id = 7 THEN 1 ELSE 0 END)
      AS purchased_from_vendor_7,

    MAX(CASE WHEN cp.vendor_id = 8 THEN 1 ELSE 0 END)
      AS purchased_from_vendor_8,

    COUNT(DISTINCT cp.product_id)
        AS different_products_purchased,

    DATEDIFF(cp.market_date,
        (SELECT MAX(cma.market_date)
```

```
        FROM customer_markets_attended AS cma
        WHERE cma.customer_id = cp.customer_id
          AND cma.market_date < cp.market_date
        GROUP BY cma.customer_id)
    ) AS days_since_last_customer_market_date,

    CASE WHEN
        DATEDIFF(
          (SELECT MIN(cma.market_date)
            FROM customer_markets_attended AS cma
            WHERE cma.customer_id = cp.customer_id
              AND cma.market_date > cp.market_date
            GROUP BY cma.customer_id), cp.market_date) <=30
        THEN 1 ELSE 0
    END AS purchased_again_within_30_days

FROM farmers_market.customer_purchases AS cp
GROUP BY cp.customer_id, cp.market_date
ORDER BY cp.customer_id, cp.market_date
```

擴增的欄位

market_date	customer_id	purchase_total	vendors_patronized	purchased_from_vendor_7	purchased_from_vendor_8
2019-10-30	1	20.0000	1	1	0
2019-11-02	1	18.0000	1	0	1
2019-11-06	1	8.0000	1	1	0
2019-11-09	1	46.0000	2	1	1
2019-11-13	1	72.0000	1	0	1
2019-11-20	1	49.0000	1	0	1
2019-11-30	1	24.0000	1	1	0
2019-12-11	1	4.0000	1	1	0
2019-12-14	1	44.0000	1	0	1

different_products_purchased	days_since_last_customer_market_date	purchased_again_within_3
1	11	1
1	3	1
1	4	1
2	3	1
2	4	1
2	7	1
1	10	1
1	11	1
2	3	1

圖 12.4

擴增特徵欄位 – 顧客來過市集的次數

另一種可能對預測模型有用的特徵是累計的數值，例如顧客之前共來過幾次市集？畢竟老顧客回購的可能性會比全新顧客更高。這我們可以利用 ROW_NUMBER 窗口函數為每位顧客先前來過的市集日期賦予排名編號，即知每位顧客來過幾次。

我們要小心 ROW_NUMBER 函數放的位置，因為 ROW_NUMBER 只會處理查詢回傳的列資料。如果我們想找出這位顧客從當列以前累計的消費次數，但卻只篩出 2019 年的所有列資料，那麼 ROW_NUMBER 就只能為 2019 年的消費次數編號。

在此例中，我們的解決方法是將 ROW_NUMBER 函數放在 customer_markets_attended CTE 裡，如此一來，CTE 裡面會保留所有的市集日期與排名編號，而不受之後查詢篩選的影響。在此 CTE 中有以下幾個重點：

1. ROW_NUMBER 窗口函數是作用在以 customer_id 分區，並以 market_date 升冪排序上，並將排名編號放在 market_count 欄位。

2. 將原本 SELECT DISTINCT customer_id, market_date 改成用 GROUP BY 將該兩個欄位分組。如此一來，每位顧客不論在一個市集日期有多少筆消費都算有來過。

CTE 的寫法如下，單獨執行的輸出如圖 12.5：

```
WITH
customer_markets_attended AS
(
    SELECT
        customer_id,
        market_date,
        ROW_NUMBER() OVER (PARTITION BY customer_id
            ORDER BY market_date) AS market_count
    FROM farmers_market.customer_purchases
    GROUP BY customer_id, market_date
    ORDER BY customer_id, market_date
)
```

customer_id	market_date	market_count
1	2019-04-06	1
1	2019-04-13	2
1	2019-04-17	3
1	2019-04-20	4
1	2019-04-24	5
1	2019-04-27	6
1	2019-05-01	7
1	2019-05-04	8

依消費
日期編號

圖 12.5

如果仍用 DISTINCT 而非用 GROUP BY 分組會如何？

此處不列出程式碼，直接來看輸出：

customer_id	market_date	market_count
1	2019-04-06	1
1	2019-04-13	2
1	2019-04-17	3
1	2019-04-17	4
1	2019-04-20	5
1	2019-04-20	6
1	2019-04-24	7
1	2019-04-24	8

圖 12.6

由圖 12.6 看到相同 customer_id、market_date 的資料出現不只一次，
也就是將某顧客在某市集日期的所有購買記錄都給予排名編號了。這是因
為 ROW_COLUMN 函數作用在 DISTINCT 之前，在沒有 GROUP BY 的分
組下，ROW_COLUMN 函數會將所有購買列資料都賦予排名編號，然後
才輪到 DISTINCT 排除重複的列資料，但因為多了一個不重複的 market_
count 欄位，因此未被排除。

兩種看似都很合理的寫法，卻有著完全不同的結果，像這種情況就需要不
斷嘗試並檢查輸出是否符合期待。了解資料的細節非常重要，只有這麼做
才能確保經過摘要總結的結果是正確的。

我們的目的是得知每位顧客在每個市集日期（含當日）累計來過幾次，就可以從 customer_markets_attended CTE 去比對所有小於等於指定市集日期的那些日期中，用 MAX 函數取得 market_count 欄位值最大的就是累計次數。完整查詢如下，輸出見圖 12.7：

```
WITH
customer_markets_attended AS
(
    SELECT
      customer_id,
      market_date,
      ROW_NUMBER() OVER (PARTITION BY customer_id
        ORDER BY market_date) AS market_count
    FROM farmers_market.customer_purchases
    GROUP BY customer_id, market_date
    ORDER BY customer_id, market_date
)

SELECT  cp.customer_id, cp.market_date,
        (SELECT MAX(market_count)
        FROM customer_markets_attended AS cma
        WHERE cma.customer_id = cp.customer_id
          AND cma.market_date <= cp.market_date
        ) AS customer_markets_attended_count

FROM farmers_market.customer_purchases AS cp
GROUP BY cp.customer_id, cp.market_date
ORDER BY cp.customer_id, cp.market_date
```

customer_id	market_date	customer_markets_attended_count
1	2020-09-26	104
1	2020-09-30	105
1	2020-10-07	106
1	2020-10-10	107
2	2019-04-06	1
2	2019-04-10	2
2	2019-04-13	3
2	2019-04-17	4

圖 12.7

由上圖可看出，顧客編號 1 到 2020-09-26 共來過市集 104 次，顧客編號 2 到 2019-04-10 共來過市集 2 次。如此一來，隨時都能用此結果查到各顧客到某市集日期為止來過市集的次數。

假如我們在上面的主查詢中加上一條 WHERE 子句篩選 2020 年 3 月下旬各顧客來市集的次數（如下），customer_markets_attended CTE 也不會受到主查詢限定日期區間的影響。由圖 12.8 的輸出可看到各顧客在這段日期區間中每市集日期的累計次數：

```
WHERE cp.market_date BETWEEN '2020-03-20' AND '2020-03-31'
```

customer_id	market_date	customer_markets_attended_count
1	2020-03-21	64
1	2020-03-25	65
2	2020-03-21	66
2	2020-03-25	67
2	2020-03-28	68
3	2020-03-25	66
4	2020-03-21	69
4	2020-03-28	70

圖 12.8

擴增特徵欄位 – 顧客在過去 30 天內來市集的次數

我們還可以加入一個顧客在過去 30 天內來市集的次數特徵，其值如果是 5 就表示過去 30 天來過 5 次市集消費，若為 0 就表示過去 30 天都沒有消費過。因此，我們為資料表新增一個欄位，取名為 customer_markets_attended_30days_count。此欄位的程式碼如下，其中有兩個重點：

1. 在 WHERE 子句中篩選出早於當前市集日期，且用 DIFFDATE 函數算出與當前日期差距在 30 天內的所有市集日期。

2. 在 SELECT 中用 COUNT 聚合函數計數符合 WHERE 條件的市集日期次數，即為
各顧客在過去 30 天內來市集的次數。

```
WITH
customer_markets_attended AS
(
    SELECT
      customer_id,
      market_date,
      ROW_NUMBER() OVER (PARTITION BY customer_id
        ORDER BY market_date) AS market_count
    FROM farmers_market.customer_purchases
    GROUP BY customer_id, market_date
    ORDER BY customer_id, market_date
)

SELECT cp.customer_id, cp.market_date,              產生計數欄位
    (SELECT COUNT(market_date)      ◄───────────
     FROM customer_markets_attended AS cma
     WHERE cma.customer_id = cp.customer_id
       AND cma.market_date < cp.market_date
       AND DATEDIFF(cp.market_date, cma.market_date) <= 30
    ) AS customer_markets_attended_30days_count
FROM farmers_market.customer_purchases AS cp
GROUP BY cp.customer_id, cp.market_date
ORDER BY cp.customer_id, cp.market_date
```

customer_id	market_date	customer_markets_attended_30days_count
1	2019-12-21	4
1	2019-12-28	5
1	2020-03-07	0
1	2020-03-11	1
1	2020-03-18	2
1	2020-03-21	3

圖 12.9

由圖 12.9 可以看到顧客編號 1 在 2019-12-21 前 30 天來過市集 4 次，而 2020-03-07 前 30 天都沒有來過，因此次數為 0。

12.3 特徵工程的考量

像前述將從資料庫表格中挖掘並彙整出的各種特徵添加到資料集，藉此訓練機器學習模型並進行預測的過程稱為『特徵工程（feature engineering）』。大部份的二元分類模型都需要數值輸入，所以我們通常將特徵值從非數值資料轉換成數值資料。例如，用 One-hot 編碼（見第 4.4 節）將分類文字項目轉換為數值、聚合高或低的度量值（如顧客的最大消費額）、其他加總的數值（如顧客來市集多久的時間）或是在不同時間區段的彙總資料。

假設模型的目的是預測顧客何時會再次購買產品，擁有的資料包含許多特徵，比如顧客的姓名、購買的產品、消費額等等，這些資料都是在特定日期（這裡是指每個市集日期）收集的。

雖然前面每次查詢都會輸出市集日期，但這個日期只是讓我們在查詢資料時參考用，並不會直接用於模型訓練，因為過去的特定日期並不能反映出我們真正感興趣的事情，例如顧客每兩次購買間隔日數的相對變化。

如果，模型是基於過去完整市集日期訓練出來的，那麼，日期很可能會成為此模型的重要特徵之一，當我們用當前顧客的資料來預測他們未來日期的行為時，此模型可能會因為在訓練資料中找不到可參考的日期而預測失準。

雖然我不會將 customer_id 與 market_date 欄位直接輸入到模型中訓練，但仍會保留它們做為唯一識別碼（每筆列資料的唯一性）或索引（加快搜尋）之用，當模型產生目標變數時，可以對應到是哪位顧客在哪個市集日期的列資料。

不過，市集日期的月份仍然有幫助，因為市集會於 1 月以及 2 月關閉，所以在 12 月消費的顧客在未來 30 天內回購的可能性會低於其它月份，這是訓練模型需要考量的特徵。因此，本章分類模型的資料集最終查詢版本會納入代表月份的欄位（用 EXTRACT 函數取出 market_date 中的月份，並取欄位別名為 market_month）。

完整查詢如下所示，輸出見圖 12.10、12.11。由於欄位數量很多，所以拆成兩張圖呈現。這兩張圖是將輸出捲動到顧客編號 25 與市集日期 2019-12-04 的位置。別忘了，最後一個欄位 purchased_again_within_30_days 是目標變數，在訓練模型階段用來當作標準答案，面對新資料時，這個欄位就是產生的預測值，用來預測各顧客是否回購之用：

```
WITH
customer_markets_attended AS
(
    SELECT
      customer_id,
      market_date,
      ROW_NUMBER() OVER (PARTITION BY customer_id
        ORDER BY market_date) AS market_count
    FROM farmers_market.customer_purchases
    GROUP BY customer_id, market_date
    ORDER BY customer_id, market_date
)

SELECT
    cp.customer_id,
    cp.market_date,
    EXTRACT(MONTH FROM cp.market_date) as market_month,
    SUM(cp.quantity * cp.cost_to_customer_per_qty)
      AS purchase_total,

    COUNT(DISTINCT cp.vendor_id) AS vendors_patronized,
    MAX(CASE WHEN cp.vendor_id = 7 THEN 1 ELSE 0 END)
      AS purchased_from_vendor_7,
    MAX(CASE WHEN cp.vendor_id = 8 THEN 1 ELSE 0 END)
```

```sql
      AS purchased_from_vendor_8,

  COUNT(DISTINCT cp.product_id) AS different_products_purchased,

  DATEDIFF(cp.market_date,
    (SELECT MAX(cma.market_date)
     FROM customer_markets_attended AS cma
     WHERE cma.customer_id = cp.customer_id
       AND cma.market_date < cp.market_date
     GROUP BY cma.customer_id)
    ) AS days_since_last_customer_market_date,

  (SELECT MAX(market_count)
   FROM customer_markets_attended AS cma
   WHERE cma.customer_id = cp.customer_id
     AND cma.market_date <= cp.market_date
) AS customer_markets_attended_count,

  (SELECT COUNT(market_date)
   FROM customer_markets_attended AS cma
   WHERE cma.customer_id = cp.customer_id
     AND cma.market_date < cp.market_date
     AND DATEDIFF(cp.market_date, cma.market_date) <= 30
) AS customer_markets_attended_30days_count,

  CASE WHEN
    DATEDIFF(
      (SELECT MIN(cma.market_date)
       FROM customer_markets_attended AS cma
       WHERE cma.customer_id = cp.customer_id
         AND cma.market_date > cp.market_date
       GROUP BY cma.customer_id), cp.market_date) <=30
    THEN 1 ELSE 0
  END AS purchased_again_within_30_days

FROM farmers_market.customer_purchases AS cp
GROUP BY cp.customer_id, cp.market_date
ORDER BY cp.customer_id, cp.market_date
```

◀— 資料集的目標變數，也就是標準答案

customer_id	market_date	market_month	purchase_total	vendors_patronized	purchased_from_vendor_7	purchased_from_vendor_8	different_products_purchased
25	2019-12-04	12	179.5000	1	1	0	2
25	2019-12-14	12	36.0000	1	1	0	1
25	2019-12-18	12	6.5000	1	1	0	1
25	2020-05-06	5	36.0000	1	1	0	1
25	2020-05-16	5	58.5000	1	1	0	1
25	2020-05-23	5	49.0000	1	1	0	2
25	2020-06-13	6	92.0000	2	1	0	2
25	2020-06-27	6	1.5000	1	0	0	1
25	2020-07-01	7	12.0171	2	0	1	2
25	2020-07-22	7	21.9735	2	0	1	2
25	2020-08-22	8	7.3124	2	0	1	2
25	2020-08-26	8	45.5000	1	1	0	1
25	2020-09-05	9	31.4735	2	0	1	3
25	2020-09-19	9	10.4151	1	0	0	1
25	2020-10-03	10	39.0000	1	1	1	1

圖 12.10

days_since_last_customer_market_date	customer_markets_attended_count	customer_markets_attended_30days_count	purchased_again_within_3
4	30	3	1
10	31	3	1
140	32	4	0
10	33	0	1
7	34	1	1
	35	2	1
21	36	2	1
14	37	1	1
4	38	2	1
21	39	2	0
31	40	0	1
4	41	1	1
10	42	2	1
14	43	3	1
14	44	2	0

圖 12.11

12.4 建立資料集之後要做的事

在本章已經示範打造可用來訓練時間序列模型以及二元分類模型的資料集。如果你還想將其他表格的欄位帶進資料集，注意不要改變資料集中原本的資料粒度。

在本章範例中，我們只用了農夫市集資料庫中 customer_purchases 表格的資料，並以不同方式從這個表格中摘要總結出需要的特徵。你可以用從本書中學到的許多 SQL 查詢技巧找出形形色色的特徵，藉此提供有助於預測目標變數的相關訊息，才能訓練出不會過度配適且預測成效良好的模型。

有些人偏好使用其他程式語言或軟體進行特徵工程，例如 Python 搭配 pandas 套件就是個很常見的方法，可以在建構模型的過程中進行特徵工程。但使用 SQL 做特徵工程也是有好處的，例如可以將查詢結果存放在資料庫的表格中，以供訓練模型時重複使用（不用每次重複計算）。此外，用 SQL 查詢資料庫的效率也會比其他語言環境來得快速（可以請教經驗豐富的資料工程師幫助你調整 SQL 寫法以提升查詢效率）。

既然現在你已經學會各種 SQL 查詢語法，也知道如何打造自己需要的資料集，應該也能看懂其他人寫的 SQL 程式並納為己用，就不需要經常麻煩資料工程師幫你查詢資料了。

建立資料集之後，下一步要進行資料探索分析（EDA），藉此了解輸入特徵以及目標變數之間的關係。接下來就要將資料集輸入模型進行訓練。一旦模型訓練完成，就可以用同樣的方法餵入現有除了目標變數欄位以外的特徵資料，模型就可以進行預測。接著，衡量模型的表現之後，也很有可能為了優化模型再回到這些步驟，調整特徵或增加資料以重複訓練模型。

練習

1. 請在本章最後一個 SQL 查詢加入一個新欄位，計算每位顧客在過去 14 天中光顧市集的次數。

2. 請在本章最後一個 SQL 查詢加入一個新的二元欄位（purchased_item_over_10_dollars），若顧客購買的產品單價超過 $10，該欄位就填入 1；反之為 0。提示：可仿照 purchased_from_vendor_7 欄位的寫法，只是分支條件改變。

3. 假如農夫市集要做一個顧客回饋方案，只要顧客總消費額超過 $200，就贈送禮品籃以及印有市集品牌的環保袋。請新增一個二元欄位（customer_has_spent_over_200），用來確認顧客是否達到回饋送禮標準。提示：這題稍有難度，有以下幾個重點：

    (1) 在 CTE 中加入每位顧客在各市集日期消費額的欄位 purchase_total。

    (2) 逐日累加顧客之前日期的消費額，欄位名稱為 total_spent_to_date。

    (3) 用 CASE 分支條件判斷顧客的累加消費額是否超過 $200，欄位名稱為 customer_spent_over_200。

    (4) 完整查詢要包括練習 1、2 新增的欄位。

MEMO

13

開發分析資料集
的案例

分析資料集（analytical dataset）有其目的性，通常包含經過清理、轉換與聚合的資料，以便更容易進行資料分析。本章將引導你開發用於回答不同類型問題的資料集，這需要將前面學到的概念組合出更複雜的查詢，算是進階的內容。

請注意！此處使用的範例資料庫中的資料並不足以實際進行資料集開發後的分析，所以本章並不會從輸出中尋找趨勢，這裡的重點會放在如何使用 SQL，從農夫市集資料庫中設計與建構資料集，用以回答下面這幾個問題：

- 哪些因素與生鮮蔬果的銷售額相關？

- 銷售如何受到顧客郵遞區號與市集距離，和人口統計資料的影響？

- 產品價格分佈如何影響銷售？

13.1 生鮮蔬果銷售分析資料集 (1)：影響銷售額的氣象、季節因素

這個問題其實是要瞭解與生鮮蔬果銷售額有關的變數（因素）有哪些，以及這些變數之間的關係。這意味著從資料的角度來看，我們需要在一段時間內總結不同的變數，並探索在這些時間區段內，銷售額會如何隨著每個變數的變化而改變。

例如，『當市集中販售的產品種類增加，生鮮蔬果的銷售額會提高還是減少？』這是一個探索兩種變數：產品多樣性（自變數）、銷售額（依變數）之間關係的問題。如果增加產品多樣性使得銷售額上升，那這兩個變數就是正相關；如果增加產品多樣性反而使銷售額下降，那麼就是負相關。

我可以選擇每週彙總每個變數值，然後建立視覺化的散點圖來分辨變數之間的關係。要對各個變數進行這種操作，就需要撰寫查詢生成資料集，用每個市集週為列資料，其中包含要探索的每個變數在每週的彙總資料。

確認哪些產品是生鮮蔬果

我首先需要確認哪些產品被視為『生鮮蔬果』，然後計算每週這些產品的銷售額，並引入每週彙總的其他變數（因素）來探索與銷售額的關係。這些可能因素包括：產品供應量（供應商數量、可供購買的存貨量或因季節因素產生大量需求的產品）、產品成本、一年中的時間／季節、隨時間變化的銷售趨勢，以及影響市集銷售的所有事物（如天氣、來消費的顧客數）。

首先，我先察看所有的產品種類（在 product_category 表格中），找出可以用於回答問題的資料。以下查詢輸出的結果如圖 13.1：

```
SELECT * FROM farmers_market.product_category
```

product_category_id	product_category_name
1	Fresh Fruits & Vegetables
2	Packaged Pantry Goods
3	Packaged Prepared Food
4	Freshly Prepared Food
5	Plants & Flowers
6	Eggs & Meat (Fresh or Fr...
7	Non-Edible Products

圖 13.1

在圖 13.1 中可以看到產品分類編號（product_category_id）為 1 的『Fresh Fruits & Vegetables』正是生鮮蔬果。至於『Plants & Flowers』以及『Eggs & Meat』或許也有生鮮蔬果的品項，所以將產品分類編號 1、5、6 的所有產品都查詢出來，輸出如圖 13.2：

```
SELECT * FROM farmers_market.product
WHERE product_category_id IN (1, 5, 6)
ORDER BY product_category_id
```

product_id	product_name	product_size	product_category_id	product_qty_type
1	Habanero Peppers - Organic	medium	1	lbs
2	Jalapeno Peppers - Organic	small	1	lbs
3	Poblano Peppers - Organic	large	1	unit
9	Sweet Potatoes	medium	1	lbs
12	Baby Salad Lettuce Mix - Bag	1/2 lb	1	unit
13	Baby Salad Lettuce Mix	1 lb	1	lbs
14	Red Potatoes	NULL	1	NULL
15	Red Potatoes - Small		1	NULL
16	Sweet Corn	Ear	1	unit
17	Carrots	sold by we...	1	lbs
18	Carrots - Organic	bunch	1	unit
21	Organic Cherry Tomatoes	pint	1	unit
22	Roma Tomatoes	medium	1	lbs
6	Cut Zinnias Bouquet	medium	5	unit
10	Eggs	1 dozen	6	unit
11	Pork Chops	1 lb	6	lbs

圖 13.2

從圖 13.2 看來，分類編號 5、6 並不包括生鮮蔬果，因此只有分類編號 1 的才是。然後帶著這分清單給提出需求的人，確認分類編號 1 的這些產品是否就是想要分析的標的。如果他想要分析的是特定幾項產品的清單，而不是整個分類的話，我會告訴他們：如果這項分析會重複進行，採用特定產品清單的方式就需要在每次產出分析報表前，重複確認產品清單是否需要更新或變更（因為新加入的產品並不會自動出現在特定清單中），而如果以產品分類為基準，以後納入此分類的新產品都會自動加入分析清單，因此建議建立整個分類的產品清單比較適合。

現在假設需要分析的就是產品分類編號 1 中的所有產品。我需要一些銷售的摘要總結資訊，與銷售有關的資料來自 customer_purchases 表格，產品是否有存貨則需要從 vendor_inventory 表格取得。另外，也需要與時間相關的資訊，雖然在 customer_purchases 與 vendor_inventory 表格中都有市集日期在內，但我可能需要知道各市集日期當日的額外訊息（例如季節、下雨、下雪等），這些都存在 market_date_info 表格中，我們可以透過 market_date 欄位連結起來。

因為這是一個有關銷售額與時間關係的問題，所以我會以銷售資料為主，再把其他需要的資料連結進來。因此，將 customer_purchases 表格與 product 表格以 product_id 欄位做 INNER JOIN 連結，並於 WHERE 子句篩選出產品分類編號為 1 的列資料。查詢如下所示，輸出請見後面第 13-07 頁的圖 13.3：

```
SELECT *
FROM customer_purchases cp
 INNER JOIN product p
   ON cp.product_id = p.product_id
WHERE p.product_category_id = 1
```

上面的查詢使用 INNER JOIN 而非 LEFT JOIN，是因為我在這個銷售計算中，排除了那些沒有銷售記錄的產品。請記得！不管使用哪種 JOIN，檢查回傳的列資料細節很重要，確保從對的表格提取正確的資料，並以正確的欄位進行連結，且結果有依照期望的方式篩選。

如果我們要分析的產品清單分散在不只一種分類中，那就還需要納入分類名稱欄位（product_category 表格中的 product_category_name 欄位），後面就會連結進來。

挑選需要輸出的欄位

觀察圖 13.3 的欄位，因為我計畫以週為單位進行摘要總結，不需要太細的交易時間（transaction_time），也似乎不需要每個產品的大小（product_size），這幾個欄位可以去除。當我們要計算有多少產品可銷售時，會需要存貨數量（quantity）與產品數量單位（product_qty_type），這些欄位就需要保留。

總銷售額是我們要計算的依變數，其值與我們要找的那些變數（影響因素）有關。如果想知道有多少供應商銷售某產品時，不應該從 customer_purchases 表格取得，因為供應商有存貨但無銷售記錄的產品不會出現在該表格中，而應該從 vendor_inventory（供應商存貨）表格提取這些資料。

接著透過與 market_date_info 表格連結，取得週數以及其他與市集日期相關的資訊，例如：季節以及氣候等，方便我們之後統整資料。在這裡我決定將 market_date_info 表格與前面的表格進行 RIGHT JOIN，因為我想知道有哪幾個市集日期未銷售任何生鮮蔬果，而 RIGHT JOIN 會從 customer_purchases 表格提取沒有相對應資料的欄位。查詢如下，輸出見第 13-07 頁的圖 13.4：

```sql
SELECT
    cp.market_date,
    cp.customer_id,
    cp.quantity,
    cp.cost_to_customer_per_qty,
    p.product_category_id,
    mdi.market_date,
    mdi.market_week,
    mdi.market_year,
    mdi.market_rain_flag,
    mdi.market_snow_flag
```

```
FROM customer_purchases cp
  INNER JOIN product p
    ON cp.product_id = p.product_id
  RIGHT JOIN market_date_info mdi
    ON mdi.market_date = cp.market_date
WHERE p.product_category_id = 1
```

檢查圖 13.4 的輸出,看起來所有市集日期都有銷售生鮮蔬果的記錄,但這與我的預期不符,因為我確實知道有些市集日期沒賣出生鮮蔬果呀!

設計查詢容易出現的錯誤 – 把可能的資料篩掉了

這是一個常見的 SQL 設計錯誤。你可能會想,透過重新安排所有的 JOIN 方法應該就能解決了吧,但如果你只有針對這一點修改,仍然會碰到一樣的問題。原因是我們的 WHERE 子句只篩選出所有產品分類編號為 1 的列資料。所以如果在某個市集日期並沒有銷售任何生鮮蔬果的話,當然該市集日期就不會出現在輸出中,因為被 WHERE 篩掉了,反而失去用 RIGHT JOIN 的初衷。

這就是為什麼每次在連結資料前都需要重新檢視所有的資料,以及撰寫一些維持品質的查詢,例如:瞭解總共有多少個不同的市集日期,如此一來,一旦在連結資料後有任何缺失(市集日期數目不符),就可以立刻進行修正。

在連結表格時做篩選 – 在 JOIN 的 ON 子句篩選

這個案例的解決方法是:不要用 WHERE 篩掉未銷售生鮮蔬果分類的市集日期,而應該將篩選條件寫在 JOIN 的 ON 子句中,這是之前沒有用過的寫法。

我可以在對 customer_purchases 與 product 表格以雙方的 product_id 欄位連結時,對 product 表格的 product_category_id 欄位設定 ON 條件(分類編號要等於 1)。這麼一來,我們只對 product 表格的 product_category_id 欄位進行篩選,而不會篩到 customer_purchases 表格中的資料,因此所有有交易記錄的市集日期都會出現(不分產品分類)。

product_id	vendor_id	market_date	customer_id	quantity	cost_to_customer	transaction_time	product_id	product_name	product_size	product_category_id	product_qty_type
1	7	2019-07-03	16	2.02	6.99	18:18:00	1	Habanero Peppers - Organic	medium	1	lbs
1	7	2019-07-03	22	0.66	6.99	17:34:00	1	Habanero Peppers - Organic	medium	1	lbs
1	7	2019-07-06	4	0.27	6.99	12:20:00	1	Habanero Peppers - Organic	medium	1	lbs
1	7	2019-07-06	12	3.60	6.99	09:33:00	1	Habanero Peppers - Organic	medium	1	lbs
1	7	2019-07-06	23	1.49	6.99	12:26:00	1	Habanero Peppers - Organic	medium	1	lbs
1	7	2019-07-06	23	2.56	6.99	12:46:00	1	Habanero Peppers - Organic	medium	1	lbs
1	7	2019-07-10	3	2.48	6.99	18:40:00	1	Habanero Peppers - Organic	medium	1	lbs
1	7	2019-07-10	4	2.13	6.99	18:06:00	1	Habanero Peppers - Organic	medium	1	lbs
1	7	2019-07-10	23	3.61	6.99	18:56:00	1	Habanero Peppers - Organic	medium	1	lbs
1	7	2019-07-13	2	4.24	6.99	09:02:00	1	Habanero Peppers - Organic	medium	1	lbs

圖 13.3

market_date	customer_id	quantity	cost_to_customer	product_category_id	market_date	market_week	market_year	market_rain_flag	market_snow_flag
2019-07-03	16	2.02	6.99	1	2019-07-03	27	2019	0	0
2019-07-03	22	0.66	6.99	1	2019-07-03	27	2019	0	0
2019-07-06	4	0.27	6.99	1	2019-07-06	27	2019	0	0
2019-07-06	12	3.60	6.99	1	2019-07-06	27	2019	0	0
2019-07-06	23	1.49	6.99	1	2019-07-06	27	2019	0	0
2019-07-06	23	2.56	6.99	1	2019-07-06	27	2019	0	0
2019-07-10	3	2.48	6.99	1	2019-07-10	28	2019	0	0
2019-07-10	4	2.13	6.99	1	2019-07-10	28	2019	0	0
2019-07-10	23	3.61	6.99	1	2019-07-10	28	2019	0	0
2019-07-13	2	4.24	6.99	1	2019-07-13	28	2019	0	0

圖 13.4

經過這樣的修改之後，所有市集日期都會回傳。我調整了輸出欄位的順序，將 market_date_info 表格的幾個欄位放到最前面，並如上述修改連結與篩選的寫法（沒有 WHERE 子句了），輸出如圖 13.5（欄位太多，折成 2 張）：

```
SELECT
   mdi.market_date,
   mdi.market_week,
   mdi.market_year,
   mdi.market_rain_flag,
   mdi.market_snow_flag,
   cp.market_date,
   cp.customer_id,
   cp.quantity,
   cp.cost_to_customer_per_qty,
   p.product_category_id
FROM customer_purchases cp
   INNER JOIN product p
      ON cp.product_id = p.product_id
         AND p.product_category_id = 1      ── 在 ON 中設定篩選條件
   RIGHT JOIN market_date_info mdi
      ON mdi.market_date = cp.market_date
```

market_date	market_week	market_year	market_rain_flag	market_snow_flag
2019-09-28	39	2019	0	0
2019-09-28	39	2019	0	0
2019-09-28	39	2019	0	0
2019-09-28	39	2019	0	0
2019-09-28	39	2019	0	0
2019-09-28	39	2019	0	0
2019-09-28	39	2019	0	0
2019-09-28	39	2019	0	0
2019-09-28	39	2019	0	0
2019-09-28	39	2019	0	0
2019-09-28	39	2019	0	0
2019-09-28	39	2019	0	0
2019-10-02	40	2019	0	0
2019-10-05	40	2019	0	0
2019-10-09	41	2019	0	0

market_date	customer_id	quantity	cost_to_customer	product_category_id
2019-09-28	3	2.43	6.99	1
2019-09-28	2	0.80	3.49	1
2019-09-28	19	3.93	3.49	1
2019-09-28	21	4.16	3.49	1
2019-09-28	3	2.00	0.50	1
2019-09-28	7	3.00	0.50	1
2019-09-28	12	3.00	0.50	1
2019-09-28	18	5.00	0.50	1
2019-09-28	19	8.00	0.50	1
2019-09-28	21	3.00	0.50	1
2019-09-28	4	10.00	0.45	1
2019-09-28	20	4.00	0.50	1
NULL	NULL	NULL	NULL	NULL
NULL	NULL	NULL	NULL	NULL
NULL	NULL	NULL	NULL	NULL

圖 13.5

現在我們就能看到有哪些市集日期未銷售生鮮蔬果了（也就是那些市集日期出現 NULL 的資料）。

彙總每週銷售額與氣象資料 – 用 COALESCE 處理 NULL

接下來，透過將 market_year 與 market_week 欄位分組，就能將顧客的購買金額（也就是銷售額）整理成每週一列。另外，也可以將非必要的欄位去掉。計算銷售額的方式跟我們在第 12 章講的大致相同，但因為是以週為單位，如果該週有一或兩個市集日期沒有賣出生鮮蔬果（也就是銷售與單價欄位出現 NULL），那該怎麼辦？因為用 NULL 運算還是 NULL，此時我們就要用到 COALESCE 函數來處理 NULL 資料。

COALESCE 函數可以回傳串列值中第一個非 NULL 值。在這個範例中，若某市集日期沒有賣出產品分類編號 1 的產品（表示 quantity 等幾個欄位會出現 NULL），那麼每週銷售額就會是 NULL，這絕對不是我們想看到的，因為即使沒有銷售也應該是 0 才對。我們想將 NULL 值改為 0，就可以用 COALESCE 函數做處理：

```
COALESCE( [ value 1 ], 0 )
```

這麼一來，若 [value 1] 不是 NULL 就回傳其值，如果 [value 1] 是 NULL 就回傳 0。因此在計算銷售額（數量乘以單價）時，用 COALESCE 函數會將計算結果是 NULL 的轉換為 0，即該市集日期營業額為 0。再用 SUM 函數加總該週營業額：

```
SUM(COALESCE(cp.quantity*cp.cost_to_customer_per_qty,0))
```

以下查詢會列出該週市集與氣候相關的欄位：

- 下雨（用 MAX 函數取該週下雨欄位最大值），1：下雨、0：沒下雨

- 下雪（用 MAX 函數取該週下雪欄位最大值），1：下雪、0：沒下雪

- 最低溫（用 MIN 函數取該週最小值）

- 最高溫（用 MAX 函數取該週最大值）

- 季節（若該週兩個市集日期剛好跨季，則用 MIN 函數回傳字母小的那個）

- 用 ROUND 函數將各週營業額取到兩位小數，放在 weekly_category1_sales 欄位。

輸出請見圖 13.6：

```
SELECT
  mdi.market_year,
  mdi.market_week,
  MAX(mdi.market_rain_flag) AS market_week_rain_flag,
  MAX(mdi.market_snow_flag) AS market_week_snow_flag,
  MIN(mdi.market_min_temp) AS minimum_temperature,
  MAX(mdi.market_max_temp) AS maximum_temperature,
  MIN(mdi.market_season) AS market_season,
  ROUND(SUM(COALESCE(cp.quantity*cp.cost_to_customer_per_qty,0)),2)
    AS weekly_category1_sales
FROM customer_purchases cp
  INNER JOIN product p
```

```
    ON cp.product_id = p.product_id
      AND p.product_category_id = 1
  RIGHT JOIN market_date_info mdi
    ON mdi.market_date = cp.market_date
GROUP BY mdi.market_year, mdi.market_week
```

market_year	market_week	market_week_rain_flag	market_week_snow_flag	minimum_temperature
2019	20	0	0	NULL
2019	21	0	0	NULL
2019	22	0	0	49
2019	23	0	0	57
2019	24	0	0	56
2019	25	0	0	65
2019	26	0	0	72
2019	27	0	0	67
2019	28	0	0	65
2019	29	0	0	NULL
2019	30	0	0	NULL

maximum_temperature	market_season	weekly_category1_sales
NULL	Spring	0.00
NULL	Spring	0.00
69	Spring	8.60
82	Summer/Early Fall	35.00
82	Summer/Early Fall	43.20
80	Summer/Early Fall	30.70
85	Summer/Early Fall	50.70
89	Summer/Early Fall	183.72
90	Summer/Early Fall	221.07
NULL	Summer/Early Fall	211.67
NULL	Summer/Early Fall	194.95

圖 13.6

由圖 13.6 可以看出生鮮蔬果（分類編號 1）的每週營業額（weekly_category1_sales）以及氣象、季節資料。本資料集至此僅考慮到市集端影響銷售額的可能因素，接著在第 13.2 節還要繼續考慮供應商端的可能影響因素。

ChatGPT 來幫忙

前面的例子是讓 COALESCE 函數將銷售額是 NULL 時轉換為 0，其實 COALESCE 函數能做的還不僅如此，請 ChatGPT 給兩個例子：

> SU　**MySQL 的 COALESCE 函數請給我兩個不是處理數值的例子**

　當然可以。COALESCE 函數在 MySQL 中不僅可以用於處理數值，還可以用於處理其他類型的資料，如字串或日期。以下是兩個例子：

例子 1：

假設你有一個名為 employees 的表格，其中有兩個欄位 real_name（本名）和 nick_name（暱稱），這兩個欄位可能包含 NULL 值。你想要選擇所有員工並優先使用暱稱，如果暱稱為 NULL，則使用本名：

```
SELECT employee_id, COALESCE(nick_name, real_name)
  AS preferred_name
FROM employees
```

例子 2：

假設你有一個名為 orders 的表格，其中有兩個日期欄位 expected_delivery_date（預期交貨日）和 actual_delivery_date（實際交貨日）。你想要選擇所有的訂單並使用實際交貨日期，如果實際交貨日期為 NULL，則使用預期交貨日期：

```
SELECT
    order_id,
    COALESCE(actual_delivery_date, expected_delivery_date)
      AS delivery_date
FROM orders
```

萬一兩個選擇都是 NULL 時，COALESCE 函數就會回傳 NULL。

13.2　生鮮蔬果銷售分析資料集 (2)：供應商產品與存貨因素

我們還可以將販賣生鮮蔬果產品的供應商數量、產品數量、存貨量，以及特定季節有高需求的產品資料彙整起來，這些欄位會來自 vendor_inventory（供應商庫存）表格。

察看供應商在每次市集的資料

我想先了解各供應商在所有市集日期（尚不依每週分組）提供生鮮蔬果分類的欄位資料，需要將 vendor_inventory、product 以及 market_date_info 這三個表格進行連結（其實前面已經做過），並在 JOIN 的 ON 子句以 product_category_id = 1 條件篩選出生鮮蔬果分類的資料。在這個查詢中有幾個重點：

- 用 vendor_inventory 表格與 product 表格做 INNER JOIN，在 ON 子句中以 product_id 欄位連結，同時必須符合 product_category_id = 1 的分類。

- 然後將 INNER JOIN 的結果與 market_date_info 表格做 RIGHT JOIN，以 market_date 欄位連結。

```
SELECT
  mdi.market_date,
  mdi.market_year,
  mdi.market_week,
  vi.*,
  p.*
FROM vendor_inventory vi
  INNER JOIN product p
    ON vi.product_id = p.product_id
      AND p.product_category_id = 1
  RIGHT JOIN market_date_info mdi
    ON mdi.market_date = vi.market_date
```

market_date	market_year	market_week	market_date	quantity	vendor_id	product_id	original_price
2019-06-08	2019	23	2019-06-08	100.00	4	16	0.50
2019-06-12	2019	24	2019-06-12	120.00	4	16	0.50
2019-06-15	2019	24	2019-06-15	140.00	4	16	0.50
2019-06-19	2019	25	2019-06-19	120.00	4	16	0.50
2019-06-22	2019	25	2019-06-22	120.00	4	16	0.50
2019-06-26	2019	26	2019-06-26	140.00	4	16	0.50
2019-06-29	2019	26	2019-06-29	100.00	4	16	0.50
2019-07-03	2019	27	2019-07-03	7.38	7	1	6.99
2019-07-03	2019	27	2019-07-03	33.63	7	2	3.49

product_id	product_name	product_size	product_category_id	product_qty_type
16	Sweet Corn	Ear	1	unit
16	Sweet Corn	Ear	1	unit
16	Sweet Corn	Ear	1	unit
16	Sweet Corn	Ear	1	unit
16	Sweet Corn	Ear	1	unit
16	Sweet Corn	Ear	1	unit
16	Sweet Corn	Ear	1	unit
1	Habanero Peppers - Organic	medium	1	lbs
2	Jalapeno Peppers - Organic	small	1	lbs

圖 13.7

挑選需要的欄位,並關注特定產品

經過檢查圖 13.7 之後,其實許多欄位都不需要納入,我們只挑選彙總每週資料所需的欄位,也就是計算供應商數量需要的 vendor_id、計算產品種類數量需要的 product_id、以及存貨量 quantity 等欄位。

此外,我們還可以利用 product_id 來標記特定產品。比如說,我們猜測某些顧客每年只在當地培育的甜玉米(Sweet Corn)品種上市時來購買,其他時候都不會出現。於是,我們想知道甜玉米上市期間,是否會帶動整體生鮮蔬果的銷售額,所以我們為產品編號 16 的甜玉米增加一個代表是否供貨的二元欄位 corn_available_flag。

以下查詢有幾個重點:

- 供應商數量：用 COUNT DISTINCT 聚合出各週不重複 vendor_id 數，取名為 vendor_count。

- 產品數量：用 COUNT DISTINCT 聚合出各週不重複 product_id 數，取名為 unique_product_count。

- 將數量依單位（unit 或 lbs）分開加總，區分成兩個欄位：unit_products_qty（個數）與 bulk_products_lbs（重量）。

- 產品總價值：將 quantity（存貨量）* original_price（原價）依週做加總，並取兩位小數，取欄位名為 total_product_value。

- 甜玉米標記：利用 CASE 子句將是否為產品編號 16 標記在 corn_available_flag 欄位。

如以下查詢，就可以看到產品分類編號 1 以週為單位的摘要總結資料。輸出見圖 13.8：

```
SELECT
  mdi.market_year,
  mdi.market_week,
  COUNT(DISTINCT vi.vendor_id) AS vendor_count,
  COUNT(DISTINCT vi.product_id) AS unique_product_count,
  SUM(CASE WHEN p.product_qty_type = 'unit' THEN vi.quantity
        ELSE 0 END) AS unit_products_qty,
  SUM(CASE WHEN p.product_qty_type = 'lbs' THEN vi.quantity
        ELSE 0 END) AS bulk_products_lbs,
  ROUND(SUM(COALESCE(vi.quantity * vi.original_price,0)), 2)
    AS total_product_value,
  MAX(CASE WHEN p.product_id = 16 THEN 1 ELSE 0 END)
    AS corn_available_flag

FROM vendor_inventory vi
  INNER JOIN product p
    ON vi.product_id = p.product_id
      AND p.product_category_id = 1          ◄── 產品分類編號 1
  RIGHT JOIN market_date_info mdi
    ON mdi.market_date = vi.market_date
GROUP BY mdi.market_year, mdi.market_week     ◄── 依年、週分組
```

market_year	market_week	vendor_cou	unique_product_co	unit_products_qty	bulk_products_lbs	total_product_value	corn_available_flag
2019	25	3	5	386.00	0.00	1202.50	1
2019	26	3	5	380.00	0.00	1165.50	1
2019	27	3	8	778.00	76.53	1660.78	1
2019	28	3	8	821.00	81.30	1708.79	1
2019	29	3	8	882.00	77.83	1849.83	1
2019	30	3	8	785.00	74.55	1742.15	1
2019	31	3	8	811.00	84.05	1651.16	1
2019	32	3	8	836.00	74.17	1702.34	1
2019	33	3	8	764.00	77.44	1645.05	1
2019	34	3	8	754.00	67.73	1663.85	1
2019	35	3	8	856.00	70.81	1802.72	1
2019	36	3	8	524.00	88.54	1692.50	1
2019	37	3	8	522.00	67.76	1540.54	1
2019	38	3	8	514.00	79.10	1616.82	1

圖 13.8

考慮更廣泛的適用性

看到圖 13.8 的輸出後，我覺得除了分類編號 1 的資料以外，也希望能得到整個市集的供應商數量以及可販售產品的數量。因此，我打算將 INNER JOIN 的 ON 子句設定的 product_category_id＝1 條件刪除，以適用於所有產品分類編號。

因為我的目的仍然是分析生鮮蔬果的銷售額變化，所以將 product_category_id＝1 的條件改放在與生鮮蔬果相關的欄位，利用 CASE 子句限縮產品分類編號，對生鮮蔬果而言就是判斷產品分類編號等於 1 或不等於 1 做分支處理（如果想分析其他分類編號可依此類推）。這 5 個欄位如下所示：

- 銷售生鮮蔬果的供應商數量：vendor_count_product_category1

- 生鮮蔬果種類數量：unique_product_count_product_category1

- 生鮮蔬果個數（unit）：unit_products_qty_product_category1

- 生鮮蔬果重量（lbs）：bulk_products_lbs_product_category1

- 生鮮蔬果總值：total_product_value_product_category1

作者在下面的查詢有個巧思，就是在上面 5 個分類編號 1 的欄位前面都各放了一個所有產品分類的彙總欄位，例如 vendor_count_product_category1 欄位（只有分類 1）前面放一個 vendor_count 欄位（包含所有分類），其目的是讓你可以從查詢結果做個簡單的檢查：每個帶有『_category1』字尾的欄位，其數值都必須小於或等於沒有該字尾的欄位。

此查詢的輸出共有 13 個欄位且欄位名稱很長，因此拆成圖 13.9、13.10、13.11 三張圖：

```
SELECT
  mdi.market_year,
  mdi.market_week,
  COUNT(DISTINCT vi.vendor_id) AS vendor_count,

  COUNT(DISTINCT
    CASE WHEN p.product_category_id = 1
         THEN vi.vendor_id ELSE NULL END
  ) AS vendor_count_product_category1,

  COUNT(DISTINCT vi.product_id) AS unique_product_count,

  COUNT(DISTINCT
    CASE WHEN p.product_category_id = 1
         THEN vi.product_id ELSE NULL END
  ) AS unique_product_count_product_category1,

  SUM(CASE WHEN p.product_qty_type = 'unit'
    THEN vi.quantity ELSE 0 END) AS unit_products_qty,

  SUM(CASE WHEN p.product_category_id = 1
           AND p.product_qty_type = 'unit'
         THEN vi.quantity ELSE 0 END
  ) AS unit_products_qty_product_category1,
```

```
    SUM(CASE WHEN p.product_qty_type = 'lbs' THEN vi.quantity
      ELSE 0 END) AS bulk_products_lbs,

    SUM(CASE WHEN p.product_category_id = 1
              AND p.product_qty_type = 'lbs'
            THEN vi.quantity ELSE 0 END)
      AS bulk_products_lbs_product_category1,

    ROUND(SUM(COALESCE(vi.quantity * vi.original_price,0)), 2)
      AS total_product_value,

    ROUND(SUM(COALESCE(CASE WHEN p.product_category_id = 1
        THEN vi.quantity * vi.original_price ELSE 0 END, 0)), 2)
      AS total_product_value_product_category1,

    MAX(CASE WHEN p.product_id = 16 THEN 1 ELSE 0 END)
      AS corn_available_flag

FROM vendor_inventory vi
    INNER JOIN product p
      ON vi.product_id = p.product_id
    RIGHT JOIN market_date_info mdi
      ON mdi.market_date = vi.market_date
  GROUP BY mdi.market_year, mdi.market_week
```

market_year	market_week	vendor_count	vendor_count_product_category1	unique_product_count
2019	25	3	1	5
2019	26	3	1	5
2019	27	3	2	8
2019	28	3	2	8
2019	29	3	2	8
2019	30	3	2	8
2019	31	3	2	8
2019	32	3	2	8

圖 13.9

unique_product_count_product_category1	unit_products_qty	unit_products_qty_product	bulk_products_lbs
1	386.00	240.00	0.00
1	380.00	240.00	0.00
4	778.00	640.00	76.53
4	821.00	690.00	81.30
4	882.00	730.00	77.83
4	785.00	640.00	74.55
4	811.00	680.00	84.05
4	836.00	690.00	74.17

圖 13.10

bulk_products_lbs_product_category1	total_product_value	total_product_value_product_category1	corn_available_flag
0.00	1202.50	120.00	1
0.00	1165.50	120.00	1
76.53	1660.78	651.28	1
81.30	1708.79	710.29	1
77.83	1849.83	705.33	1
74.55	1742.15	641.15	1
84.05	1651.16	710.16	1
74.17	1702.34	665.84	1

圖 13.11

13.3 生鮮蔬果銷售分析資料集 (3)：整合市集與供應商的影響因素

至此，我們在第 13.2 節已寫好每週供應商產品與存貨的查詢，再加上第 13.1 節寫好的每週氣象資料與銷售額的查詢，接著就可以這兩個查詢的欄位合併起來。

將兩個查詢放進 WITH 語句（CTE）

合併的作法是將該兩個查詢分別放進 WITH 語句中做為 CTE，然後在主查詢連結這兩個 CTE，整個查詢包括三個部分：

1. 圖 13.6 的查詢：包括以市集週為單位的氣象欄位與週銷售額。放在 WITH 語句中取名為 my_customer_purchases。

2. 圖 13.9~13.11 的查詢：包括供應商數量、產品數、分類編號 1 的存貨、甜玉米是否供貨等。放在 WITH 語句中取名為 my_vendor_inventory。

3. 主查詢：將 my_customer_purchases 與 my_vendor_inventory 這兩個 CTE 的結果集，以 market_year 與 market_week 兩欄位作連結，然後輸出所有的欄位資料。

由於 my_customer_purchasesc 的結果集有 8 個欄位，my_vendor_inventory 結果集有 13 個欄位，兩個結果集合併之後就有 21 個欄位（包括重複出現的 market_year、market_week 欄位），此處就不列出輸出圖了，請您自行執行看看：

```
WITH
my_customer_purchases AS
(
  SELECT
    mdi.market_year,
    mdi.market_week,
    MAX(mdi.market_rain_flag) AS market_week_rain_flag,
    MAX(mdi.market_snow_flag) AS market_week_snow_flag,
    MIN(mdi.market_min_temp) AS minimum_temperature,
    MAX(mdi.market_max_temp) AS maximum_temperature,
    MIN(mdi.market_season) AS market_season,
    ROUND(SUM(COALESCE(cp.quantity * cp.cost_to_customer_per_qty,0)), 2)
      AS weekly_category1_sales
  FROM customer_purchases cp
    INNER JOIN product p
      ON cp.product_id = p.product_id
        AND p.product_category_id = 1
    RIGHT JOIN market_date_info mdi
      ON mdi.market_date = cp.market_date
  GROUP BY mdi.market_year, mdi.market_week
),
```

```
my_vendor_inventory AS
(
  SELECT
    mdi.market_year,
    mdi.market_week,
    COUNT(DISTINCT vi.vendor_id) AS vendor_count,

    COUNT(DISTINCT
        CASE WHEN p.product_category_id = 1
            THEN vi.vendor_id ELSE NULL END
      ) AS vendor_count_product_category1,

    COUNT(DISTINCT vi.product_id) AS unique_product_count,

    COUNT(DISTINCT
        CASE WHEN p.product_category_id = 1
            THEN vi.product_id ELSE NULL END
      ) AS unique_product_count_product_category1,

    SUM(CASE WHEN p.product_qty_type = 'unit'
            THEN vi.quantity ELSE 0 END) AS unit_products_qty,

    SUM(CASE WHEN p.product_category_id = 1
              AND p.product_qty_type = 'unit'
            THEN vi.quantity ELSE 0 END)
      AS unit_products_qty_product_category1,

    SUM(CASE WHEN p.product_qty_type = 'lbs' THEN vi.quantity
          ELSE 0 END) AS bulk_products_lbs,

    SUM(CASE WHEN p.product_category_id = 1
            AND p.product_qty_type = 'lbs'
          THEN vi.quantity ELSE 0 END)
      AS bulk_products_lbs_product_category1,

    ROUND(SUM(COALESCE(vi.quantity * vi.original_price,0)), 2)
      AS total_product_value,
```

```
      ROUND(SUM(COALESCE(CASE WHEN p.product_category_id = 1
                  THEN vi.quantity * vi.original_price
                  ELSE 0 END, 0)), 2)
      AS total_product_value_product_category1,

      MAX(CASE WHEN p.product_id = 16 THEN 1 ELSE 0 END)
      AS corn_available_flag

  FROM vendor_inventory vi
   INNER JOIN product p
     ON vi.product_id = p.product_id
   RIGHT JOIN market_date_info mdi
     ON mdi.market_date = vi.market_date
  GROUP BY mdi.market_year, mdi.market_week
)

SELECT *
FROM my_vendor_inventory
  LEFT JOIN my_customer_purchases
    ON my_vendor_inventory.market_year = my_customer_purchases.market_year
      AND my_vendor_inventory.market_week = my_customer_purchases.market_week
ORDER BY my_vendor_inventory.market_year, my_vendor_inventory.market_week
```

利用窗口函數將前一週銷售額也拉進資料集

接下來，我要稍微修改上例的主查詢內容，將希望呈現在資料集中的欄位順序寫出來，並避免重複的 market_year、market_week 欄位出現。然後在倒數第 2 個欄位加上一個『前一週銷售額』（previous_week_category1_sales）欄位，因為前一週的銷售額也可能是預測本周銷售額的一個重要因素，這可以利用第 7 章介紹的 LAG 窗口函數做到。

本查詢的重點如下：

- 明確將需要的欄位依照期望的順序一一列出，目標變數（週銷售額）放在最後一個欄位，也就是 weekly_category1_sales（分類編號 1 週銷售額）欄位。

- 要將上週銷售額與本週銷售額並列，可以使用 LAG 窗口函數獲取前一週分類週銷售額，並取欄位名為 previous_week_category1_sales，放在倒數第二個欄位。

完整程式碼沿用上一個查詢的兩個 CTE，此處僅列出修改後的主查詢，輸出見圖 13.12：

```
SELECT
    mvi.market_year,
    mvi.market_week,
    mcp.market_week_rain_flag,
    mcp.market_week_snow_flag,
    mcp.minimum_temperature,
    mcp.maximum_temperature,
    mcp.market_season,
    mvi.vendor_count,
    mvi.vendor_count_product_category1,
    mvi.unique_product_count,
    mvi.unique_product_count_product_category1,
    mvi.unit_products_qty,
    mvi.unit_products_qty_product_category1,
    mvi.bulk_products_lbs,
    mvi.bulk_products_lbs_product_category1,
    mvi.total_product_value,
    mvi.total_product_value_product_category1,        ── 取前一週的週銷售額
    LAG(mcp.weekly_category1_sales, 1) OVER (ORDER BY mvi.market_year,
        mvi.market_week) AS previous_week_category1_sales,
    mcp.weekly_category1_sales

FROM my_vendor_inventory mvi
  LEFT JOIN my_customer_purchases mcp
    ON mvi.market_year = mcp.market_year
      AND mvi.market_week = mcp.market_week
ORDER BY mvi.market_year, mvi.market_week
```

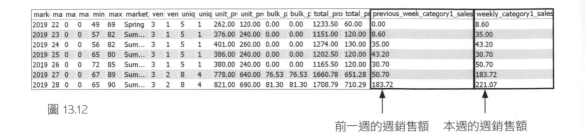

mark	ma	ma	ma	min	max	market	ven	ven	uniq	uniq	unit_pr	unit_pr	bulk_p	bulk_p	total_pro	total_pr	previous_week_category1_sales	weekly_category1_sales
2019	22	0	0	49	69	Spring	3	1	5	1	262.00	120.00	0.00	0.00	1233.50	60.00	0.00	8.60
2019	23	0	0	57	82	Sum...	3	1	5	1	376.00	240.00	0.00	0.00	1151.00	120.00	8.60	35.00
2019	24	0	0	56	82	Sum...	3	1	5	1	401.00	260.00	0.00	0.00	1274.00	130.00	35.00	43.20
2019	25	0	0	65	80	Sum...	3	1	5	1	386.00	240.00	0.00	0.00	1202.50	120.00	43.20	30.70
2019	26	0	0	72	85	Sum...	3	1	5	1	380.00	240.00	0.00	0.00	1165.50	120.00	30.70	50.70
2019	27	0	0	67	89	Sum...	3	2	8	4	778.00	640.00	76.53	76.53	1660.78	651.28	50.70	183.72
2019	28	0	0	65	90	Sum...	3	2	8	4	821.00	690.00	81.30	81.30	1708.79	710.29	183.72	221.07

圖 13.12

前一週的週銷售額　　本週的週銷售額

上圖將前面的欄位寬度縮窄，將新加入的前一週銷售額與本週銷售額並列。

現在我們已經準備好每週一列的資料集，其中包括可能影響生鮮蔬果週銷售額的 19 個變數以及目標變數（也就是銷售額本身），經過檢查之後就可以餵入機器學習的模型了。

本節的查詢看起來雖然很長，但其實都是用先前學過的 SQL 語法組成的，我們只是在循序漸進的分析過程中，將對訓練模型可能有用的欄位（特徵）進行摘要總結等運算，最後整理成單一資料集而已。

編註: **ChatGPT 來幫忙**

本書使用的範例資料庫，其中有許多欄位值缺漏，其實都要在特徵工程的過程中處理過，作者僅示範銷售資料出現 NULL 時可以用 COALESCE 函數處理，其實上例中最高溫與最低氣溫欄位也出現許多 NULL 值，要處理這些溫度資料有哪些方法？請 ChatGPT 給點提示：

SU　　資料集中的最高溫與最低溫兩個欄位出現缺失值, 請問該如何處理?

接續

在處理最高溫和最低溫兩個欄位的缺失值時，你可以考慮以下的方法：

1. **插值：** 如果你的數據是時間序列數據，並且缺失值不多，可以使用插值方法。例如，可以使用前一天或後一天的溫度來填充缺失值。另外，也可以使用線性插值或其他更複雜的插值方法。

2. **統計方法：** 可以使用相同時間段（例如同一個月份或同一個季度）的平均最高溫和最低溫來填充缺失值。這種方法假設溫度具有季節性變化。

3. **預測模型：** 如果缺失值較多，你可以使用預測模型來填充缺失值。例如，可以使用回歸模型，並將日期、時間和其他相關變量（如降雨量、風速等）作為特徵來預測最高溫和最低溫。

4. **多重插補：** 這是一種更複雜的方法，它可以生成多個可能的填充值，從而反映出填充的不確定性。

需要注意的是，選擇哪種方法取決於具體的數據和問題，並且可能需要進行實驗來確定最佳方法，這就不在本書的範圍內了。 編註: 可參考《銷售 AI 化！看資料科學家如何思考，用 Python 打造能賺錢的機器學習模型》一書。

13.4 顧客居住地區與人口統計分析資料集

我們接下來要考慮幾個與顧客有關的問題：銷售額如何隨著顧客郵遞區號和距離市集的遠近而變化？我們能否將人口統計資料整合到此分析中？顯然這些都不是農夫市集經理已知的資料，必須從其他來源取得。

有了這些資料之後，我們可以用郵遞區號做分組，就能彙總顧客居住地區的消費力了。但如果我們想要得到更多有用的資訊，以顧客做分組應該會是比較好的方法，因為之後還可以再用郵遞區號對每位顧客做銷售統計。

郵遞區號的地理位置與人口統計資料

我們想要了解的不僅僅是來自每個郵遞區號的銷售額，更多的是希望知道該地區顧客的消費行為，這讓我們能更好地理解銷售與地理位置間的關係，並可能對人口統計資料如何影響銷售帶來啟發。這種分析需要複雜的資料處理和統計分析，但能夠提供有價值的見解，幫助我們更有效地銷售產品。

在農夫市集資料庫的 customer 表格中，每位顧客都有一個 5 碼的郵遞區號欄位（customer_zip），但沒有完整的 9 碼郵遞區號（ 編註: 猶如台灣 3 碼郵遞區號只能知道大概區域，而 5 碼郵遞區號會有更精準的範圍），所以要知道顧客與市集的遠近，我們只能透過市集的位置以及各郵遞區號的代表位置來估算『距離市集多遠』。

要注意的是：郵遞區號代表的區域並沒有特定的形狀，所以各區域的地理中心可能不是該區居住人口最密集的地方，不見得能代表多數顧客真正的位置，不過我們也只能就取得的資料做估算。只要能取得各郵遞區號經緯度的資料，就可以加入資料庫中（本範例是存放在農夫市集的 zip_data 表格）。此外，政府單位網站（美國人口普查局）也會提供有關郵遞區號與人口統計的資料，可取得依郵遞區號整理的年齡分布、財富統計和其他人口統計資料。

編註: 台灣 3 碼郵遞區號對照的經緯度資料，可以從政府資源開放平台取得（網址 https://data.gov.tw/dataset/25489）。要查人口統計資料可上內政部戶政司網站（https://www.ris.gov.tw/app/portal/346）。小編手上取得的民國 110 年人口統計年刊中，記載直轄市各區、縣市鄉鎮的人口統計資料，包括以性別、年齡、教育程度等等做區分。

對此範例，我會先彙總每位顧客的銷售額，並將人口統計資料加到每位顧客的記錄中（儘管人口資料並非顧客本身有的）。換句話說，我們打算利用郵遞區號和相關的人口統計資料，來增強對顧客行為的理解，以產出能提高銷售成效的創見。這讓我們能更深入了解銷售與地理位置和人口統計資料之間的關係。

以顧客為基準，彙總購買資訊與郵遞區號

因此，我們要以顧客為基準來整理購買記錄，包括他們成為農夫市場顧客的時間、購買產品的市集日期次數以及迄今的總消費額等（在 customer_purchases 表格中）。此外，也會將顧客的郵遞區號（在 customer 表格中）納入顧客的列資料。

此查詢的幾個重點：

1. 將 customer_purchases 與 customer 表格以 customer_id 欄位做連結，以對應到 customer_zip（郵遞區號）欄位。

2. 用 GROUP BY 以 customer_id 分組，以得到每位顧客一列的輸出。

3. 用 DATEDIFF 函數算出每位顧客最近一次購買（用 MAX 函數）與首次購買（用 MIN 函數）歷時日數，取名為 customer_duration_days。

4. 用 COUNT DISTINCT 得到每位顧客來過幾次市集，取名為 number_of_markets。

5. 計算每位顧客迄今總消費額，取名為 total_spent，以及平均每次市集的消費額，取名為 average_spent_per_market。

以下查詢的輸出請見圖 13.13：

```
SELECT
    c.customer_id,
    c.customer_zip,
    DATEDIFF(MAX(market_date), MIN(market_date))
        AS customer_duration_days,
    COUNT(DISTINCT market_date) AS number_of_markets,
    ROUND(SUM(quantity * cost_to_customer_per_qty), 2)
        AS total_spent,
    ROUND(SUM(quantity * cost_to_customer_per_qty)
        / COUNT(DISTINCT market_date), 2)
        AS average_spent_per_market
```

```
FROM farmers_market.customer_purchases cp
  LEFT JOIN farmers_market.customer c
    ON cp.customer_id = c.customer_id
GROUP BY c.customer_id
```

customer_id	customer_zip	customer_duration_days	number_of_markets	total_spent	average_spent_per_market
1	22801	553	107	3530.92	33.00
2	22821	553	117	4179.45	35.72
3	22821	553	112	3832.16	34.22
4	22801	549	115	3561.63	30.97
5	22801	556	113	3932.83	34.80
7	22821	556	100	2921.17	29.21
10	22801	556	96	2495.41	25.99
12	22821	549	103	3290.08	31.94
16	22801	553	73	2015.00	27.60
17	22802	543	78	1882.61	24.14

圖 13.13

需要注意的是，由於範例資料庫的樣本特性，此例中的輸出有許多很接近的值，例如 customer_duration_days（來市集的歷經日數），這在實際的市集營運上並不常見。

編註： 作者在上面查詢連結兩個表格時，原本是以 customer 為 LEFT JOIN 的主表格，以 customer_purchases 為從表格，這麼做的話，會將從未購買過的顧客資料也全部列出，小編認為不需要分析這些顧客，因此改以 customer_purchases 為主表格，也就是有購買記錄的顧客才做彙總。因為 SELECT 中的欄位是一一列舉，並不影響欄位的排列順序。

納入人口統計資料

在農夫市集資料庫中，將人口統計資料存放在 zip_data 表格，裡面包括 3 個郵遞區號所在區域的人口統計資料（真實情況顧客可能來自更多區域），其欄位分別代表：

- **5 碼郵遞區號**：zip_code_5
- **家庭收入中位數**：median_household_income
- **高收入佔比**：percent_high_income
- **年齡低於 18 歲佔比**：percent_under_18
- **年齡高於 65 歲佔比**：percent_over_65
- **每平方英里人口數**：people_per_sq_mile
- **緯度**：latitude，**經度**：longitude，即為此郵遞區號的代表位置

此查詢的輸出請見圖 13.14

zip_code_5	median_household_income	percent_high_income	percent_under_18	percent_over_65	people_per_sq_mile	latitude	longitude
22801	53042	0.05	0.16	0.11	1279.6	38.427	-78.882
22802	48746	0.028	0.23	0.14	321.2	38.478	-78.863
22821	65417	0.053	0.25	0.17	66.3	38.437	-78.99

圖 13.14

將顧客購買資訊與人口統計資料結合

現在要將郵遞區號所在的人口統計欄位也加入到對應的顧客列資料中。此查詢需要連結 customer_purchases、customer 與 zip_data 這三個表格。其中要注意用於連結 zip_data 表格的郵遞區號欄位名稱：在 customer 表格中是 customer_zip 欄位，而在 zip_data 表格中是 zip_code_5 欄位。

此查詢的輸出共有 13 個欄位，見圖 13.15：

```
SELECT
  c.customer_id,
  DATEDIFF(MAX(market_date), MIN(market_date))
    AS customer_duration_days,
  COUNT(DISTINCT market_date) AS number_of_markets,
```

```
    ROUND(SUM(quantity * cost_to_customer_per_qty), 2)
      AS total_spent,
    ROUND(SUM(quantity * cost_to_customer_per_qty)
          / COUNT(DISTINCT market_date), 2)
      AS average_spent_per_market,
    c.customer_zip,
    z.median_household_income AS zip_median_household_income,
    z.percent_high_income AS zip_percent_high_income,
    z.percent_under_18 AS zip_percent_under_18,
    z.percent_over_65 AS zip_percent_over_65,
    z.people_per_sq_mile AS zip_people_per_sq_mile,
    z.latitude,
    z.longitude

FROM farmers_market.customer_purchases cp
  LEFT JOIN farmers_market.customer c
    ON cp.customer_id = c.customer_id
  LEFT JOIN zip_data z
    ON c.customer_zip = z.zip_code_5
GROUP BY c.customer_id
```

customer_id	customer_duration_days	number_of_markets	total_spent	average_spent_per_market
1	553	107	3530.92	33.00
2	553	117	4179.45	35.72
3	553	112	3832.16	34.22
4	549	115	3561.63	30.97
5	556	113	3932.83	34.80
7	556	100	2921.17	29.21
10	556	96	2495.41	25.99

customer_zip	zip_median_household_income	zip_percent_high_income	zip_percent_under_18
22801	53042	0.05	0.16
22821	65417	0.053	0.25
22821	65417	0.053	0.25
22801	53042	0.05	0.16
22801	53042	0.05	0.16
22821	65417	0.053	0.25
22801	53042	0.05	0.16

zip_percent_over_65	zip_people_per_sq_mile	latitude	longitude
0.11	1279.6	38.427	-78.882
0.17	66.3	38.437	-78.99
0.17	66.3	38.437	-78.99
0.11	1279.6	38.427	-78.882
0.11	1279.6	38.427	-78.882
0.17	66.3	38.437	-78.99
0.11	1279.6	38.427	-78.882

圖 13.15

計算顧客居住地區與農夫市集的距離

在這個案例中,我們也想知道顧客居住的位置(其實是代表區域號碼的經緯度)離農夫市集的距離,但單憑現有資料並不知道。我在 Dayne Batten 的部落格找到計算座標之間距離的公式。如果農夫市集的緯度與經度分別是 38.4463, -78.8712,那麼就可以利用該公式計算每位顧客與農夫市集的距離了(「編註:」此公式最外層的 ROUND 函數沒有指定小數位數,因此只取整數)。公式如下:

```
ROUND(2 * 3961 * ASIN(SQRT(POWER(SIN(RADIANS((latitude - 38.4463)
    / 2)),2) + COS(RADIANS(38.4463)) * COS(RADIANS(latitude)) *
    POWER((SIN(RADIANS((longitude - -78.8712) / 2))), 2))))
```

對一般人來說,並不需要深究上式是如何計算的,只需要知道這段程式碼回傳兩個座標之間的距離。因為經度與緯度對我們的意義是計算距離用的,計算完成之後就不需要放進資料集,改用距離市集的英里數(zip_miles_from_market)取代(「編註:」如果要以公里為單位,請將公式開頭的 3961 改為 6371)。

此查詢可如下修改,輸出見圖 13.16:

```
SELECT
  c.customer_id,
  DATEDIFF(MAX(market_date), MIN(market_date))
    AS customer_duration_days,
  COUNT(DISTINCT market_date) AS number_of_markets,
  ROUND(SUM(quantity * cost_to_customer_per_qty), 2)
```

```
        AS total_spent,
    ROUND(SUM(quantity * cost_to_customer_per_qty) /
        COUNT(DISTINCT market_date), 2)
      AS average_spent_per_market,
    c.customer_zip,
    z.median_household_income AS zip_median_household_income,
    z.percent_high_income AS zip_percent_high_income,
    z.percent_under_18 AS zip_percent_under_18,
    z.percent_over_65 AS zip_percent_over_65,
    z.people_per_sq_mile AS zip_people_per_sq_mile,

    ROUND(2 * 3961 * ASIN(SQRT(POWER(SIN(RADIANS(
        (z.latitude -38.4463) / 2)),2) +
        COS(RADIANS(38.4463)) * COS(RADIANS(z.latitude)) *
        POWER((SIN(RADIANS((z.longitude - -78.8712) / 2))), 2))))
        AS zip_miles_from_market

FROM farmers_market.customer_purchases AS cp
    LEFT JOIN farmers_market.customer AS c
      ON cp.customer_id = c.customer_id
    LEFT JOIN zip_data AS z
      ON c.customer_zip = z.zip_code_5
GROUP BY c.customer_id
```

前面的欄位不變，將緯度與
經度欄位更換為距離欄位 ↓

custc	custom	numbe	total_spe	averag	custome	zip_me	zip_per	zip_pe	zip_pe	zip_people_	zip_miles_from_market
1	553	107	3530.92	33.00	22801	53042	0.05	0.16	0.11	1279.6	1
2	553	117	4179.45	35.72	22821	65417	0.053	0.25	0.17	66.3	6
3	553	112	3832.16	34.22	22821	65417	0.053	0.25	0.17	66.3	6
4	549	115	3561.63	30.97	22801	53042	0.05	0.16	0.11	1279.6	1
5	556	113	3932.83	34.80	22801	53042	0.05	0.16	0.11	1279.6	1
7	556	100	2921.17	29.21	22821	65417	0.053	0.25	0.17	66.3	6
10	556	96	2495.41	25.99	22801	53042	0.05	0.16	0.11	1279.6	1

圖 13.16

編註: **ChatGPT 來幫忙**

計算兩個經緯度距離的公式叫做『哈弗辛公式（Haversine formula）』，請 ChatGPT 介紹一下：

> SU　請問 哈弗辛公式（Haversine formula）的想法是什麼？

 哈弗辛公式（Haversine formula）用於計算球體上兩點之間的大圓距離，其名稱來自於哈弗辛（haversine）函數，也就是半正弦（half-versed sine）的縮寫。這個公式在計算地球表面兩點之間的距離時特別有用，因為地球的形狀接近於一個球體。

哈弗辛公式的構想基於球面三角學的原理，可以計算出球面上兩點之間的最短距離，這就是所謂的大圓距離。其優點是可以給出精確的結果，即使在距離非常大（接近半個地球周長）的情況下也適用。這是因為它使用的是正弦和餘弦函數，這些函數用電腦計算都非常精確，使得哈弗辛公式成為了計算地球上兩點之間距離的標準方法。

然而，哈弗辛公式也有其限制。它假設地球是一個完美的球體，但實際上地球是一個橢球體。因此，對於需要非常高精度的應用，可能需要使用更複雜的方法來計算距離，這些方法會考慮到地球的實際形狀。

編註: 此公式計算的是地表兩點直接連起來的距離，但在城鎮中受限於街道規劃或有河流、建築等阻擋，兩點之間不太可能走直線，因此本例只是抓個大概罷了。

如此一來，我就可以依據顧客的郵遞區號以及與市集的距離，來分析顧客指標，例如顧客消費額和參與市集的次數。同樣我也可以用與市集距離（zip_miles_from_market）以及總消費額（total_spent）建立散點圖呈現兩者的關係，由於相同郵遞區號的顧客資料點在距離軸上都會重疊在一起，所以可以利用抖動技術或調整資料點的大小，以呈現該點代表的人數。

提供更多的分析想法

透過 data_zip 表格中與郵遞區號相關的欄位資料，我們可以根據人口密度建立一個鄉村與城市的標記欄位，並根據該數值去觀察顧客行為。也可以評估顧客的長期性（也就是對市集的忠誠度），查看消費額或持續時間的分佈。也可以依據高收入家庭佔比與總消費額找出兩者的相關性。透過這個資料集，就可以進行各種分析。

這個資料集如果再加入顧客消費的摘要總結資料，例如依產品分類的總消費額、最常消費的供應商、最常消費的時間等等，就可以提供更深入的顧客行為洞察，例如，可以了解哪些產品分類最受歡迎，或者顧客更傾向於一天中的哪個時段購買。這些訊息能更了解顧客的購買習性，進而制定更有效的銷售和行銷策略。

以下是一個使用此資料集的範例，有以下幾個重點：

- 將前面圖 13.16 的查詢放入 WITH 語句中並取名為 customer_and_zip_data CTE。

- 在主查詢的 GROUP BY 是用 customer_zip（郵遞區號）分組，以找出各區域的顧客數與平均消費額。

- 另外也列出每個郵遞區號與市集的距離，雖然我們用 MIN 函數取各郵遞區號距離的最小值，但其實不論用 MIN、MAX 或 AVG 得到的距離都會相同。

```
WITH customer_and_zip_data AS
(
 SELECT
   c.customer_id,
```

```
    DATEDIFF(MAX(market_date), MIN(market_date))
      AS customer_duration_days,
    COUNT(DISTINCT market_date) AS number_of_markets,
    ROUND(SUM(quantity * cost_to_customer_per_qty), 2)
        AS total_spent,
    ROUND(SUM(quantity * cost_to_customer_per_qty) /
      COUNT(DISTINCT market_date), 2)
      AS average_spent_per_market,
    c.customer_zip,
    z.median_household_income AS zip_median_household_income,
    z.percent_high_income AS zip_percent_high_income,
    z.percent_under_18 AS zip_percent_under_18,
    z.percent_over_65 AS zip_percent_over_65,
    z.people_per_sq_mile AS zip_people_per_sq_mile,

    ROUND(2 * 3961 * ASIN(SQRT(POWER(SIN(RADIANS(
      (z.latitude -38.4463) / 2)),2) +
      COS(RADIANS(38.4463)) * COS(RADIANS(z.latitude)) *
      POWER((SIN(RADIANS((z.longitude - -78.8712)/2))),2))))
      AS zip_miles_from_market

  FROM farmers_market.customer AS c
    LEFT JOIN farmers_market.customer_purchases AS cp
      ON cp.customer_id = c.customer_id
    LEFT JOIN zip_data AS z
      ON c.customer_zip = z.zip_code_5
  GROUP BY c.customer_id
)

SELECT
  cz.customer_zip,
  COUNT(cz.customer_id) AS customer_count,
  ROUND(AVG(cz.total_spent)) AS average_total_spent,
  MIN(cz.zip_miles_from_market) AS zip_miles_from_market
FROM customer_and_zip_data AS cz
GROUP BY cz.customer_zip  ◄─────┐
                                │
                        以郵遞區號分組
```

customer_zip	customer_count	average_total_spent	zip_miles_from_market
22801	15	2685	1
22821	7	3320	6
22802	4	1857	2

圖 13.17

需要注意的是，我們在這個資料庫中只存放顧客之前留下的郵遞區號，如果他搬到不同郵遞區號的地方，就會與當前的狀況不符。如果要維護這些異動，就需要在資料庫中增加另一個存放顧客郵遞區號歷史記錄的表格了。

13.5 價格分布與高低價分析資料集

假設農夫市集經理還想瞭解：『我們的產品價格分布是什麼樣子？』『低價、高價產品何者帶來的銷售額更高？』像這樣的問題需要處理多列資料，我們就需要用到窗口函數。

在嘗試回答這些問題之前，我會先向提問者釐清時間性的考量，因為我知道價格分佈可能會隨著時間改變，而第二個問題的答案也可能在某個時點發生變化。所以，我們只需要回答市集最近季度的問題嗎？還是要進行年度比較？或者查看追蹤的整個歷史銷售記錄，並忽略可能隨著時間發生的任何變化？

假設提問者回覆：希望查看隨著時間推移的每個季度產品價格分佈（例如，因為夏季與冬季銷售的產品類型可能會非常不同，同時也會隨年份變化）。作為一名資料科學家，我們就要根據這些需求獲取資料。

獲取產品價格的原始資料

先不要貿然動手彙總資料，分析的第一步是獲取每個市集日期每個產品價格的原始資料。這個看似簡單的任務卻引發另一個問題：『產品』指的是什麼？資料庫中的每個 product_id 都是一種產品嗎？如果有兩個供應商銷售同一種產品（例如胡蘿蔔），個別以重量與個數銷售，這樣算一種還是兩種產品？還是說，供應商之間的產品差異夠大，我可以將每個供應商的每個 product_id 都視為單獨的產品？

我們被要求查看隨時間推移的產品價格分布，如果按照 product_id 來看，不同供應商確實可能對同一產品訂出不同的價格，所以我選擇查看每個季度每個供應商每個產品的平均原價。我將從供應商在 vendor_inventory（供應商存貨）表格中指定的每個產品的 original_price（原價）開始，不考慮給予顧客的折價（這些折價是記錄在 customer_purchases 表格中）。此查詢有幾個重點：

- 以 product 為主表格，以 vendor_inventory 為從表格進行 LEFT JOIN，並以 product_id 欄位做連結。

- 我們依 product_id、product_name、product_category_id、product_qty_type、vendor_id 與 market_date 等 6 個欄位做分組。如此一來，可以察看在每個市集日期每個供應商每種產品每種計量單位的產品存貨量與平均原價。

- 在 SELECT 挑選的欄位中加入分組的存貨量總和以及平均原價。

```
SELECT
  p.product_id,
  p.product_name,
  p.product_category_id,
  p.product_qty_type,
  vi.vendor_id,
  vi.market_date,
  SUM(vi.quantity),
  AVG(vi.original_price)
FROM product AS p
  LEFT JOIN vendor_inventory AS vi
    ON vi.product_id = p.product_id
GROUP BY
  p.product_id,
  p.product_name,
```

```
p.product_category_id,
p.product_qty_type,
vi.vendor_id,
vi.market_date
```

product_id	product_name	product_category_id	product_qty_type	vendor_id	market_date	SUM(vi.quantity)	AVG(vi.original_price)
1	Habanero Peppers - Organic	1	lbs	7	2019-07-03	7.38	6.990000
1	Habanero Peppers - Organic	1	lbs	7	2019-07-06	10.96	6.990000
1	Habanero Peppers - Organic	1	lbs	7	2019-07-10	13.08	6.990000
1	Habanero Peppers - Organic	1	lbs	7	2019-07-13	10.22	6.990000
1	Habanero Peppers - Organic	1	lbs	7	2019-07-17	10.59	6.990000
1	Habanero Peppers - Organic	1	lbs	7	2019-07-20	9.04	6.990000
1	Habanero Peppers - Organic	1	lbs	7	2019-07-24	10.66	6.990000
1	Habanero Peppers - Organic	1	lbs	7	2019-07-27	6.76	6.990000

圖 13.18

納入季節因素

既然已經確定要查看每個季節的價格分布,那就需要從 market_date_info 表格中取得 market_season 欄位。而且討論季節隨時間的變化,market_year 年份顯然也要進來。不過我們會遇到一個挑戰:因為 market_season 的資料是字串,如何確認它們能依季節(而不是依英文字母)和年份排序呢?我會在資料集中保留分組的最小月份,以便稍後可用它來排序季節。

此查詢有以下幾個重點:

- 將 product、vendor_inventory、market_date_info 三個表格連結。

- 將原本 GROUP BY 中的 market_date 欄位用 market_year 與 market_season 這兩個欄位取代。

- 將原本 SELECT 中的 market_date 用 market_year、market_season 取代。

- 增加一個各分組最早月份的 month_market_season_sort(季節月份排序)欄位。

```
SELECT
  p.product_id,
  p.product_name,
  p.product_category_id,
  p.product_qty_type,
  vi.vendor_id,
  MIN(MONTH(vi.market_date)) AS month_market_season_sort,
  mdi.market_season,
  mdi.market_year,
  SUM(vi.quantity) AS quantity_available,
  AVG(vi.original_price) AS avg_original_price
FROM product AS p
  LEFT JOIN vendor_inventory AS vi
    ON vi.product_id = p.product_id
  LEFT JOIN market_date_info AS mdi
    ON vi.market_date = mdi.market_date
GROUP BY
  p.product_id,
  p.product_name,
  p.product_category_id,
  p.product_qty_type,
  vi.vendor_id,
  mdi.market_year,
  mdi.market_season
```

product_id	product_name	product_category_id	product_qty_type	vendor_id
1	Habanero Peppers - Organic	1	lbs	7
1	Habanero Peppers - Organic	1	lbs	7
2	Jalapeno Peppers - Organic	1	lbs	7
2	Jalapeno Peppers - Organic	1	lbs	7
3	Poblano Peppers - Organic	1	unit	7
3	Poblano Peppers - Organic	1	unit	7
4	Banana Peppers - Jar	3	unit	7
4	Banana Peppers - Jar	3	unit	7

month_market_season_sort	market_season	market_year	quantity_available	avg_original_price
7	Summer/Early Fall	2019	249.94	6.990000
7	Summer/Early Fall	2020	288.01	6.990000
7	Summer/Early Fall	2019	748.33	3.490000
7	Summer/Early Fall	2020	807.90	3.490000
7	Summer/Early Fall	2019	1750.00	0.500000
7	Summer/Early Fall	2020	1730.00	0.500000
4	Spring	2019	610.00	4.000000
6	Summer/Early Fall	2019	1610.00	4.000000

圖 13.19

你可能有注意到，新增加的季節月份排序欄位雖然便於排序，但出現個問題！請觀察圖 13.19 第 1、3、5、8 列都是 2019 年的『Summer/EarlyFall』季節，但季節排序欄位卻有 6 也有 7 ？這是因為同一季的數種產品中，各產品開始銷售的月份有可能不同，而我們上面用 MIN 函數取得的是每個產品在該季的最早銷售月份，雖然能忠實呈現各產品開始銷售的月份，但並非我們預期的同一季應該開始月份相同才好排序，這對後續分析會有不良影響。

既然我們的目的是依季度來看銷售，那就該讓同一季所有產品的排序欄位一致，這就要用到窗口函數分區功能，讓 MIN 函數取得各分區中所有產品最早上市的月份，如此同一季所有產品的季節月份排序欄位值都會一致。

以下查詢是用窗口函數改寫，此時不用 GROUP BY 做任何分組，單純為同季節的所有產品經由窗口函數產生季節月份排序欄位（month_market_season_sort）。請注意！ MIN 窗口函數作用在 market_season 欄位分區上（忘記窗口函數語法請回顧第 7 章），此查詢輸出見圖 13.20：

```
SELECT
    p.product_id,
    p.product_name,
    p.product_category_id,
    p.product_qty_type,
    vi.vendor_id,
    MIN(MONTH(vi.market_date)) OVER (PARTITION BY market_season)
```

```
      AS month_market_season_sort,
    mdi.market_season,
    mdi.market_year,
    vi.original_price
FROM product AS p
    LEFT JOIN vendor_inventory AS vi
        ON vi.product_id = p.product_id
    LEFT JOIN market_date_info AS mdi
        ON vi.market_date = mdi.market_date
```

product_id	product_name	product_category_id	product_qty_type	vendor_id	month_market_season_sort
7	Apple Pie	3	unit	8	11
8	Cherry Pie	3	unit	8	11
4	Banana Peppers - Jar	3	unit	7	11
5	Whole Wheat Bread	3	unit	8	11
5	Whole Wheat Bread	3	unit	8	3
5	Whole Wheat Bread	3	unit	8	3
4	Banana Peppers - Jar	3	unit	7	3
4	Banana Peppers - Jar	3	unit	7	3
8	Cherry Pie	3	unit	8	3
7	Apple Pie	3	unit	8	3
7	Apple Pie	3	unit	8	3
8	Cherry Pie	3	unit	8	3
7	Apple Pie	3	unit	8	6
8	Cherry Pie	3	unit	8	6

market_season	market_year	avg_original_price	quantity_sold	total_sales
Late Fall/Holiday	2019	18.000000	140.00	2520.0000
Late Fall/Holiday	2019	18.000000	186.00	3348.0000
Late Fall/Holiday	2019	4.000000	279.00	1116.0000
Late Fall/Holiday	2019	6.500000	188.00	1222.0000
Spring	2019	6.500000	232.00	1508.0000
Spring	2020	6.500000	272.00	1768.0000
Spring	2019	4.000000	288.00	1128.5000
Spring	2020	4.000000	479.00	1872.0000
Spring	2019	18.000000	105.00	1890.0000
Spring	2019	18.000000	88.00	1584.0000
Spring	2020	18.000000	122.00	2196.0000
Spring	2020	18.000000	128.00	2304.0000
Summer/Early Fall	2020	18.000000	174.00	3132.0000
Summer/Early Fall	2019	18.000000	156.00	2808.0000

圖 13.20

現在只做到將每季最早開始的月份取出，還沒聚合資料呢，請繼續看下去。

納入實際銷售量與銷售額

因為要回答的第二個問題與銷售額有關,接下來要將實際銷售量與銷售額的資料也納入資料集,這些資料記錄在 customer_purchases 表格中,因此除了原本連結的 product、vendor_inventory、market_date_info 三個表格之外,還需要再將 customer_purchases 表格連結進來。

此查詢有以下幾個重點:

- 將圖 13.20 的查詢改為子查詢並取名為 sub,並在子查詢中連結 customer_purchases 表格,如此才能取得銷售量(quantity 欄位)與賣給顧客的單價(cost_to_customer_per_qty)。

- 在主查詢的 GROUP BY 中,除了圖 13.19 的查詢中分組的 7 個欄位,還要將窗口函數新增的季節月份排序欄位(month_market_season_sort)也加入分組,將相同值合併。

- 然後在 SELECT 中增加季節月份排序、平均原價(avg_original_price)、銷售量(quantity_sold)與總銷售額(total_sales)等幾個欄位。這些欄位所需資料都在子查詢中準備好了。

```
SELECT
    sub.product_id,
    sub.product_name,
    sub.product_category_id,
    sub.product_qty_type,
    sub.vendor_id,
    sub.month_market_season_sort,
    sub.market_season,
    sub.market_year,
    AVG(sub.original_price) AS avg_original_price,
    SUM(sub.quantity) AS quantity_sold,
    SUM(sub.quantity * sub.cost_to_customer_per_qty)
        AS total_sales
```

```
FROM (
  SELECT
      p.product_id,
      p.product_name,
      p.product_category_id,
      p.product_qty_type,
      vi.vendor_id,
      MIN(MONTH(vi.market_date)) OVER (PARTITION BY
        market_season) AS month_market_season_sort,
      mdi.market_season,
      mdi.market_year,
      vi.original_price,
      cp.quantity,
      cp.cost_to_customer_per_qty
  FROM product AS p
    LEFT JOIN vendor_inventory AS vi
      ON vi.product_id = p.product_id
    LEFT JOIN market_date_info AS mdi
      ON vi.market_date = mdi.market_date
    LEFT JOIN customer_purchases AS cp
      ON vi.product_id = cp.product_id
        AND vi.vendor_id = cp.vendor_id
        AND vi.market_date = cp.market_date
) AS sub

GROUP BY
  sub.product_id,
  sub.product_name,
  sub.product_category_id,
  sub.product_qty_type,
  sub.vendor_id,
  sub.month_market_season_sort,
  sub.market_year,
  sub.market_season
```

product_id	product_name	product_category_id	product_qty_type	vendor_id
4	Banana Peppers - Jar	3	unit	7
5	Whole Wheat Bread	3	unit	8
7	Apple Pie	3	unit	8
8	Cherry Pie	3	unit	8
8	Cherry Pie	3	unit	8
4	Banana Peppers - Jar	3	unit	7
5	Whole Wheat Bread	3	unit	8
7	Apple Pie	3	unit	8
4	Banana Peppers - Jar	3	unit	7

month_market_season_sort	market_season	market_year	avg_original_price	quantity_sold	total_sales
11	Late Fall/Holiday	2019	4.000000	279.00	1116.0000
11	Late Fall/Holiday	2019	6.500000	188.00	1222.0000
11	Late Fall/Holiday	2019	18.000000	140.00	2520.0000
11	Late Fall/Holiday	2019	18.000000	186.00	3348.0000
3	Spring	2019	18.000000	105.00	1890.0000
3	Spring	2019	4.000000	288.00	1128.5000
3	Spring	2019	6.500000	232.00	1508.0000
3	Spring	2019	18.000000	88.00	1584.0000
6	Summer/Early Fall	2019	4.000000	578.00	2305.5000

圖 13.21

在此可挑選一些產品對輸出進行品質檢查（比如說與原資料進行驗算）。 編註: 其實在輸出中還有許多帶有 NULL 值的列資料，先別急，會在下一個查詢中用 WHERE 子句篩掉。

改用市集季節的角度將價格分級

現在我有每件產品的價格（每個季節每個供應商提供每個產品的平均單價），就可以開始探索價格的分佈。在撰寫這個查詢之前，我其實嘗試了幾種不同的方法。原本打算對產品用 NTILE 窗口函數分割等份（ 編註: 因為作者在前面幾個查詢都是以產品視角建資料集，也將產品的幾個欄位放在最前面），但由於此範例資料庫中的產品數很少，容易造成價格相同的兩個產品被分在不同等份中。

為了要能回答最高與最低價格的問題，我最後決定用 NTILE 函數對每個市集季節的價格做分割，並在每個等份中做低中高的排名。因此，我修改了原本的做法，改成按照市集季節、市集年份和原價進行分組。我使用的 NTILE 值為 3，這樣可以獲得價格的 3 個分組，即價格最高前三分之一、中間三分之一、以及最低的三分之一。然後就可以將產品價格的銷售情況整理起來。

此查詢有以下幾個重點：

- **從產品視角轉換為市集季節、市集年份視角**，子查詢也隨之修正，將原本好幾個產品欄位移掉，將 market_season、market_year 等欄位放在前面。

- 在子查詢中增加 WHERE 子句，將所有 market_year 欄位是 NULL 的都篩掉。

- 主查詢的 GROUP BY 移掉非必要的產品欄位，並以市集季節、市集年份、季節月份排序、原價這幾個欄位做分組。

- 主查詢的 SELECT 中加入用 NTILE 做為窗口函數，對原價切分 3 等份，分別給予 1、2、3 的排名，並依升冪與降冪排序產生兩個欄位：price_ntile、price_ntile_desc。

- 增加一個產品計數欄位：product_count。將 product_id 與 vendor_id 組合成一個字串，以確保相同的產品由不同供應商銷售應視為不同品項，因為定價可能不同。再用 COUNT DISTINCT 排除重複的資料。

```
SELECT
  sub.market_season,
  sub.market_year,
  sub.month_market_season_sort,
  sub.original_price,
  NTILE(3) OVER (PARTITION BY sub.market_year, sub.market_season
    ORDER BY sub.original_price) AS price_ntile,
  NTILE(3) OVER (PARTITION BY sub.market_year, sub.market_season
    ORDER BY sub.original_price DESC) AS price_ntile_desc,
```

```
      COUNT(DISTINCT CONCAT(sub.product_id, sub.vendor_id))
        AS product_count,
    SUM(sub.quantity) AS quantity_sold,
    SUM(sub.quantity * sub.cost_to_customer_per_qty) AS total_sales

  FROM (
    SELECT
      mdi.market_season,
      mdi.market_year,
      MIN(MONTH(vi.market_date)) OVER (PARTITION BY
          market_season) AS month_market_season_sort,
      vi.product_id,
      vi.vendor_id,
      vi.original_price,
      cp.quantity,
      cp.cost_to_customer_per_qty
    FROM product AS p
      LEFT JOIN vendor_inventory AS vi
        ON vi.product_id = p.product_id
      LEFT JOIN market_date_info AS mdi
        ON vi.market_date = mdi.market_date
      LEFT JOIN customer_purchases AS cp
        ON vi.product_id = cp.product_id
          AND vi.vendor_id = cp.vendor_id
          AND vi.market_date = cp.market_date
    WHERE mdi.market_year IS NOT NULL      ◄── 篩掉年份是 NULL 的記錄
  ) AS sub

  GROUP BY
    sub.market_year,
    sub.market_season,
    sub.month_market_season_sort,
    sub.original_price
```

market_season	market_year	month_market_season_sort	original_price
Late Fall/Holiday	2019	11	18.00
Late Fall/Holiday	2019	11	6.50
Late Fall/Holiday	2019	11	4.00
Spring	2019	3	18.00
Spring	2019	3	6.50
Spring	2019	3	4.00
Summer/Early Fall	2019	6	18.00
Summer/Early Fall	2019	6	6.99
Summer/Early Fall	2019	6	6.50
Summer/Early Fall	2019	6	4.00
Summer/Early Fall	2019	6	3.49
Summer/Early Fall	2019	6	0.50

price_ntile	price_ntile_desc	product_count	quantity_sold	total_sales
3	1	2	326.00	5868.0000
2	2	1	188.00	1222.0000
1	3	1	279.00	1116.0000
3	1	2	193.00	3474.0000
2	2	1	232.00	1508.0000
1	3	1	288.00	1128.5000
3	1	2	379.00	6822.0000
3	1	1	133.53	933.3747
2	2	1	494.00	3211.0000
2	2	1	578.00	2305.5000
1	3	1	305.48	1059.7699
1	3	2	1354.00	644.0000

圖 13.22

要注意的是：每個季節的 price_ntile 切等份的斷點可能會不同。例如一個價格 4.00 的產品在 2019 年『Spring』季節的 price_ntile 排序是 1 屬於低價位，而在 『Summer/Early Fall』季節的 price_ntile 排序是 2 屬於中間價位，表示價格分布 出現變化。

另外我用價格升冪與降冪各產生一個欄位的目的是：可以方便以後用 price_ntile =
1 從升冪排序取得最低價格，用 price_ntile_desc = 1 從降冪排序取得最高價格。

在這裡，我們是將不同單位的貨量加總起來，所以將重量或個數單位一律視為『售
出的物品』。因此，不同季節之間的產品貨量並不完全相同，但可以透過這個銷售
量來進行產品間的粗略比較。

建立價格分析資料集

為每年每市集季節的產品價格排序只是達成目的的過程，我們的目的是建立資料
集，用以回答市集經理會問的價格分布與高低價產品銷售額的問題，因此還需要再
整理一下。

以下的查詢有幾個重點：

* 將前一個查詢的子查詢寫成 CTE，取名為 sub。

* 再建一個 hl CTE 取用 sub CTE 的結果集，從中用 NTILE 函數作用在以 market_
  year、market_season 的分區上，將各分區的 original_price 分成三等份，並產
  生升冪排序與降冪排序的欄位。這就是將每年每季的產品依價格分為低中高三
  個價格帶，可用來觀察低價位與高價位產品的銷售額誰的貢獻高。

* 在主查詢的 GROUP BY 中增加 price_ntile 欄位分組。

* 在主查詢加上 ORDER BY 用 market_year 與 month_market_season_sort 欄位
  排序，如此可以依年份與季節的順序排序。

```
WITH sub AS (
  SELECT
    mdi.market_season,
    mdi.market_year,
    MIN(MONTH(vi.market_date)) OVER (PARTITION BY
        market_season) AS month_market_season_sort,
```

```
      vi.product_id,
      vi.vendor_id,
      vi.original_price,
      cp.quantity,
      cp.cost_to_customer_per_qty
  FROM product AS p
    LEFT JOIN vendor_inventory AS vi
      ON vi.product_id = p.product_id
    LEFT JOIN market_date_info AS mdi
      ON vi.market_date = mdi.market_date
    LEFT JOIN customer_purchases AS cp
      ON vi.product_id = cp.product_id
        AND vi.vendor_id = cp.vendor_id
        AND vi.market_date = cp.market_date
  WHERE mdi.market_year IS NOT NULL
),
hl AS (
  SELECT
    sub.*,
    NTILE(3) OVER (PARTITION BY sub.market_year,
        sub.market_season ORDER BY sub.original_price)
        AS price_ntile,
    NTILE(3) OVER (PARTITION BY sub.market_year,
        sub.market_season ORDER BY sub.original_price DESC)
        AS price_ntile_desc
  FROM sub
)

SELECT
  hl.market_year,
  hl.market_season,
  hl.price_ntile,
  COUNT(DISTINCT CONCAT(hl.product_id, hl.vendor_id))
    AS product_count,
  SUM(hl.quantity) AS quantity_sold,
  MIN(hl.original_price) AS min_price,
  MAX(hl.original_price) AS max_price,
  SUM(hl.quantity * hl.cost_to_customer_per_qty) AS total_sales
```

```
FROM hl
GROUP BY
    hl.market_year,
    hl.market_season,
    hl.price_ntile,
    hl.month_market_season_sort
ORDER BY
    hl.market_year,
    hl.month_market_season_sort
```

market_year	market_season	price_ntile	product_count	quantity_sold	min_price	max_price	total_sales
2019	Spring	1	1	285.00	4.00	4.00	1116.5000
2019	Spring	2	3	248.00	4.00	18.00	1754.0000
2019	Spring	3	2	180.00	18.00	18.00	3240.0000
2019	Summer/Early Fall	1	3	1524.59	0.50	3.49	1233.0038
2019	Summer/Early Fall	2	3	1026.89	3.49	6.50	4817.2661
2019	Summer/Early Fall	3	4	692.53	6.50	18.00	8925.3747
2019	Late Fall/Holiday	1	2	315.00	4.00	6.50	1350.0000
2019	Late Fall/Holiday	2	2	251.00	6.50	18.00	2770.0000
2019	Late Fall/Holiday	3	2	227.00	18.00	18.00	4086.0000
2020	Spring	1	1	424.00	4.00	4.00	1652.0000
2020	Spring	2	3	333.00	4.00	18.00	2096.0000
2020	Spring	3	2	244.00	18.00	18.00	4392.0000

圖 13.23

在圖 13.23 中可看到以正確的順序來排序季節（即使我們沒有輸出排序值），並顯示每個分組的最低、最高價格以及 total_sales。這部分資料可以幫助我們回答第二個問題。我們看到在這份樣本資料中，每個季節的 price_ntile = 3 的 total_sales 最高，表示高價位產品確實對市集銷售額的貢獻最大。

經過本章這三個案例的示範過程，能讓你瞭解打造分析資料集有哪些方法，以及有經驗的分析師在此過程中可能會遇到的問題與解決方法。要記得：現在寫出來的查詢都可以重複執行，只要有新的資料進來就可以更新資料集，並產生回答問題的報表了。

14

資料儲存與修改

我們已經學會從資料庫提取資料，並建立用於分析或訓練機器學習模型所需資料集的技能，但是在設計好查詢並準備分析結果時，你需要做什麼呢？ SQL 編輯器通常可以將查詢結果寫入 CSV 文件，以便將其導入 Excel 或商業智慧軟體（例如 Tableau、Power BI），或者是用 Python 語言撰寫程式讀入。然而，有時基於資料治理、資料安全、團隊協作，或是文件大小和處理速度等因素的考量，將整理好的資料集保存在資料庫中會是最好的選擇。

在本章中，我們將涵蓋一些除了 SELECT 語法以外的 SQL 語句，例如 INSERT，允許你將查詢結果儲存在資料庫中的新表格。

14.1 將 SQL 查詢的資料集儲存成表格、視圖

大多數的資料庫都可以將查詢的結果儲存為表格（tables）或視圖（views，亦稱檢視表）。儲存為表格是將查詢當時輸出的資料進行快照，並將其保存為新的表格

或將其作為新的列資料加到現有表格中，這取決於如何編寫 SQL 語句。相比之下，視圖則是儲存 SQL 語句本身，視圖並不包括任何列資料，只有在查詢中引用到該視圖，才即時執行 SQL 語句動態產生輸出。

只要資料庫有足夠的儲存空間，就可以在資料庫中新增表格或插入新資料到既有表格中。請先向資料庫管理者確認，你是否擁有在某指定資料庫新增與修改表格的權限。

當我們用機器學習演算法反覆測試不同特徵和參數組合時，會希望使用同一份靜態資料集來測試多種不同的方法，透過將資料寫入表格，可以確保每次執行程式時的輸入資料不變。如果你查詢的資料集有隨時間改變的可能性，或許還需要另外儲存資料集的副本供以後參考，藉此保留訓練模型時的確切記錄。

新增與刪除表格

我們可以使用 CREATE TABLE 語句將查詢的結果儲存為新表格。其語法為：

```
CREATE TABLE [ 資料庫結構 ].[ 新表格名稱 ] AS
(
   [ 查詢語句 ]
)
```

與 SELECT 一樣，這些語句中的縮排和換行對執行沒有影響，只是用於格式化以提高可讀性。在 CREATE TABLE 語法中使用的新表格名稱必須是資料庫結構中的唯一名稱，也就是不可與其他表格同名，如果重複新增同名表格會出現錯誤。

如果要刪除某既存表格，可以用以下語法：

```
DROP TABLE [ 資料庫結構 ].[ 既有表格名稱 ]
```

> **警告:** 在使用 DROP TABLE 語法時必須非常小心,否則可能意外刪除不應該被刪除的內容。取決於資料庫的設定以及備份頻率,被刪除的表格可能無法復原。我會確認自己只被授予在個人資料庫(personal schema,裡面只包含我需要的表格、視圖等)新增與刪除表格的權限,與其他人存取表格是分開的,如此我就不會意外刪除非我建立的,或是應用程式正在使用的表格。

以下我們會取出農夫市集資料庫 product 表格中 product_qty_type 欄位值是 unit 的資料,存入 CREATE TABLE 新增的 product_units 表格中,然後輸出 product_units 表格的內容,最後用 DROP TABLE 將此表格刪除,語法如下所示(**編註:** 以下程式是三個獨立的語句,中間要用分號隔開):

```
CREATE TABLE farmers_market.product_units AS
(
  SELECT *
  FROM farmers_market.product          ◀── 建立表格
  WHERE product_qty_type = "unit"
)
;
SELECT * FROM farmers_market.product_units   ◀── 輸出表格資料
;
DROP TABLE farmers_market.product_units      ◀── 刪除表格
;
```

上面的程式可以用滑鼠分別圈選分段執行,第一段會新增一個 product_units 表格,在 MySQL Workbench 左窗格的 Tables 按右鈕執行『Refresh All』即可看到。如果你一次就將三段程式執行完,會看不到 product_units 表格,因為查詢完就直接被刪除了。如果你希望新增表格後不要馬上刪除,可以將 DROP TABLE 那兩行加上註解符號,有兩種方法:1. 兩短槓加一空格,2. 用 /* */ 包夾。如下所示:

```
-- DROP TABLE farmers_market.product_units
-- ;
```

或

```
/* DROP TABLE farmers_market.product_units
; */
```

注意！ Microsoft SQL Server 並不能用上面的 CREATE TABLE AS SELECT 語法產生表格副本，而需要使用 SELECT INTO 語法。

編註: ChatGPT 來幫忙

作者這邊沒有講清楚，應該說 Microsoft SQL Server 可以用 CREATE TABLE 新增表格，但建立表格副本要用 SELECT INTO 語句，兩者用途不同，我們請 ChatGPT 說明：

 請問, Microsoft SQL Server 的 **CREATE TABLE** 語法，與 **SELECT INTO** 語法有何區別？請給我例子

在 Microsoft SQL Server 中，CREATE TABLE 和 SELECT INTO 都可以用來創建新的表格，但它們的用途和行為有所不同：

- CREATE TABLE 語句用於創建一個新的空表格。你需要明確指定表格的名稱和結構，包括欄位名稱和資料類型。例如：

  ```
  CREATE TABLE new_table (
      column1 INT,
      column2 VARCHAR(255),
      column3 DATE
  );
  ```

- SELECT INTO 語句則用於從一個或多個現有表格中選擇資料，並將這些資料插入一個新表格中。新表格將自動產生與選擇的資料相匹配的結構。例如：

接續

```
SELECT column1, column2, column3
INTO new_table
FROM old_table
WHERE condition;
```

請注意！ SELECT INTO 語句不僅可以創建新表格，還可以將資料插入現有表格中。如果 new_table 已經存在，則該語句將在表格的末尾添加新的列資料。

新增與刪除視圖

視圖與表格的新增與刪除方式相同，只是在新增視圖時，實際上儲存的是 SQL 語句，因此當刪除視圖時也不會刪除任何資料。

以下同樣來看個例子：從 product 表格中查出 product_qty_type 欄位置為 unit 的資料，並新增為 product_units_vw 視圖（會出現在左窗格的 Views 裡面），然後引用該視圖以執行查詢，最後用 DROP VIEW 刪除該視圖：

```
CREATE VIEW farmers_market.product_units_vw AS  ┐
(
    SELECT *
    FROM farmers_market.product                   ├── 建立視圖
    WHERE product_qty_type = "unit"
)                                               ┘
;
SELECT * FROM farmers_market.product_units_vw    ← 引用並執行視圖
;
DROP VIEW farmers_market.product_units_vw        ← 刪除視圖
;
```

編註： Microsoft SQL Server 在新增視圖時，與 MySQL 一樣是用 CREATE VIEW AS SELECT 語句。

14.2 加入時間戳記欄位

當新增或修改資料庫表格時,可能想記錄每列資料的新增時間或上次修改時間,這可以透過在 CREATE TABLE 或 UPDATE 語句中添加一個時間戳記欄位來實現。加入時間戳記的語法因資料庫系統而異,在 MySQL 中回傳當前日期和時間的函數為 CURRENT_TIMESTAMP,你可以為時間戳記欄位取一個別名。

請注意!時間戳記是由資料庫伺服器產生的,如果資料庫位於另一個時區,函數回傳的時間戳記可能會與你所在的當前時間不同。許多資料庫使用 UTC(協調世界時間)作為其預設時間戳記,這是一個全球時間標準,使用原子鐘進行同步,時間與格林威治標準時間接近但不相同,並不會因為夏令時間而改變。

北美洲在冬季使用東部標準時間(EST),到了夏季改用東部夏令時間(EDT),這就是所謂的日光節約時間制度,兩種標準時間差了一小時,如果要做時區轉換會變得複雜,這就是為什麼許多資料庫使用標準 UTC 時間來簡化時間運算,而不是使用開發者當地時間的原因,如此一來 EST 等同於 UTC-5:00,DST 等同於 UTC-4:00。

> **編註:** 台灣曾經在 1945 年至 1979 年間採用過日光節約時間,目的是讓百姓在夏季早睡早起節約能源,但隨著台灣從農業社會轉型為工商業社會,自 1980 年停止實施。

我們可以修改前面 CREATE TABLE 的範例,在新增表格時用 CURRENT_TIMESTAMP 函數(不需要參數)增加一個 snapshot_timestamp 欄位用來存放時間戳記。輸出如圖 14.1:

```
CREATE TABLE farmers_market.product_units AS
(
    SELECT p.*,
    CURRENT_TIMESTAMP AS snapshot_timestamp
    FROM farmers_market.product AS p
    WHERE product_qty_type = "unit"
);

SELECT *
FROM product_units
```

product_id	product_name	product_size	product_category_id	product_qty_type	snapshot_timestamp
3	Poblano Peppers - Organic	large	1	unit	2023-07-10 18:39:50
4	Banana Peppers - Jar	8 oz	3	unit	2023-07-10 18:39:50
5	Whole Wheat Bread	1.5 lbs	3	unit	2023-07-10 18:39:50
6	Cut Zinnias Bouquet	medium	5	unit	2023-07-10 18:39:50
7	Apple Pie	10"	3	unit	2023-07-10 18:39:50
8	Cherry Pie	10"	3	unit	2023-07-10 18:39:50
10	Eggs	1 dozen	6	unit	2023-07-10 18:39:50

圖 14.1

14.3 在既存表格中插入列資料與更新數值

如果想要修改現有資料庫表格中的資料,可以使用 INSERT(或 INSERT INTO)插入新的列資料、用 DELETE 刪除符合條件的列資料,或用 UPDATE 更改表格中現有的列資料。

用 INSERT INTO 插入新的列資料

在 MySQL 要插入一筆列資料,使用 INSERT 或 INSERT INTO 語句都是一樣的,但支援 INSERT INTO 的資料庫系統比較廣泛,因此本章以 INSERT INTO 為例說明。在 INSERT INTO 後面加上 SELECT 語句,可將查詢結果插入指定的表格中。

INSERT INTO 的語法如下：

```
INSERT INTO [ 資料庫結構 ].[ 表格名稱 ]（[ 表格的欄位名稱 ]）
    [ SELECT 語句 ]
```

請注意！執行 INSERT INTO SELECT 時，查詢出來的欄位順序必須與要插入的表格欄位順序相同，即使對應的欄位名稱不相同也沒關係，資料庫系統會依照欄位順序填入。

延續第 14.2 節新增的 product_units 表格。我們想將從 product 表格中篩選出 product_id = 23 的資料，依照指定的欄位順序插入另一個 product_units 表格中。此查詢的輸出見圖 14.2：

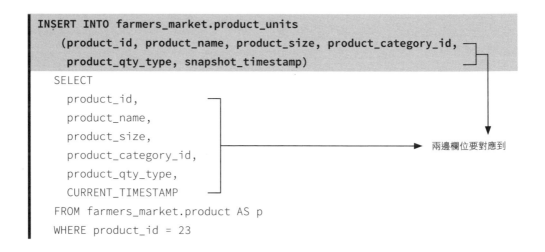

product_id	product_name	product_size	product_category_id	product_qty_type	snapshot_timestamp
20	Homemade Beeswax C...	6""	7	unit	2023-07-10 18:39:50
21	Organic Cherry Tomatoes	pint	1	unit	2023-07-10 18:39:50
23	Maple Syrup - Jar	8 oz	2	unit	2023-07-10 18:39:50
23	Maple Syrup - Jar	8 oz	2	unit	2023-07-12 11:54:53

圖 14.2

新增一筆資料，時間戳記是插入資料的時間

用 DELETE 刪除符合條件的列資料

如果你在插入列資料時出錯，可以用 DELETE 語句將其刪除，語法如下：

```
DELETE FROM [ 資料庫結構 ].[ 表格名稱 ]
WHERE [ 篩選列資料的條件 ]
```

在執行 DELETE 語句之前，最好先用 SELECT * 查看準備刪除的列資料有哪些欄位可做為唯一識別用，以免誤刪其他列資料！以 product_units 表格來說，product_id 和 snapshot_timestamp 是可識別唯一性的欄位，因此我們可以執行以下語法來刪除先前 INSERT INTO 添加的列資料。

要執行此查詢有以下幾點要注意：

- 在 WHERE 子句中指定 product_id 與 snapshot_timestamp 欄位的值，後者的值請修改為讀者自己 product_units 表格中的時間。

- 因為 DELETE 與 UPDATE 語句會更動表格中的資料，為了避免操作錯誤而誤刪，MySQL Workbench 預設是安全模式，禁止刪除與更新。小編在後面補充框說明解除的方式。

執行以下查詢後，請檢查 product_units 表格，會發現之前新增的列資料被刪除了：

```
DELETE FROM farmers_market.product_units
WHERE product_id = 23
  AND snapshot_timestamp = '2023-07-12 11:54:53'
```

條件要正確，
避免誤刪

編註:	解除安全模式

MySQL 為了避免操作錯誤導致大量資料被誤刪或更新，預設是開啟安全模式，除非指定表格的主鍵，否則拒絕執行 DELETE 與 UPDATE 語句。只要我們願意負全責，可以這麼做：

1. 在 Workbench 執行『Edit / Preferences』命令開啟 Workbench Preferences 交談窗。

2. 按下左邊窗格的 SQL Editor，在右邊設定區用滑鼠往下捲到出現 Safe Updates (rejects …)，預設是被勾選，請取消打勾如圖 14.3 所示，按下 OK 鈕完成設定。

3. 關閉 Workbench，再執行 Workbench 並重新連上資料庫，此時就不限制執行 DELETE 與 UPDATE 了。

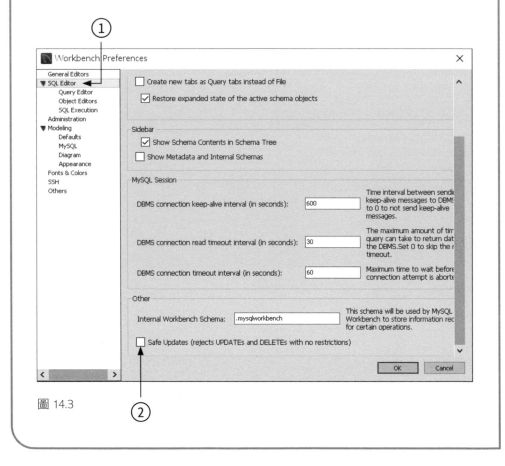

圖 14.3

用 UPDATE 更新現有的列資料

如果需要更新現有資料，而不是直接插入全新的列資料。可以使用 UPDATE 語句，
其語法如下：

```
UPDATE [ 資料庫結構 ].[ 表格名稱 ]
SET [ 欄位名稱 ] = [ 新數值 ]
WHERE [ 欲更新之列資料的篩選條件 ]
```

假設你已經輸入農夫市集接下來幾個月所有的攤位分配，但是供應商 7 表示不能參
加 2020 年 10 月 10 日的場次，由於該攤位比較大且靠近入口，供應商 8 爭取後，
決定將當日該攤位改分配給供應商 8，因此我們必須更新攤位分配資料。

在進行任何更新之前，讓我們使用 CREATE TABLE 將現有的攤位分配（在 vendor_
booth_assignments 表格）、供應商名稱（在 vendor 表格）和攤位類型（在
booth 表格）做連結，並將欄位資料快照到新日誌表格 vendor_booth_log 中，同
時增加一個時間戳記欄位表示何時建立的副本：

```
CREATE TABLE farmers_market.vendor_booth_log AS
(
    SELECT vba.*,
        b.booth_type,
        v.vendor_name,
        CURRENT_TIMESTAMP AS snapshot_timestamp
    FROM farmers_market.vendor_booth_assignments AS vba
      INNER JOIN farmers_market.vendor AS v
        ON vba.vendor_id = v.vendor_id
      INNER JOIN farmers_market.booth AS b
        ON vba.booth_number = b.booth_number
    WHERE market_date >= '2020-10-01'
)
```

vendor_id	booth_number	market_date	booth_type	vendor_name	snapshot_timestamp
8	6	2020-10-07	Small	Annie's Pies	2023-07-12 16:52:07
9	8	2020-10-07	Small	Mediterranean Bakery	2023-07-12 16:52:07
1	2	2020-10-10	Standard	Chris's Sustainable Eggs ...	2023-07-12 16:52:07
3	1	2020-10-10	Standard	Mountain View Vegetables	2023-07-12 16:52:07
7	11	2020-10-10	Large	Marco's Peppers	2023-07-12 16:52:07
8	7	2020-10-10	Standard	Annie's Pies	2023-07-12 16:52:07
9	8	2020-10-10	Small	Mediterranean Bakery	2023-07-12 16:52:07

圖 14.4

由圖 14.4 可看到供應商 7 原本分配到大型攤位（booh_type 欄位值是 Large），攤位編號是 11，而供應商 8 是分配到標準攤位，攤位編號是 7。

現在我們要對 vendor_booth_assignments 表格作兩件事：

1. 更新供應商 8 的攤位編號（booth_number）為 11，

2. 刪除供應商 7 的攤位分配。

首先，篩選出供應商 8 以及市集日期為 2020-10-10 的列資料，並將 booth_number 欄位用 SET 指定更新為 11：

```
UPDATE farmers_market.vendor_booth_assignments
SET booth_number = 11
WHERE vendor_id = 8 and market_date = '2020-10-10'
```

再來，將供應商 7 原本在市集日期 2020-10-10 的列資料刪除（因為當天不是更換攤位，而是不參加）：

```
DELETE FROM farmers_market.vendor_booth_assignments
WHERE vendor_id = 7 and market_date = '2020-10-10'
```

經過更新與刪除兩個動作之後，此時 vendor_booth_assignments 表格中在 2020-10-10 的供應商攤位分配如圖 14.5，可看出原本供應商 8 的攤位編號已改為 11，供應商 7 在該日已不見了：

vendor_id	booth_number	market_date
8	6	2020-10-07
9	8	2020-10-07
1	2	2020-10-10
3	1	2020-10-10
8	11	2020-10-10
9	8	2020-10-10

圖 14.5

將攤位變更插入記錄檔

既然我們已更改了 vendor_booth_assignments 表格中供應商 7 與 8 在市集日期 2020-10-10 的攤位分配，但我們在之前建立的 vendor_booth_log 日誌表格中是先前的攤位分配記錄，現在我們可以將新的記錄插入日誌表格中以記錄最新的更動：

```
INSERT INTO farmers_market.vendor_booth_log
    (vendor_id, booth_number, market_date, booth_type,
    vendor_name, snapshot_timestamp)
SELECT
  vba.vendor_id,
  vba.booth_number,
  vba.market_date,
  b.booth_type,
  v.vendor_name,
  CURRENT_TIMESTAMP AS snapshot_timestamp
FROM farmers_market.vendor_booth_assignments AS vba
  INNER JOIN farmers_market.vendor AS v
    ON vba.vendor_id = v.vendor_id
  INNER JOIN farmers_market.booth AS b
    ON vba.booth_number = b.booth_number
WHERE market_date >= '2020-10-01'
```

vendor_id	booth_number	market_date	booth_type	vendor_name	snapshot_timestamp
3	1	2020-10-10	Standard	Mountain View Vegetables	2023-07-12 16:52:07
7	11	2020-10-10	Large	Marco's Peppers	2023-07-12 16:52:07
8	7	2020-10-10	Standard	Annie's Pies	2023-07-12 16:52:07
9	8	2020-10-10	Small	Mediterranean Bakery	2023-07-12 16:52:07
1	2	2020-10-03	Standard	Chris's Sustainable Eggs ...	2023-07-12 17:23:41
3	1	2020-10-03	Standard	Mountain View Vegetables	2023-07-12 17:23:41
4	7	2020-10-03	Standard	Fields of Corn	2023-07-12 17:23:41
7	11	2020-10-03	Large	Marco's Peppers	2023-07-12 17:23:41
8	6	2020-10-03	Small	Annie's Pies	2023-07-12 17:23:41
9	8	2020-10-03	Small	Mediterranean Bakery	2023-07-12 17:23:41
1	2	2020-10-07	Standard	Chris's Sustainable Eggs ...	2023-07-12 17:23:41
3	1	2020-10-07	Standard	Mountain View Vegetables	2023-07-12 17:23:41
4	7	2020-10-07	Standard	Fields of Corn	2023-07-12 17:23:41
7	11	2020-10-07	Large	Marco's Peppers	2023-07-12 17:23:41
8	6	2020-10-07	Small	Annie's Pies	2023-07-12 17:23:41
9	8	2020-10-07	Small	Mediterranean Bakery	2023-07-12 17:23:41
1	2	2020-10-10	Standard	Chris's Sustainable Eggs ...	2023-07-12 17:23:41
3	1	2020-10-10	Standard	Mountain View Vegetables	2023-07-12 17:23:41
8	11	2020-10-10	Large	Annie's Pies	2023-07-12 17:23:41
9	8	2020-10-10	Small	Mediterranean Bakery	2023-07-12 17:23:41

圖 14.6

供應商 8 更換攤位後新增到
日誌表格中的攤位編號與時間戳記

14.4 將 SQL 納入程式腳本

將建立的資料集匯入（import）機器學習程式腳本已超出本書的範圍，但你可以
搜尋結合 SQL 和程式語言以及套件的教學文章。例如，搜尋『import SQL python
pandas dataframe』會引導你找到如何從 Python 程式腳本連線至資料庫、執行
SQL 查詢以及將結果匯入 pandas dataframe（資料框）進行分析的文章。

請注意！將 SQL 查詢放入程式中，有一些特殊字元需要進行『轉義（escape）』。例如，如果你在 Python 中用雙引號（或單引號）將 SQL 查詢包夾並賦值給字串變數，若該查詢本身就包含雙引號（或單引號），則 Python 會將第二個出現的引號視為字串結束，這會引發錯誤。因此要在 Python 的引號包夾的內容中使用引號，就必須在引號前面加上反斜線『\』做轉義。

假設我們要寫入 Python 程式中的 SQL 查詢如下（這個查詢中包含雙引號）：

```
SELECT * FROM farmers_market.product WHERE product_qty_type = "unit"
```

將此查詢寫入 Python 的 my_query 變數，用雙引號將整個查詢語句包夾，此時就需要在 "unit" 前後兩個雙引號的前面都加上反斜線：

```
my_query = "SELECT * FROM farmers_market.product WHERE product_qty_type
= \"unit\""
```

你也可以使用 SQL 將程式腳本中的資料寫回資料庫，方法會因你使用的語言和連接的資料庫系統而異。例如，在 Python 有套件可以幫助連接和寫入各種資料庫，甚至不需要編寫 SQL INSERT INTO 語句，因為這種套件會自動生成 SQL，將 Python 物件（如 dataframe）的值插入資料庫表格中儲存。

另一種方法是以程式化的方式創建一個文件臨時存儲你的資料，將文件傳輸到程式腳本和資料庫都能連接到的位置，然後將文件加載到你的表格中。例如，你可能會使用 Python 將 pandas 資料框中的資料寫入一個 CSV 文件，將 CSV 文件傳送到 Amazon Web Services S3 中，然後從資料庫訪問該文件，並將記錄複製到 Redshift 資料庫現有的一個表格中。所有這些步驟都可以從腳本自動化完成。

在機器學習的一個應用場景中，需要將程式腳本中的資料寫回資料庫。這種情況通常發生在用 SQL 查詢生成原始資料集時尚未完成特徵工程，而必須在腳本中進行特徵工程和資料預處理步驟。此時，就需要將完成的資料集儲存起來，以便後續的機器學習模型訓練和分析之用。

另一種將腳本生成的資料寫入資料庫的場景是，將預測模型生成的結果儲存並與原始資料集關聯時。你可以建立一個表格，用來儲存資料集中預測分數或分類的列資料，其中亦包含唯一識別碼、時間戳記、模型名稱，以及模型為每筆資料生成的分數或分類。每次更新模型分數時，你都可以在表格中插入新的列資料。

然後，使用 SQL 查詢透過特定日期和模型識別碼來篩選這個模型分數的日誌表格，並與輸入的資料集表格進行連結，連結識別碼必須是唯一值。這能用於將模型的輸入資料與結果一起分析。

14.5 本書結尾

現在，你已經掌握了各種 SQL 查詢技巧，即使仍有一些本書未提到的函數和語法需要另外學習，至少在為機器學習模型建立資料集的技術上已有了一定的基礎。

我做資料科學家已經超過六年了，現今的資料庫系統與 SQL 語法已有許多變化與改進，我希望本書能提供你需要的 SQL 技能，讓你能更快更獨立地工作，就像我一樣可以不用依賴、麻煩別人，自己完成所需的資料集！

練習

1. 當你在建立視圖時，加入 CURRENT_TIMESTAMP 的欄位之後，再次查詢視圖時，預期該欄位的值是什麼？

2. 撰寫一個查詢，透過本章新增的 vendor_booth_log 表格來確定 2020 年 10 月 3 日的 vendor_booth_assignment 表格資料長什麼樣子。（假設每次更改 vendor_booth_assignment 表格時都會將記錄插入日誌表格中。）

附錄

—

練習題解答

第 1 章 練習題解答

---

1. 以圖 1.5 的關聯性來說，如果現有作者表格中的某位作者全名欄位被更新為新名字（作者 ID 沒變），那麼當以作者新名字查詢他寫的書籍清單時，仍然可以查得出來，因為關聯仍然存在，即使與書籍封面上的名字不同。

   然而，如果是在作者表格中添加一筆新名字的記錄（舊名字的記錄仍保留），也就是增加一個新的作者 ID，那麼用新名字就無法查詢到舊名字關聯的那些書籍，因為查詢並不知道兩個作者 ID 實際上是同一人。

   這個問題的解決方法包括設計表格時，允許一個作者 ID 可以有多個名字且每個名字有起始和結束日期，或者在作者表格中加上『前作者 ID』欄位，用以對應到之前作者 ID 的記錄。

2. 比如說追蹤個人健身習慣的資料庫。你可以有一個課程表格和一個運動表格，這兩個表格會是多對多的關係，因為每個課程可以包含多種運動，每種運動也可以出現在好幾個課程中，那就可以增加一個課程實例的中介表（或稱關聯表），讓兩邊都是一對多的關係。

以下是小編舉的例子供讀者參考：

課程表格

課程 ID*	課程名稱
1	週一課程
2	週三課程
3	週五課程

運動表格

運動 ID*	運動名稱
1	肱二頭肌
2	肱三頭肌
3	胸肌
4	腹肌
5	腿肌

因為每一個課程可以包括多種運動，每一種運動也可以出現在多個課程中，因此增加一個中介表叫做課程實例表：

課程實例表格 (中介表)

實例 ID*	課程 ID**	運動 ID**
1	1（週一課程）	1（肱二頭肌）
2	1（週一課程）	2（肱三頭肌）
3	1（週一課程）	3（胸肌）
4	2（週三課程）	1（肱二頭肌）
5	2（週三課程）	3（胸肌）
6	2（週五課程）	5（腿肌）

課程實例表格中的每一組課程 ID 與運動 ID 的配對都是唯一的。如此一來，可看出每一個課程可以有多個課程實例，每個課程實例只對應到一個課程，兩者是一對多關聯；每個運動可以出現在多個課程實例，每個課程實例只有一個運動，兩者也是一對多關聯。

第 2 章 練習題解答

1. 這段程式碼回傳所有來自 customer 表格的資料。

```
SELECT * FROM farmers_market.customer
```

2. 這段程式碼顯示 customer 表格所有欄位的前十列，並依序以 customer_last_name 欄位與 customer_first_name 欄位進行排序。

```
SELECT *
FROM farmers_market.customer
ORDER BY customer_last_name, customer_first_name
LIMIT 10
```

3. 這段程式碼列出所有 customer 表格中的 customer_id 與 customer_first_name，並以後者欄位排序。

```
SELECT
    customer_id,
    customer_first_name
FROM farmers_market.customer
ORDER BY customer_first_name
```

第 3 章 練習題解答

1. 雖然在文句表達上是 4 和 9，但在查詢的條件中若使用 AND 算符將不會回傳任何結果，因為 customer_purchase 表格中的 product_id 只有一個值，不會既是 4 又是 9，因此要用 OR 算符來連接。我們在 WHERE 子句中使用 OR 將兩個條件連接起來，以回傳 product_id=4 與 product_id=9 的結果：

```
SELECT *
FROM farmers_market.customer_purchases
WHERE product_id = 4
    OR product_id = 9
```

2. 要注意第一個查詢使用 >= 和 <= 來界定範圍，而第二個查詢則利用 BETWEEN 來達到相同目的：

```
SELECT *
FROM farmers_market.customer_purchases
WHERE vendor_id >= 8
    AND vendor_id <= 10
```

```
SELECT *
FROM farmers_market.customer_purchases
WHERE vendor_id BETWEEN 8 AND 10
```

3. 一種方法是利用 NOT 算符來否定 IN 條件，從而篩選出不在雨天列表中的日期。這會對 customer_purchases 表格中，將 WHERE 子句中非雨天的日期列表回傳。

```
SELECT
    market_date,
    customer_id,
    vendor_id,
    quantity * cost_to_customer_per_qty AS price
FROM farmers_market.customer_purchases
WHERE
    market_date NOT IN
        (
        SELECT market_date
        FROM farmers_market.market_date_info
        WHERE market_rain_flag = 1
        )
```

另外一個方式則是保留 IN 的日期列表，但在子查詢的 WHERE 子句中直接回傳沒有下雨的日期，也就是 market_rain_flag 欄位為 0 的資料。

```
SELECT
    market_date,
    customer_id,
    vendor_id,
    quantity * cost_to_customer_per_qty AS price
FROM farmers_market.customer_purchases
WHERE
    market_date IN
        (
        SELECT market_date
        FROM farmers_market.market_date_info
        WHERE market_rain_flag = 0
        )
```

第 4 章 練習題解答

1. 產品可以按單位個數銷售或依重量做大宗銷售。請撰寫一個查詢，輸出 product 表格中的 product_id 和 product_name 的列資料，並增加一個 prod_qty_type_condensed 的別名欄位，當 product_qty_type 欄位的值是 "unit"，則在別名欄位顯示 "unit"，否則顯示 "bulk"。

```
SELECT
    product_id,
    product_name,
    CASE WHEN product_qty_type = "Unit"
        THEN "unit"
        ELSE "bulk"
    END AS prod_qty_type_condensed
FROM farmers_market.product
```

2. 請接續第 1 題，在查詢中用 CASE 增加一個 pepper_flag 別名欄位，若 product_name 欄位中包含 "pepper" 字串，則在別名欄位中填入 1，否則填入 0。程式碼如下：

```
SELECT
    product_id,
    product_name,
    CASE WHEN product_qty_type = "Unit"
            THEN "unit"
            ELSE "bulk"
    END AS prod_qty_type_condensed,
    CASE WHEN LOWER(product_name) LIKE '%pepper%'
THEN 1
        ELSE 0
    END AS pepper_flag
FROM farmers_market.product
```

3. 如果產品名稱中沒有 "pepper" 字串的就不會被標示出來。比如說，有個產品名稱是 "Jalapeno"，它其實是一種墨西哥胡椒，但因為產品名稱中不是寫為 "Jalapeno pepper"，自然就會被這樣的分類方式遺漏。

第 5 章 練習題解答

1. 下面這段查詢用 INNER JOIN 連結 vendor 與 vendor_booth_ assignments 表格，並透過 vendor 表格的 vendor_name 欄位以及 vendor_booth_ assignments 表格的 market_date 欄位依序排序：

```
SELECT *
FROM vendor AS v
    INNER JOIN vendor_booth_assignments AS vba
        ON v.vendor_id = vba.vendor_id
ORDER BY v.vendor_name, vba.market_date
```

2. 以下是用 LEFT JOIN 做到與原來 RIGHT JOIN 相同的輸出。

```
SELECT c.*, cp.*
FROM customer_purchases AS cp
    LEFT JOIN customer AS c
        ON cp.customer_id = c.customer_id
```

這一題的 SELECT c.*, cp.* 也可以寫成 SELECT *。明確寫出表格別名的好處是可以控制先顯示哪個表格的欄位。

3. 其中一種方法是使用 INNER JOIN 將 product 表格和 product_category 表格合併起來，以取得每個產品的類別（沒有產品的類別不需要涵蓋於此，且不應該有產品沒有類別），然後再用 LEFT JOIN 連結 product 表格和 vendor_inventory 表格。我選擇使用 LEFT JOIN 而不是 INNER JOIN，因為我們可能想知道在資料庫中是否有產品從未在季節中出現，因為這些產品從未被供應商在農夫市場上提供過。只要每個選擇的原因都有合理的解釋，就可以使用所有類型的 JOIN。

因為我們還沒有學習聚合（aggregation）的概念，所以使用本章資料所創建的資料集，就只會將每個產品、每個供應商在每個市場日期提供的資料，並標記產品類別。由於 vendor_inventory 表格包括產品銷售的日期，所以您可以按照 product_category、product 和 market_date 進行排序，並瀏覽查詢的結果，以確定每種類型的商品何時在當季銷售。

第 6 章 練習題解答

1. 這個查詢可找出每位供應商在農夫市集總共租了多少次的攤位：

```
SELECT
    vendor_id,
```

```
      COUNT(*) AS count_of_booth_assignments
FROM farmers_market.vendor_booth_assignments
GROUP BY vendor_id
```

2. 這個查詢輸出產品類別名稱、產品名稱、最早可販賣日期，以及 Fresh Fruits & Vegetables 類別的最晚可販賣日期：

```
SELECT
    pc.product_category_name,
    p.product_name,
    MIN(vi.market_date) AS first_date_available,
    MAX(vi.market_date) AS last_date_available
FROM farmers_market.vendor_inventory vi
    INNER JOIN farmers_market.product p
        ON vi.product_id = p.product_id
    INNER JOIN farmers_market.product_category pc
        ON p.product_category_id = pc.product_category_id
WHERE pc.product_category_name = 'Fresh Fruits & Vegetables'
GROUP BY pc.product_category_name, p.product_name;
```

3. 這個查詢連結了兩個表格，使用聚合函數計算總消費額，並加上 HAVING 篩選出消費超過 $50 的顧客名單，並依序按姓氏、名字排序：

```
SELECT
    cp.customer_id,
    c.customer_first_name,
    c.customer_last_name,
    SUM(quantity * cost_to_customer_per_qty) AS total_spent
FROM farmers_market.customer c
    LEFT JOIN farmers_market.customer_purchases cp
        ON c.customer_id = cp.customer_id
GROUP BY
    cp.customer_id,
    c.customer_first_name,
    c.customer_last_name
HAVING total_spent > 50
ORDER BY c.customer_last_name, c.customer_first_name
```

第 7 章　練習題解答

1. 以下是兩個小題的答案：

    a. 以 DENSE_RANK() 編號來查詢各顧客來訪的次數：

    ```
    SELECT
        customer_id, market_date,
        DENSE_RANK() OVER (PARTITION BY customer_id
            ORDER BY market_date) AS visit_number
    FROM farmers_market.customer_purchases
    ORDER BY customer_id, market_date
    ```

    以 ROW_NUMBER() 編號查詢各顧客來訪的次數：

    ```
    SELECT
        customer_id, market_date,
        ROW_NUMBER() OVER (PARTITION BY customer_id
            ORDER BY market_date) AS visit_number
    FROM farmers_market.customer_purchases
    GROUP BY customer_id, market_date
    ORDER BY customer_id, market_date
    ```

    b. 以下是將前面查詢結果的編號反轉，使每位顧客最近的訪問都會被標記為
       1，然後用另一個外部查詢將資料篩選到剩下每位顧客的最近一次的到訪。
       先使用 DENSE_RANK()：

    ```
    SELECT *
    FROM
    (
        SELECT customer_id, market_date,
        DENSE_RANK() OVER (PARTITION BY customer_id
            ORDER BY market_date DESC) AS visit_number
    ```

```
        FROM farmers_market.customer_purchases
        ORDER BY customer_id, market_date
) AS x
WHERE x.visit_number = 1
```

使用 ROW_NUMBER()：

```
SELECT *
FROM
(
    SELECT customer_id, market_date,
      ROW_NUMBER() OVER (PARTITION BY customer_id
        ORDER BY market_date DESC) AS visit_number
    FROM farmers_market.customer_purchases
    GROUP BY customer_id, market_date
    ORDER BY customer_id, market_date
) AS x
WHERE x.visit_number = 1
```

2. 以下是使用 COUNT() 窗口函數的查詢：

```
SELECT
    cp.*,
    COUNT(product_id) OVER (PARTITION BY customer_id, product_id)
      AS product_purchase_count
FROM farmers_market.customer_purchases AS cp
ORDER BY customer_id, product_id, market_date
```

3. 這裡用 LEAD() 替換 LAG()，也就是要看下一列而不是上一列，所以要得到相同的輸出，可以將窗口中的 market_date 按照降冪排序，這樣列資料的順序就會反轉過來：

```
SELECT
  market_date,
  SUM(quantity * cost_to_customer_per_qty) AS market_date_total_sales,
```

```
LEAD(SUM(quantity * cost_to_customer_per_qty), 1) OVER (ORDER BY
    market_date DESC) AS previous_market_date_total_sales
FROM farmers_market.customer_purchases
GROUP BY market_date
ORDER BY market_date
```

第 8 章 練習題解答

1. 以下是從 customer_purchases 表格中取得每筆記錄的顧客編號、年份和月份
   （分成不同的欄位）的查詢：

```
SELECT customer_id,
    EXTRACT(YEAR FROM market_date) AS purchase_year,
    EXTRACT(MONTH FROM market_date) AS purchase_month
FROM farmers_market.customer_purchases
```

2. 以下查詢是加總自 2020-10-10 開始回算兩週的日期與這兩週區間內所有銷售額
   加總：

```
SELECT MIN(market_date) AS sales_since_date,
    SUM(quantity * cost_to_customer_per_qty) AS total_sales
FROM farmers_market.customer_purchases
WHERE DATEDIFF('2020-10-10', market_date) <= 14
```

如果將 2020-10-10 用 CURDATE() 取代，兩欄的輸出都會是 NULL，因為農夫市
集資料庫中所有消費記錄的日期都久於兩週。

```
SELECT MIN(market_date) AS sales_since_date,
    SUM(quantity * cost_to_customer_per_qty) AS total_sales
FROM farmers_market.customer_purchases
WHERE DATEDIFF(CURDATE(), market_date) <= 14
```

3. 這個範例則是品質控制所用的程式碼，來確認手動輸入的資料是否有誤：

```
SELECT
  market_date,
  market_day,
  DAYNAME(market_date) AS calculated_market_day,
  CASE WHEN market_day <> DAYNAME(market_date) then " 錯誤 "
      ELSE " 正確 " END AS day_verified
FROM farmers_market.market_date_info
```

第 9 章 練習題解答

1. 以下 SQL 查詢可獲取 customer_ purchases 表格中的最早與最晚日期：

```
SELECT MIN(market_date), MAX(market_date)
FROM farmers_market.customer_purchases
```

2. 以下查詢用到 DAYNAME、EXTRACT、COUNT DISTINCT 撰寫的查詢：

```
SELECT DAYNAME(market_date),
       EXTRACT(HOUR FROM transaction_time),
       COUNT(DISTINCT customer_id)
FROM farmers_market.customer_purchases
GROUP BY DAYNAME(market_date), EXTRACT(HOUR FROM transaction_time)
ORDER BY DAYNAME(market_date), EXTRACT(HOUR FROM transaction_time)
```

3. 這個問題的答案有很多種可能，以下提供兩個範例。

(1) 每個營業日期各有幾位顧客在市集中消費過？

```
SELECT market_date,
       COUNT(DISTINCT customer_id) AS number_of_customers
```

```
FROM customer_purchases
GROUP BY market_date
ORDER BY market_date
```

(2) 每個供應商在每個營業日期帶到市集的存貨價值各是多少？

```
SELECT market_date, vendor_id,
       ROUND(SUM(quantity * original_price),2) AS inventory_value
FROM vendor_inventory
GROUP BY market_date, vendor_id
ORDER BY market_date, vendor_id
```

第 10 章 練習題解答

1. 每個供應商在各市集營業日期的銷售額，並以供應商編號排序：

```
SELECT s.market_week, s.vendor_id, s.vendor_name,
       SUM(s.sales) AS weekly_sales
FROM farmers_market.vw_sales_by_day_vendor AS s
GROUP BY s.market_week, s.vendor_id, s.vendor_name
ORDER BY s.vendor_id
```

2. 將該查詢用 WITH 改寫為：

```
WITH b AS (
   SELECT
     market_date,
     vendor_id,
     booth_number,
     LAG(booth_number, 1) OVER (PARTITION BY vendor_id
        ORDER BY market_date, vendor_id)
        AS previous_booth_number
```

```
    FROM
      farmers_market.vendor_booth_assignments
    ORDER BY market_date, vendor_id, booth_number
)
SELECT *
FROM b AS x
WHERE x.market_date = '2019-04-10'
  AND (x.booth_number <> x.previous_booth_number
  OR x.previous_booth_number IS NULL)
```

3. 各供應商在每個營業日期都會分配到一個攤位，因此不需要改變原自訂資料集的粒度，我們可以依序 LEFT JOIN vendor_booth_assignments 和 booth 表格，將攤位號碼（booth_number）與攤位類型（booth_type）拉入自訂資料集。並在 SELECT 語句中加入 booth_number 和 booth_type 欄位：

```
SELECT
  cp.market_date,
  md.market_day,
  md.market_week,
  md.market_year,
  cp.vendor_id,
  v.vendor_name,
  v.vendor_type,
  vba.booth_number,
  b.booth_type,
  ROUND(SUM(cp.quantity * cp.cost_to_customer_per_qty), 2) AS sales
FROM farmers_market.customer_purchases AS cp
  LEFT JOIN farmers_market.market_date_info AS md
    ON cp.market_date = md.market_date
  LEFT JOIN farmers_market.vendor AS v
    ON cp.vendor_id = v.vendor_id
  LEFT JOIN farmers_market.vendor_booth_assignments AS vba
    ON cp.vendor_id = vba.vendor_id
        AND cp.market_date = vba.market_date
  LEFT JOIN farmers_market.booth AS b
    ON vba.booth_number = b.booth_number
```

```
GROUP BY cp.market_date, md.market_day, md.market_week,
        md.market_year, cp.vendor_id, v.vendor_name, v.vendor_type,
        vba.booth_number, b.booth_type
ORDER BY cp.market_date, cp.vendor_id
```

第 11 章 練習題解答

1. 寫法有很多種，以下提供一種：

```
WITH
sales_per_market_date AS
(   SELECT
        market_date,
        ROUND(SUM(quantity * cost_to_customer_per_qty),2) AS sales
    FROM farmers_market.customer_purchases
    GROUP BY market_date
    ORDER BY market_date
),
record_sales_per_market_date AS
(
    SELECT
      cm.market_date,
      cm.sales,
      MAX(pm.sales) AS previous_max_sales,
      CASE WHEN cm.sales > MAX(pm.sales)
          THEN "YES"
          ELSE "NO"
      END sales_record_set
    FROM sales_per_market_date AS cm
      LEFT JOIN sales_per_market_date AS pm
        ON pm.market_date < cm.market_date
    GROUP BY cm.market_date, cm.sales
)
```

```
SELECT market_date, sales
FROM record_sales_per_market_date
WHERE sales_record_set = 'YES'
ORDER BY market_date DESC
```

2. 這比你最初預期的要更具挑戰性！首先，我們需要將 vendor_id 欄位添加到 CTE 的輸出和分區中，才能對每個供應商的每個顧客的首次購買日期進行排序。然後，我們需要計算每次市集每個供應商的不同顧客數，所以我們在外部查詢的 GROUP BY 中要增加 vendor_id 欄位，並且修改 CASE 語句以使用我們重新取別名的欄位 first_purchase_from_vendor_date：

```
WITH
customer_markets_vendors AS
(
    SELECT DISTINCT
      customer_id,
      vendor_id,
      market_date,
      MIN(market_date) OVER(PARTITION BY cp.customer_id,
          cp.vendor_id) AS first_purchase_from_vendor_date
    FROM farmers_market.customer_purchases cp
)

SELECT
    md.market_year,
    md.market_week,
    cmv.vendor_id,
    COUNT(customer_id) AS customer_visit_count,
    COUNT(DISTINCT customer_id) AS distinct_customer_count,
    COUNT(DISTINCT
      CASE WHEN cmv.market_date = cmv.first_purchase_from_vendor_date
          THEN customer_id
          ELSE NULL
      END) AS new_customer_count,
    COUNT(DISTINCT
      CASE WHEN cmv.market_date = cmv.first_purchase_from_vendor_date
```

```
          THEN customer_id
          ELSE NULL
          END) / COUNT(DISTINCT customer_id)
          AS new_customer_percent
FROM customer_markets_vendors AS cmv
  LEFT JOIN farmers_market.market_date_info AS md
    ON cmv.market_date = md.market_date
GROUP BY md.market_year, md.market_week, cmv.vendor_id
ORDER BY md.market_year, md.market_week, cmv.vendor_id
```

3. 再次提醒有很多種寫法，以下是一個將市場銷售額按升冪和降冪排名，然後選擇每個排名前幾個結果，來進行聯集的例子：

```
WITH
sales_per_market AS
(
    SELECT
      market_date,
      ROUND(SUM(quantity * cost_to_customer_per_qty),2) AS sales
      FROM farmers_market.customer_purchases
    GROUP BY market_date
),
market_dates_ranked_by_sales AS
(
    SELECT
      market_date,
      sales,
      RANK() OVER (ORDER BY sales) AS sales_rank_asc,
      RANK() OVER (ORDER BY sales DESC) AS sales_rank_desc
    FROM sales_per_market
)

SELECT market_date, sales, sales_rank_desc AS sales_rank
FROM market_dates_ranked_by_sales
WHERE sales_rank_asc = 1

UNION
```

```
SELECT market_date, sales, sales_rank_desc AS sales_rank
FROM market_dates_ranked_by_sales
WHERE sales_rank_desc = 1
```

第 12 章　練習題解答

1. 可以複製 customer_markets_attended_30days_count 欄位，並將其中的 30 換成 14 來達成：

```
(SELECT COUNT(market_date)
FROM customer_markets_attended cma
WHERE cma.customer_id = cp.customer_id
  AND cma.market_date < cp.market_date
    AND DATEDIFF(cp.market_date, cma.market_date) <= 14
) AS customer_markets_attended_14days_count,
```

2. 新增顧客是否購買單價超過 $10 產品的欄位，如果是就回傳 1，然後用 MAX 函數取得該欄位中最大值（1 OR 0）：

```
MAX(CASE WHEN cp.cost_to_customer_per_qty > 10 THEN 1 ELSE 0 END)
    AS purchased_item_over_10_dollars,
```

3. 請留意：在 CTE 中加入 purchase_total 欄位，並在主查詢的 SELECT 中要納入 purchase_total 欄位，total_spent_to_date 欄位和 customer_has_spent_over_200 欄位，同時還包括練習 1 和 2 中新增的欄位：

```
WITH
customer_markets_attended AS
(
    SELECT
```

```
      customer_id,
      market_date,
      SUM(quantity * cost_to_customer_per_qty) AS purchase_total,
      ROW_NUMBER() OVER (PARTITION BY customer_id ORDER BY market_date)
          AS market_count
    FROM farmers_market.customer_purchases
    GROUP BY customer_id, market_date
    ORDER BY customer_id, market_date
)

SELECT
    cp.customer_id,
    cp.market_date,
    EXTRACT(MONTH FROM cp.market_date) AS market_month,
    SUM(cp.quantity * cp.cost_to_customer_per_qty) AS purchase_total,
    COUNT(DISTINCT cp.vendor_id) AS vendors_patronized,
    MAX(CASE WHEN cp.vendor_id = 7 THEN 1 ELSE 0 END)
      AS purchased_from_vendor_7,
    MAX(CASE WHEN cp.vendor_id = 8 THEN 1 ELSE 0 END)
      AS purchased_from_vendor_8,
    COUNT(DISTINCT cp.product_id) AS different_products_purchased,

    DATEDIFF(cp.market_date,
      (SELECT MAX(cma.market_date)
       FROM customer_markets_attended AS cma
       WHERE cma.customer_id = cp.customer_id
         AND cma.market_date < cp.market_date
       GROUP BY cma.customer_id)
     ) AS days_since_last_customer_market_date,

    (SELECT MAX(market_count)
     FROM customer_markets_attended cma
     WHERE cma.customer_id = cp.customer_id
       AND cma.market_date <= cp.market_date
    ) AS customer_markets_attended_count,

    (SELECT COUNT(market_date)
     FROM customer_markets_attended cma
```

```
  WHERE cma.customer_id = cp.customer_id
    AND cma.market_date < cp.market_date
    AND DATEDIFF(cp.market_date, cma.market_date) <= 30
) AS customer_markets_attended_30days_count,

(SELECT COUNT(market_date)
 FROM customer_markets_attended cma
 WHERE cma.customer_id = cp.customer_id
    AND cma.market_date < cp.market_date
    AND DATEDIFF(cp.market_date, cma.market_date) <= 14
) AS customer_markets_attended_14days_count,

MAX(CASE WHEN cp.cost_to_customer_per_qty > 10 THEN 1 ELSE 0 END)
    AS purchased_item_over_10_dollars,

(SELECT SUM(purchase_total)
 FROM customer_markets_attended cma
 WHERE cma.customer_id = cp.customer_id
    AND cma.market_date <= cp.market_date) AS total_spent_to_date,
CASE WHEN
    (SELECT SUM(purchase_total)
     FROM customer_markets_attended cma
     WHERE cma.customer_id = cp.customer_id
        AND cma.market_date <= cp.market_date) > 200
     THEN 1 ELSE 0
END AS customer_has_spent_over_200,

CASE WHEN
    DATEDIFF(
       (SELECT MIN(cma.market_date)
        FROM customer_markets_attended AS cma
        WHERE cma.customer_id = cp.customer_id
           AND cma.market_date > cp.market_date
        GROUP BY cma.customer_id), cp.market_date) <=30
        THEN 1 ELSE 0 END AS purchased_again_within_30_days

FROM farmers_market.customer_purchases AS cp
GROUP BY cp.customer_id, cp.market_date
ORDER BY cp.customer_id, cp.market_date
```

第14章 練習題解答

1. 當你查詢視圖時，回傳的時間戳記會是伺服器的當前時間，因為視圖不儲存任何資料，而是在運行查詢時才生成查詢結果。

2. 這題目有許多種答案，其中一個方法是篩選出 2020 年 10 月 4 日之前的記錄（這樣如果在 10 月 3 日的任何時間進行更改，都會被檢索出來），並加入一個 MAX 窗口函數，將以 vendor_id 與 booth_number 欄位分區的最大時間戳記，表示攤位分配在篩選日期範圍內或之前的最新記錄。然後，查詢的結果做為子查詢，在主查詢中篩選子查詢中快照時間戳記與窗口函數中取得的最大時間戳記相符的列資料：

```sql
SELECT x.* FROM
(
  SELECT
    vendor_id,
    booth_number,
    market_date,
    snapshot_timestamp,
    MAX(snapshot_timestamp) OVER (PARTITION BY
        vendor_id, booth_number) AS max_timestamp_in_filter
  FROM farmers_market.vendor_booth_log
  WHERE DATE(snapshot_timestamp) <= '2020-10-04'
  ) AS x
WHERE x.snapshot_timestamp = x.max_timestamp_in_filter
```

感謝您購買旗標書，
記得到旗標網站
www.flag.com.tw
更多的加值內容等著您…

<請下載 QR Code App 來掃描>

● FB 官方粉絲專頁：旗標知識講堂、從做中學AI

● 旗標「線上購買」專區：您不用出門就可選購旗標書!

● 如您對本書內容有不明瞭或建議改進之處，請連上
旗標網站，點選首頁的 聯絡我們 專區。

若需線上即時詢問問題，可點選旗標官方粉絲專頁留
言詢問，小編客服隨時待命，盡速回覆。

若是寄信聯絡旗標客服email，我們收到您的訊息後，
將由專業客服人員為您解答。

我們所提供的售後服務範圍僅限於書籍本身或內容
表達不清楚的地方，至於軟硬體的問題，請直接連絡
廠商。

學生團體　訂購專線：(02)2396-3257 轉 362
　　　　　傳真專線：(02)2321-2545

經銷商　　服務專線：(02)2396-3257 轉 331
　　　　　將派專人拜訪
　　　　　傳真專線：(02)2321-2545

國家圖書館出版品預行編目資料

資料科學 SQL 工作術：以 MySQL 為例與情境式
ChatGPT 輔助學習 / Renée M. P. Teate 著；莊昊耘 譯. --
初版. -- 臺北市：旗標，2023.08　面；公分

譯自：SQL for data scientists : a beginner's guide for
building datasets for analysis.

ISBN 978-986-312-765-9　（平裝）

1. CST: 資料庫管理系統　2. CST: 關聯式資料庫
3. CST: SQL(電腦程式語言)

312.7565　　　　　　　　　　　　　112011798

作　　者／Renée M. P. Teate

發 行 所／旗標科技股份有限公司
　　　　　台北市杭州南路一段15-1號19樓

電　　話／(02)2396-3257(代表號)

傳　　真／(02)2321-2545

劃撥帳號／1332727-9

帳　　戶／旗標科技股份有限公司

監　　督／陳彥發

執行企劃／孫立德

執行編輯／孫立德

美術編輯／蔡錦欣

封面設計／蔡錦欣

校　　對／孫立德

新台幣售價：630 元

西元 2023 年 8 月初版

行政院新聞局核准登記-局版台業字第 4512 號

ISBN　978-986-312-765-9